U0588430

Crystallography for Modulated and Defect Structure

调制与缺陷结构晶体学

姜小明　郭国聪　著

科学出版社

北京

内 容 简 介

调制与缺陷结构在很大程度上影响着材料的性质与功能，通过实验手段重构物质或材料的调制与缺陷结构对阐明其构效关系机制十分重要。实验上通常可利用 X 射线、中子、电子的衍射和总散射等手段来研究调制与缺陷结构。本书系统性地介绍了调制结构和缺陷结构的实验测试、模型构建与结构精修所涉及的理论与技术，同时也对完美晶体结构研究所需的晶体学基础知识作了必要的介绍，旨在让读者全面了解物质和材料中调制与缺陷结构的分析方法。

本书可作为涉及材料结构与性能研究的化学、物理、材料学科研究生和科研工作者的教材或参考书。

图书在版编目（CIP）数据

调制与缺陷结构晶体学 / 姜小明, 郭国聪著. -- 北京 ：科学出版社，2025. 6. -- ISBN 978-7-03-081970-3

Ⅰ. O76

中国国家版本馆 CIP 数据核字第 2025R00P04 号

责任编辑：杨 震 刘 冉 辛天宇 / 责任校对：杜子昂

责任印制：徐晓晨 / 封面设计：东方人华

科学出版社出版

北京东黄城根北街 16 号

邮政编码：100717

http://www.sciencep.com

北京中石油彩色印刷有限责任公司印刷

科学出版社发行 各地新华书店经销

*

2025 年 6 月第 一 版 开本：720×1000 1/16

2025 年 6 月第一次印刷 印张：16 1/4 插页：2

字数：320 000

定价：118.00 元

（如有印装质量问题，我社负责调换）

作 者 简 介

姜小明　1984 年生，中国科学院福建物质结构研究所研究员，博士研究生导师。2006 年本科毕业于中南大学无机非金属材料专业，2011 年获得中国科学院福建物质结构研究所无机化学专业博士学位，2011～2015 年先后在南京大学物理学专业和德国慕尼黑工业大学化学专业从事博士后研究。主要从事晶体学、结构化学以及材料结构方法学研究。主持国家重大科研仪器研制项目子课题、中国科学院先导专项（项目层）、福建省杰出青年科学基金等多项国家和省部级项目，入选中国科学院青年创新促进会、福建省青年拔尖人才计划等。在 *National Science Review*，*Journal of the American Chemical Society*，*Angewandte Chemie*，*CCS Chemistry* 等杂志上发表论文 140 余篇。获得授权发明专利 20 余件，软件著作权 10 余件。

郭国聪　1965 年生，中国科学院福建物质结构研究所研究员，博士研究生导师，国家杰出青年科学基金获得者，结构化学国家重点实验室主任，中国化学会理事，中国晶体学会副理事长，国家重点研发计划项目首席科学家，国家自然科学基金创新研究群体负责人。1986 年本科毕业于厦门大学化学系，1999 年于香港中文大学化学系获博士学位，师从麦松威院士。在 *Journal of the American Chemical Society*，*Angewandte Chemie*, *ACS Catalysis* 等国际高影响力刊物上发表 SCI 论文 481 篇，*H* 因子 64。获得授权专利 58 件（含美国专利 4 件、欧洲专利 1 件），软件著作权 10 余件。

序　一

我国结构化学的系统性研究始于 1960 年著名化学家卢嘉锡院士创办的中国科学院福建物质结构研究所。经过六十多年的发展，我国在晶体结构研究领域，尤其是对材料的结构与性能关系的探索，已取得了显著成就，达到较高水平。然而，现有的晶体结构信息主要来源于完美或近似完美晶体的测试，这些测试结果反映的是整个晶体样品在一个单胞中的平均化特征，往往忽视了含缺陷物质或材料中实际存在的长程调制与缺陷序。

材料科学是现代科学技术的基石与先导，材料构效关系的研究水平，直接决定了新材料的研发能力。调制与缺陷结构对材料的大多数物化性质有着重要影响，对于一些特殊材料，如催化剂、电池、超导材料和量子材料等，缺陷结构甚至是决定性能的主导因素。因此，深入研究材料的调制与缺陷结构对于揭示构效关系规律和实施调制与缺陷工程设计特定结构调控性能具有重要意义。

《调制与缺陷结构晶体学》系统性地介绍了调制与缺陷结构的实验测试、模型构建与结构精修所涉及的理论与技术，这不仅是国内首次系统阐述这一领域的工作，也代表了国际上的前沿研究方向。该书的出版，对推动我国结构化学学科的发展及高性能新材料的创新具有重要的指导作用。

将《调制与缺陷结构晶体学》的理论方法与原位测试技术相结合，能够实现对材料初始态与功能态下调制与缺陷结构及其演变过程的原位表征。通过这一技术，能够深入研究功能材料在光、温、力、电等外场作用下的功能起源及物质基础，揭示材料中功能敏感的结构部位，并探讨结构与性能之间的关系规律。进而，建立材料的功能基元理论，并通过功能基元的设计与调控，为实现功能导向的结构设计及加速材料研发到应用的转化过程提供理论与技术支持。

与发达国家相比，我国在功能材料的整体科研水平上仍存在一定差距，尤其是在一些关键材料领域，仍受制于国外技术。在材料性能与结构的基础研究方面，我们亟须加强。《调制与缺陷结构晶体学》通过扩展传统结构化学研究领域到调制与缺陷结构晶体学，指明了未来结构化学的发展趋势，并为相关研究提供了重要的前沿视角，必将成为推动我国结构化学与材料科学发展的重要力量。

2025 年 4 月 24 日于中国科学院福建物质结构研究所

序　二

现代晶体学发端于 20 世纪初，起始于劳厄和布拉格父子发现了晶体中 X 射线的衍射现象，提出衍射产生条件，即劳厄方程和布拉格方程。经百余年的发展，现代晶体学已经十分成熟，其主要研究对象是具有平移对称性的完美或近似完美的晶体结构。现代晶体学能够提供晶体中分子和原子的排列结构。特别是，通过单晶X射线衍射等表征技术所获得的结构数据精度和可靠性几乎是所有结构表征手段中最高的，已成为物质结构与材料科学领域的常规研究手段。大量晶体结构数据的获得，极大推动了物理、化学、材料、生物等物质科学的发展，为相关领域的研究提供了重要的基础结构信息。

完美晶体的晶格结构具有严格的三维平移周期性，通常仅需表征一个不对称单元的结构。然而，实际的物质或材料中不可避免地存在各种晶格缺陷，导致结构失去严格的三维平移周期性，但仍然保持某种长程有序，如调制序与缺陷序，分别归属调制结构与缺陷结构。如果采用常规的晶体结构分析方法，往往无法准确描述和表征，只能获得其平均结构的信息，而不是精准的调制和缺陷结构信息。这些调制/缺陷结构，往往与物质或材料的物理化学性质密切相关。因此，调制/缺陷结构研究成为国际晶体学的重要研究领域之一。

调制结构与缺陷结构在实验测试、模型构建和结构精修算法上，与常规晶体结构分析方法有显著不同。特别是缺陷结构的模型通常非常复杂，需要采用不同于传统最小二乘法的优化算法进行分析，这使得其解析过程面临着较大的挑战。幸运的是，近年来人工智能算法的迅速发展，为突破缺陷结构分析提供了新的契机。

姜小明老师和郭国聪老师合著《调制与缺陷结构晶体学》一书，梳理、总结并阐述了调制结构和缺陷结构的实验测试、模型构建和结构精修所涉及的理论与技术，提供了调制结构与缺陷结构研究的系统性解决方案。该书弥补了传统晶体学著作在解析含缺陷物质和材料的结构方面的不足，有利于推动晶体结构分析在更广阔材料体系中的发展和应用，为相关领域的研究提供了重要的理论与实验支持。相信这一著作可以作为物质与材料结构研究领域研究者的参考书。

2025 年 5 月 7 日于中山大学

前　言

物质或材料科学是现代科学技术的基础和先导，结构决定性质是材料科学领域的共识，对材料结构及其构效关系的认知水平决定了新材料的研发能力，材料结构研究在材料科学领域具有重要地位。

材料结构按尺度的不同大体上可分为宏观结构（>～1 μm）、介观结构（～10 nm～1 μm）和微观结构（<～10 nm），其中微观结构决定了材料的本征性能，而宏观结构和介观结构（超晶格、畴结构等）对材料及其器件的功能扩展与增强起着重要作用。微观结构是本书关注的主要对象，按结构基元（电子云、自旋、分子、原子、基团等）和结构序（结构基元的排列）的不同又可分为电子结构（电子密度分布、电子波函数、电子云、轨道等）、磁结构（自旋的排列结构）、晶体结构（原子和分子的三维周期性排列结构）、调制结构（原子和分子排列形成的具有严格非周期的长程序）和缺陷结构（晶格缺陷排列形成的具有统计意义上的长、中和短程序）。局域缺陷（局部配位不完整或结构畸变引起的，无严格和统计意义上的长、中和短程序）在本书中也归属为缺陷结构。

完美的晶体结构中原子和分子在三维空间内按周期性排列，晶体的基本结构单元（称为晶胞）在所有方向上以相同的方式重复，这种周期性构成了晶体的长程序。与完美晶体结构不同，实际材料却不可避免地拥有各种晶格缺陷，如异原子取代和位置畸变等。晶格缺陷在三维空间中的具体分布称为缺陷结构。如果晶格缺陷之间没有关联作用，则晶格缺陷会随机分布在平衡位置周围；反之，如果晶格缺陷之间存在关联作用，则晶格缺陷会在三维空间中形成一定的缺陷序。调制结构（modulated structure）也称为非周期性结构（aperiodic structure），是指晶体结构中一些原子的位置、占据数或温度因子等结构参数发生有规律的畸变，这种畸变可使用与基础晶格周期不同的周期性函数来描述，若其周期为基础晶格周期的整数倍，则称为公度调制结构；若不是，则称为非公度调制结构。非公度调制结构不存在三维平移周期性，但仍然具有严格的长程序。尽管调制结构具有一定的规律性，但它们与完美的晶体结构相比仍然是偏离的，调制结构中引入的额外的周期性调制波，可视为某种形式的结构“缺陷”，这些缺陷并非完全无序的，而是具有内在的规律性。除了晶格缺陷，其他因素也能产生调制结构，如相变和外场影响等。缺陷结构是指晶体结构中一些原子的位置、占据数或温度因子等结构参数发生畸变的程度已经无法使用周期性函数来描述了，但在统计分布上仍然具有一定的长程序。虽然缺陷结构整体上没有严格的长程有序，但在统计分布上仍表现出某种规律性，这种规律性可能表现为平均的键长、平均的对称性或者在较大尺度上的有序排列。局域缺陷是指结构中原子或分子的无序程度已经大到没有长程序，通常只需关注几个原子层范围内的偏离完美配位情况的结构特征。

调制与缺陷结构几乎影响材料的所有力、热、光、电、磁学性质，对于某些材料，如催化材料和电池材料等，缺陷结构甚至是材料性能的主导因素。调制与缺陷结构对材料性能的影响，有时是正面的，有时反面。因此研究调制与缺陷结构对于揭示材料构效关系，设计功能性调制与缺陷结构，实施调制与缺陷工程调控材料的性能非常重要。自从 X 射线晶体学创立以来，晶体结构分析技术得到了飞速发展，随着晶体结构分析理论与技术的成熟，特别是高度自动化测试仪器的普及，目前晶体结构分析几乎成为化学与材料研究领域的一项常规工作。但相对晶体结构研究而言，调制与缺陷结构分析技术的发展与普及相对缓慢，这是作者写本书的主要原因。

调制与缺陷结构晶体学即采用晶体学的方法研究材料或物质微观调制与缺陷结构的一门学科。X 射线、中子和电子的散射实验是目前探测（亚）原子层次物质结构的主要手段，对于调制与缺陷结构也是如此。通过散射实验确定一种物质的微观结构，无论是晶体结构，还是调制与缺陷结构，数学过程上都是类似的，即使用含未知参数的结构模型去拟合散射实验数据，符合最好的那个结构模型被认为是最终确定的结构。材料中的电子对 X 射线，原子核对中子，以及静电势对电子具有散射作用，散射强度分布反映了材料中的详细结构信息。散射总体上可分为弹性散射和非弹性散射，其中弹性散射包括布拉格散射（Bragg scattering，也称为衍射）和漫散射（diffuse scattering）。X 射线、中子、电子通过晶体中的同一组晶面时发生布拉格散射，形成强度较强的布拉格衍射峰，根据布拉格峰的强度和位置可反推出材料的晶体结构。对于调制结构，其晶格中存在不同于原有基础晶格三维周期性的额外周期性畸变，这种额外的周期性畸变会导致 X 射线、中子、电子通过晶格时产生额外的布拉格散射，形成强度较弱的布拉格衍射峰，称为卫星衍射点，而原有基础晶格产生的衍射峰称为主衍射点。卫星点的强度和位置反映了结构中的调制信息。缺陷结构中不存在严格的结构长程序，因此不会产生布拉格散射，但可能存在统计学上的长程序，产生比布拉格衍射峰强度弱得多的漫散射信号，表现为一些条状或宽化的斑纹，斑纹的形状、位置和强度分布反映了结构中的缺陷序和局域缺陷信息。物质结构分析主要包括三个步骤：①建立参数化的结构模型；②根据结构模型计算出理论的散射强度分布（或散射谱）；③采用优化（或精修）算法，得出最小化散射强度的理论值与实验值的差，从而获得理论实验符合最好的结构。与晶体结构分析相比，调制与缺陷结构分析在结构模型构建、精修算法和实验数据要求等方面存在明显不同：①调制与缺陷结构模型比晶体结构模型复杂得多。晶体结构模型中的结构参数主要包括单胞中的原子坐标和温度因子等，而调制结构模型则还包括调制幅度和调制函数，缺陷结构还包括相关系数（统计缺陷）、配位数（局域缺陷）等；②晶体结构和调制结构分析主要采用的是最小二乘法进行结构参数的精修，而缺陷结构分析中除最小二乘法之外，还经常采用蒙特卡罗方法和遗传算法等智能优化算法，神经网络算法也被证实是一种分析缺陷结构的有效方法；③在实验数据方面，晶体结构分析主要采用的是布拉格衍射峰的积分强度和位置信息，而调制结构分析中除了使用主衍射点的积分强度和位置信息，还需使用到卫星衍射点的积分强度和位置信息，缺陷结构则主要使用的是漫散射强度随位置的分布信息；④由于实验数据与精修算法上的差异，晶体结构分析得到的最终结果几乎是唯一确定的，而调制与缺陷结构分析则可能存在多解情况，要辅助其他理论或实验结果分析进行排除。

调制与缺陷结构的分析理论和测试方法虽然很早就被关注，但直到近些年来才逐渐发展起来，主要因为早期难以获得高质量的散射数据。用于分析调制与缺陷结构的卫星衍射点或漫散射信号通常较弱，为了获得高信噪比的实验数据，一般需要用到比较强的光源进行测试，而高强度光源较为稀缺，特别是新一代的同步辐射和中子源，近二十年才逐渐发展。此外，在已知晶体结构的物质或材料中，存在调制结构的比较少。缺陷结构的模型构建和分析也较为复杂，计算量大，能直接使用的缺陷结构分析软件也有限。现有的分析软件大多仅适用于简单体系，且通常需要结构分析人员自行编写分析代码，增加了缺陷结构分析的困难程度，这些因素制约了调制与缺陷结构分析方法的推广和应用。然而，作者相信，随着调制与缺陷结构晶体学领域得到越来越多研究人员的关注和参与，测试仪器与分析软件方面的问题将会得到改善。

本书系统性地介绍了调制和缺陷结构的实验测试、模型构建与结构精修所涉及的理论与技术。为了便于对比理解，本书也对晶体学基础与完美晶体结构的分析方法进行了必要的介绍，旨在帮助读者全面了解调制与缺陷结构特点及分析方法。具体而言，第 1 章为调制与缺陷结构晶体学概述，主要对调制与缺陷结构晶体学中的基本概念进行介绍，以及对物质的微观结构、晶格缺陷、调制与缺陷结构的结构特征和实验测试方法进行了全面但简要的讲解，有助于读者对调制与缺陷结构晶体学有一个整体性的了解。第 2 章介绍了完美晶体结构分析的基础知识，如晶体几何与对称性、晶体结构分析理论方法及精修技术等，这是理解并掌握调制与缺陷结构分析方法的基础。此外，该章还讲述了晶体结构分析中的一些基本计算方法，这对读者自行编写结构分析相关的程序代码比较有用。第 3 章和第 4 章分别讲解了调制结构和缺陷结构的结构模型理论与分析方法。由于缺陷结构的重构与分析需要用到一些智能优化算法，而且智能优化算法在将现有缺陷结构分析方法应用到更复杂的体系中发挥更大的作用，因此第 5 章系统性地概述了目前几种主要的智能优化算法的计算过程，并附上了主要函数的 Fortran 代码。

本书的部分工作得到国家自然科学基金（22175172）、福建省自然科学基金（2024J010041、2022L3090）和中国科学院先导专项（XDB170000）的支持。感谢老一辈科学家黄锦顺研究员在成书过程中给予的支持，感谢洪茂椿院士和陈小明院士为本书作序。我们希望此书能给涉及材料结构与性能研究的化学、物理、材料学科研究生和科研工作者带来一些帮助。

由于作者水平有限，书中难免有纰漏之处，还请专家和读者见谅并不吝赐教。

作　者

2025 年 2 月于中国科学院福建物质结构研究所

目　　录

第1章　调制与缺陷结构晶体学概述

1.1　引　　言

在人类探索自然的征途中，物质结构研究始终占据着核心地位，它不仅是我们理解世界本质的关键，更是推动科技进步、促进社会发展的强大动力。物质结构是物理、化学现象发生的微观基础。通过研究物质的结构，我们能够更准确地解释光、电、磁、热等物理和化学现象的本质，揭示其背后的普遍规律。物质结构研究是自然科学领域的基石，它揭示了原子、分子、晶体以及更复杂物质体系的内在构造与相互作用规律。这一基础性的认知，为我们构建物理学、化学、材料科学、生物学等多学科理论体系提供了不可或缺的支撑，深化了我们对自然界基本规律的理解。同时，物质结构研究的每一次突破，往往伴随着新技术的诞生与升级。从半导体材料的发现推动电子工业革命，到纳米技术的兴起引领材料科学的变革，无不彰显出物质结构研究在技术创新中的核心地位。它促进了信息技术、能源技术、生物医学工程等领域的飞速发展，为人类生活带来了前所未有的便利与福祉。

1912年劳厄发现X射线的衍射现象以及布拉格父子发现衍射谱可用来确定晶体中原子的位置，开创了X射线晶体学，人类从此进入了探测物质微观结构的新纪元。后来随着电子衍射和中子衍射技术的发展，可通过实验确定的材料结构信息逐步增多，促进了全球新材料的涌现和工业技术的变革。从1901年伦琴因发现X射线而获得诺贝尔奖开始到现在，有超过20项的诺贝尔奖授予了与物质结构探测技术有关的开拓者。长期以来，世界各国一直都非常重视该领域技术的发展，建设了不少同步辐射站和中子源，开发了各种商品化的X射线衍射仪和电镜。我国虽然在物质结构领域的研究起步较晚，但随着科学技术水平和经济实力的整体提升，逐渐在国际上有了一席之地。

自从X射线晶体学创立以来，晶体结构分析技术得到了飞速发展，随着晶体结构分析理论与技术的成熟，特别是高度自动化测试仪器的普及，目前晶体结构分析几乎成为化学与材料研究领域的一项常规工作。调制与缺陷结构自晶体学早期便已被发现和研究，几乎是在劳厄和布拉格的著名论文发表后不久。当晶体偏离理想模型（原子或分子完美重复排列）时，晶体中便会产生无序。调制与缺陷结构极大地影响了物质与材料的性质与功能，研究调制与缺陷结构对揭示物质结构与性能关系，指导高性能材料的设计具有重要意义。近年来，缺陷结构分析已成为理解许多技术上重要材料结构的关键工具，如合金、形状记忆合金、铁电体、超导体、快离子导体、半导体和药物，这些材料的特性不仅依赖于其平均晶胞结构，还依赖于缺陷结构。随着对缺陷理解的加深，研究人员可以理性设计和控制材料中的缺陷结构，使其赋予材料特定的功能。例如，通过引入特定类型的缺陷，可以设计出具有优异催化性能或特殊磁性的材料。

本章主要对调制与缺陷结构晶体学中的基本概念进行介绍，以及对物质的微观结构分类、晶格缺陷、调制与缺陷结构的结构特征和实验测试方法进行全面但简要的讲解，有助于读者对调制与缺陷结构晶体学有一个整体性的了解。

1.2 物质微观结构

材料结构按尺度的不同大体上可分为宏观结构（>～1 μm）、介观结构（～10 nm～1 μm）和微观结构（<～10 nm），其中微观结构决定了材料的本征性能，而宏观结构和介观结构（超晶格、畴结构等）对材料及其器件的功能扩展与增强起着重要作用。微观结构是本书关注的主要对象，按结构基元（电子云、自旋、分子、原子、基团等）和结构序（结构基元的排列）的不同又可分为电子结构（电子密度分布、电子波函数、电子云、轨道等）、磁结构（自旋的排列结构）、晶体结构（原子和分子的三维周期性排列结构）、调制结构（原子和分子排列形成的具有严格非周期的长程序）和缺陷结构（晶格缺陷排列形成的具有统计意义上的长、中和短程序）。局域缺陷（无严格和统计意义上的长、中和短程序）在本书中也归属为缺陷结构。

完美的晶体结构中原子和分子在三维空间内按周期性排列，晶体的基本结构单元（称为晶胞）在所有方向上以相同的方式重复，这种周期性构成了晶体的长程序。调制结构（modulated structure）也称为非周期性结构（aperiodic structure），是指晶体结构中一些原子的位置、占据数或温度因子等结构参数发生有规律的畸变，这种畸变可使用与基础晶格周期不同的周期性函数来描述，若其周期为基础晶格周期的整数倍，则称为公度调制结构；若不是，则称为非公度调制结构。非公度调制结构不存在三维平移周期性，但仍然具有严格的长程序。尽管调制结构具有一定的规律性，但它们与完美的晶体结构相比仍然是偏离的，调制结构中引入的额外的周期性调制波，可视为某种形式的结构“缺陷”，这些缺陷并非完全无序的，而是具有内在的规律性。除了晶格缺陷，其他因素也能产生调制结构，如相变、外场等。缺陷结构是指晶体结构中一些原子的位置、占据数或温度因子等结构参数发生畸变的程度已经无法使用周期性函数来描述了，但在统计分布上仍然具有一定的长程序。虽然缺陷结构整体上没有严格的长程序，但在统计上仍表现出某种规律性，这种规律性可能表现为平均的键长、平均的对称性或者在较大尺度上的有序排列。局域缺陷是指结构中原子或分子的无序程度已经大到没有长程序，通常只需关注几个原子层范围内的偏离完美配位情况的结构特征。

这几种微观结构的典型特征示意图如图 1-1 所示。材料的各种微观结构类型中，除了电子结构属于亚原子或电子云分辨尺度上的结构，其他均为分子原子尺度上的排列结构[1]。

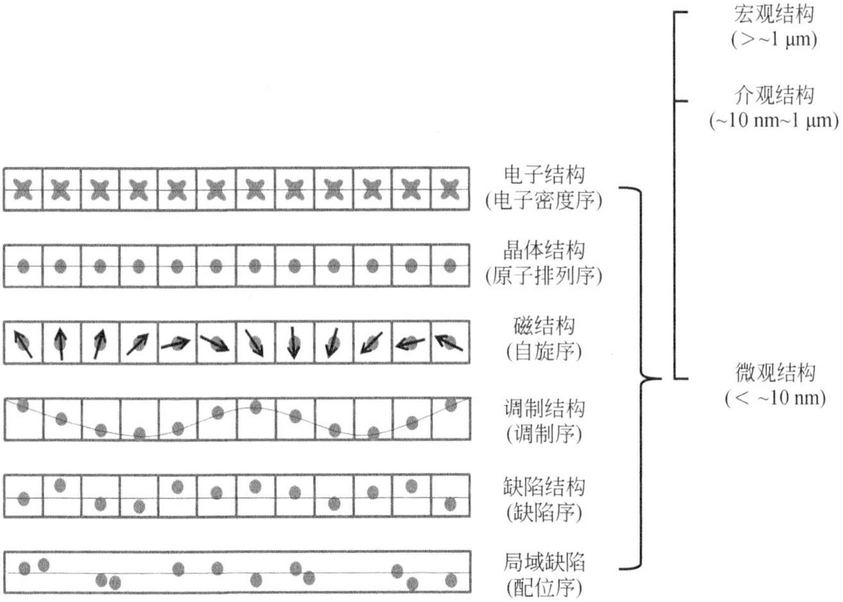

图 1-1　材料微观结构类型及主要特征示意图。图中方格代表单胞，圆圈代表原子，箭头代表自旋，蝶形代表电子云

另见书末彩图

电子结构、晶体结构与磁结构是完美晶体所具有的结构类型，掌握完美晶体的结构研究方法是研究调制与缺陷结构的基础。下面分别介绍这三类微观结构类型的结构特点及所影响的材料性能，关于调制与缺陷结构的介绍见后续章节。

1.2.1　晶体结构

晶体结构是指晶体中的一种高度有序、周期性的原子、离子或分子的排列方式。这种排列使得晶体在宏观上展现出特定的对称性、光学性质、力学性质以及电学性质等。晶体结构的研究是材料科学、凝聚态物理学和化学等学科的核心内容之一。晶体结构是晶态材料微观结构的最常用的描述方式，包含晶胞、晶胞常数、原子位置、温度因子、原子热振动因子、配位数、空间群等基本结构信息。

晶胞：晶胞是晶体结构的基本重复单元，它可以无限重复并填满整个晶体空间，而既不留空隙也不发生重叠。晶胞的形状、大小和取向决定了晶体的宏观形态和性质。

晶格常数：晶格常数描述了晶胞的几何尺寸，如边长、夹角等。不同的晶体结构具有不同的晶格常数。

原子位置：在晶胞中，原子、离子或分子按照一定的规律排列。这些粒子的具体位置由它们在晶胞中的坐标来确定。

原子热振动因子：描述原子在平衡位置附近热振动方向和幅度的参数，受到温度、晶体结构、原子种类等多种因素的影响。

配位数：配位数是指与某一原子直接相邻的原子数目。它反映了晶体中原子间的相互接近程度。

空间群：空间群是晶体结构对称性的数学描述，包括晶体的所有对称操作，如平移、旋转、反演等。不同的晶体结构对应不同的空间群。

晶体结构的形成是原子、离子或分子间相互作用的结果。常见的相互作用有共价键、离子键、金属键、范德瓦耳斯力和氢键等。这些力的强度和方向性决定了粒子的排列方式，进而决定了晶体的结构。了解晶体结构对于理解材料的性质、功能和应用具有重要意义。例如，在材料科学中，通过研究晶体结构可以揭示材料的力学性能、热学性能和电学性能等；在化学中，晶体结构的研究有助于理解分子间的相互作用和化学反应的机理；在物理学中，晶体结构的研究对于理解物质的相变、扩散等现象具有重要意义。

晶体材料在性能上不同于玻璃的一个显著区别是表现出较强的各向异性，如电导率、介电常数和杨氏模量等在不同的晶体学方向上拥有不同的值。晶体结构及其对称性在确定晶体材料物理性质（如解理性、非线性光学、压电和铁电等）中起着重要作用。如 32 个点群中，有 21 个非中心对称（简称非心）点群和 10 个极性点群，非心点群是晶体具有二阶非线性光学和压电性质的必要条件，极性点群是晶体具有铁电和热释电性质所必需的。晶体材料可应用在许多领域，图 1-2 展示了一些典型材料的晶体结构图，如 NaCl 晶体是最常用的光谱窗口材料之一，它的光学透过性主要取决于其晶体结构中 Na^+和 Cl^-的近似于惰性气体的电子构型。β-BaB_2O_4 晶体展现出强的紫外-可见-近红外二阶非线性光学性质，这主要是由于其晶体结构中非线性光学活性基团$(B_3O_6)^{3-}$呈非中心对称排列。石英晶体（SiO_2）是一种著名的压电材料，其压电性能主要取决于其结构中呈非中心对称排列的电偶极矩（Si—O 键）。$BaTiO_3$ 展现出强的室温铁电性，这主要来源于其晶体

结构中畸变的 TiO_6 单元。沸石类晶体具有三维孔道结构，这使得该类晶体对某些分子或离子团具有吸附与分离的作用。$LiFePO_4$ 是一种典型的锂离子电池正极材料，其充电和放电性能主要取决于其多孔的晶体结构及可变价的铁离子。

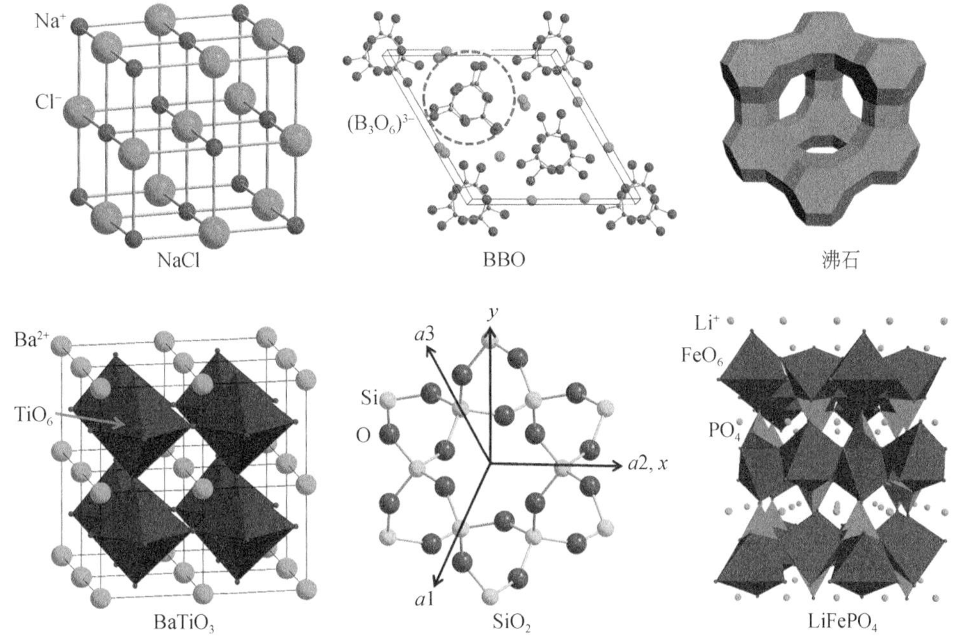

图 1-2　一些典型材料的晶体结构图：NaCl、β-BaB_2O_4（BBO）、沸石、$BaTiO_3$、石英和 $LiFePO_4$

另见书末彩图

1.2.2　电子结构

电子结构是指物质中原子或分子的电子排布和相互作用的方式，可使用电子密度、波函数及其衍生的物理量来描述，它决定了物质的物化性质。研究物质的电子结构对于理解化学反应、材料科学、固体物理学、量子化学等多个领域都至关重要。

电子在原子中的排布遵循三个基本原则，即泡利不相容原理：每个电子都有其独特的量子态，即没有任何两个电子可以同时在同一轨道内具有完全相同的量子数；能量最低原理：电子会尽可能地占据能量最低的轨道，即电子优先填充能量较低的能级；洪德定则：在等价轨道（即能量相同的轨道）上，电子的排布会尽可能地分散占据不同的轨道，并且自旋方向相同。

原子的电子结构主要由主量子数 n（描述电子层及轨道能量）、角量子数 l（描述电子亚层及轨道形状）、磁量子数 m（描述轨道的空间取向）和自旋量子数 m_s（描述自旋方向）来决定。电子层从内到外依次用 K、L、M、N……符号表示，每一层最多能容纳的电子数由公式 $2n^2$ 给出。电子亚层则进一步细分为 s、p、d、f 等类型，每种类型对应不同的电子云形状和能容纳的电子数。当两个或多个原子结合成分子时，它们的电子会重新分布，以适应新的化学环境。这种重新分布可能包括电子的共享（共价键）、电子的转移（离子键）以及电子对的形成（如孤对电子）。分子的电子结构决定了其化学键的类型和强度、分子的几何形状以及分子的反应活性。在晶态材料中，原子或分子排列成有序的晶格结构，电子在这些结构中的运动受到晶格势场的影响。晶态材料的电子结构对其导电性、热导性、光学性质等物理性质有重要影响。例如，金属中的自由电子可以在晶格中自由移动，因此金属具有良好的导电性和热导性；而绝缘体和半导体的电子结构则限制了电子的移动性，导致它们在这些方面的性质与金属截然不同。

物质或材料中的电子在本质上是德布罗意（概率）波，具有位置空间中的密度分布（简称电子密度）和动量空间中的密度分布（简称动量密度）两方面的属性。电子密度和动量密度互为补充，共同决定材料的本征性能。描述电子实空间属性的轨道、化学键等概念和描述电子能量属性的能级、能带等概念都可以用来解释材料中的各种物理化学现象和规律。电子结构相关的理论可参考文献[2,3]。

在实（或位置）空间中，可通过对电子密度或波函数进行拓扑分析获得直观的电子结构信息，如拓扑原子指标（原子积分电荷、拓扑体积、原子能量、原子力、偶极矩、四极矩、八极矩等）和拓扑化学键指标（键临界点的电荷、拉普拉斯量、椭球度、键能量等）等。电子密度分布常使用电子密度 ρ、电子密度梯度 $\nabla\rho$、拉普拉斯量 $\nabla^2\rho$ 以及原子与化学键拓扑性质来描述。材料性质与电子结构的一些拓扑性质有关，如：电子密度的拉普拉斯量是电子密度对空间坐标的二阶导数，它的符号决定了分子中某个位置的电子密度相对其邻域内的电子密度而言是处于电子空乏还是富集状态。当 $\nabla^2\rho(r) > 0$ 时，r 处的电子密度比周围的平均电子密度小，即 r 处的局域范围是一个电子空乏区；反之，当 $\nabla^2\rho(r) < 0$ 时，r 处的电子密度比周围的平均电子密度大，即 r 处的局域范围是一个电子富集区。根据路易斯的酸碱电子理论：凡能接受电子对的物质（分子、离子或原子团）都称为酸，凡能给出电子对的物质（分子、离子或原子团）都称为碱。电子富集区表现为路易斯碱（电子供体），电子空乏区表现为路易斯酸（电子受体）。

通过高精度 X 射线衍射可以测试出晶体材料的实空间电子结构[4,5]。化学键的离子性和共价性可从差分密度（实验电子密度与模型密度之差）中看出，如 LiB_3O_5 为使用最广泛的紫外-可见-近红外非线性光学晶体，图 1-3 显示了 LiB_3O_5 在实空间中的实验差分电子密度与静电势，从差分密度上可明显看出 O 原子上的孤对电子和 B—O 键的键电荷，Li—O 之间没有发现明显的共享电子，说明 B—O

和 Li—O 分别为共价键和离子键。相应的实验静电势图显示 B 和 O 有净正电荷和负电荷，与经典的 B—O 键特性一致，而 Li 原子上的价电子可忽略，带正电荷[6]。如需了解更多的关于实空间电子结构的测试理论与技术可参考一些书籍[7-9]。

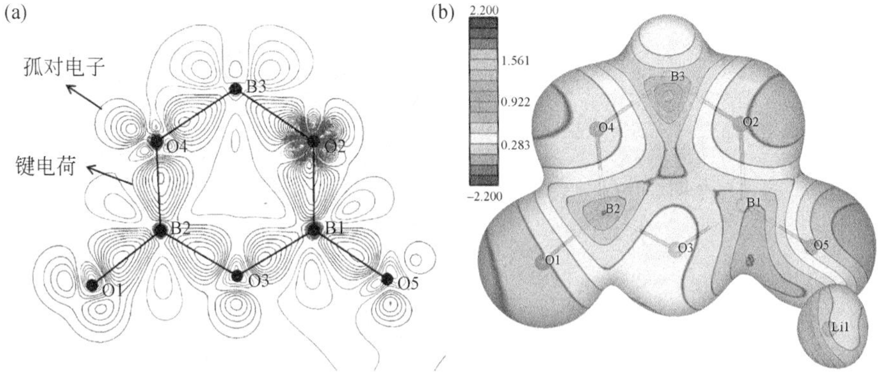

图 1-3　LiB_3O_5 的实空间的实验电子结构：差分电子密度（a）与静电势（b）

另见书末彩图

晶体材料在 *k*-空间中的电子结构可通过第一性原理计算获得，如可获得占据与非占据态的能级、能带、态密度、磁矩及其方向等信息。材料的本征性能（如电输运、光学、磁性和超导性等）与其电子结构密切相关，如根据超导体的平/陡带理论模型，潜在超导体的电子能带结构应同时展示穿越费米能级的陡带和靠近费米能级的平带，如 Y_2O_2Bi 等[10]。另外，拓扑绝缘体的能带结构拥有对称性保护的拓扑序，导致体相内部表现为绝缘体，而表面为金属态，暗示电子可以沿材料表面移动[11]。

图 1-4 展示了一些典型材料的电子能带结构示意图，金属有部分占据的能带，并且最高占据态和最低非占据态之间没有能隙。绝缘体的能带结构中价带和导带之间被带隙隔开。半导体拥有比较窄的带隙，其中准金属（semimetal）在其价带和导带上有小的交叠。半金属（half-metal）的一种自旋为金属态，而另一种自旋为半导

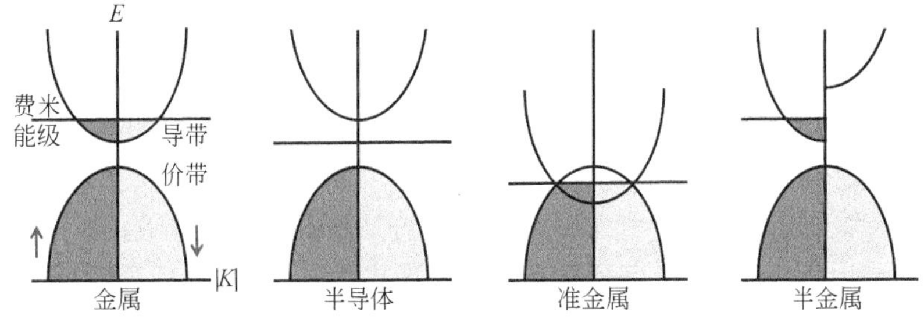

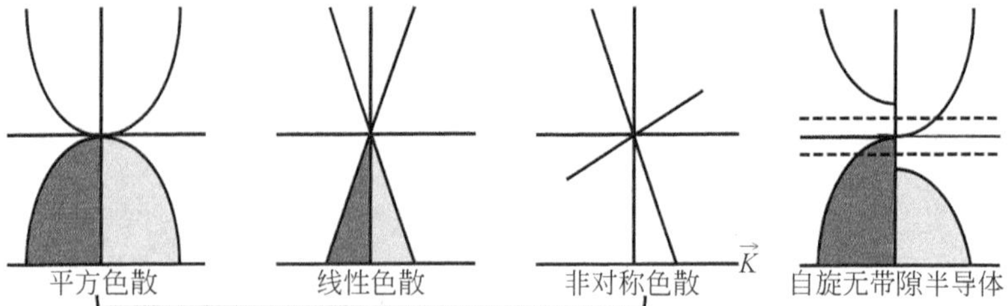

图 1-4　一些典型材料的能带结构示意图：金属、半导体、准金属、半金属、零带隙材料和自旋无带隙半导体

另见书末彩图

体态，如果导带和价带在费米能级相遇，则材料属于无能隙半导体或零带隙材料，零带隙材料可能存在二次、线性或非对称的能量与波矢的色散关系。如果一种自旋价带与另一种自旋的导带在费米能级相遇则为自旋无带隙（spin-gapless）半导体[12]。

1.2.3　磁结构

物质的磁结构是指物质中原子或分子磁矩（包括电子轨道磁矩、电子自旋磁矩和原子核的核磁矩，但通常原子核的核磁矩很小，可以忽略不计）在空间中的取向、周期性和对称性，或具有某种规律性分布的状态。这种规律性分布又称为磁有序，它决定了物质的磁学性质，并与物质的电子结构、分子构型以及外部条件密切相关。物质的磁结构通常可以分为以下几种类型：①铁磁有序结构：在这种结构中，整个物质中的自旋朝向同一方向，具有非常强的自发磁化效应。大部分的铁磁材料都存在一个居里温度（或居里点），在居里温度以下，材料才具有铁磁性质。随着温度的增加，热涨落作用逐渐增强，最终使有序排列的磁矩遭到破坏，自发磁化消失，变成顺磁性。②反铁磁有序结构：在这种结构中，邻近的自旋都是相反方向排列的，相邻自旋的大小相同，其净自发磁化强度为零。因此，尽管存在磁矩的规律性分布，但整体对外不表现自发磁化。③其他磁有序结构：除了铁磁性和反铁磁性外，还存在亚铁磁性、螺旋磁性等其他类型的磁有序结构，它们各自具有独特的磁矩排列方式和磁性表现。

如果磁结构的周期与晶格周期的长度之比是有理数，则为公度磁结构，如果是无理数，则为非公度磁结构。非公度磁结构可采用传播矢量方法来描述，而公度磁结构的描述既可采用传播矢量方法，也可采用磁空间群方法。对于化合物只含有一种磁性离子情况，或离子磁矩的排列是共线的（即铁磁或反铁磁耦合），其磁结构相对比较简单。对于含两种或两种以上的磁性离子，或如果自旋排列是非共线的，则磁结构比较复杂，如表现出正弦序（sinusoidal）、螺旋序（helical）、摆线序（cycloid）或圆锥序（conical）等[13]，图 1-5 展示了这几种磁结构的示意图。在螺旋序、摆线序和圆锥序中，所有位置的磁矩都相同，但方向不同。螺旋序中螺旋转轴和传播方向一致，摆线序中螺旋转轴和传播方向垂直。正弦序也称为自旋密度波（spin density wave），在正弦序中，磁矩方向是共线的，但大小不同。这些磁结构常出现在一些自旋失措体系中，即不是所有的自旋排列都是共线的。当自旋失措程度适中，系统将采取一个非共线的磁结构，如螺旋序或摆线序。螺旋序和摆线序都是手性的，自旋既可以顺时针也可以反时针绕旋转轴旋转，这样就会产生两个手性不同但能量相同的磁结构。当在一个临界温度以下出现两个等概率的手性磁结构时，两者重叠就会形成自旋密度波，在临界温度以下，材料的磁结构也可能会倾向于采用两个手性结构中的一个。如果材料中自旋失措程度很高，即磁性原子自旋之间会竞争而无法形成长程序，可能形成自旋液体或自旋玻璃行为，在这种状态下，磁基态会表现为大量不同的自旋构型。

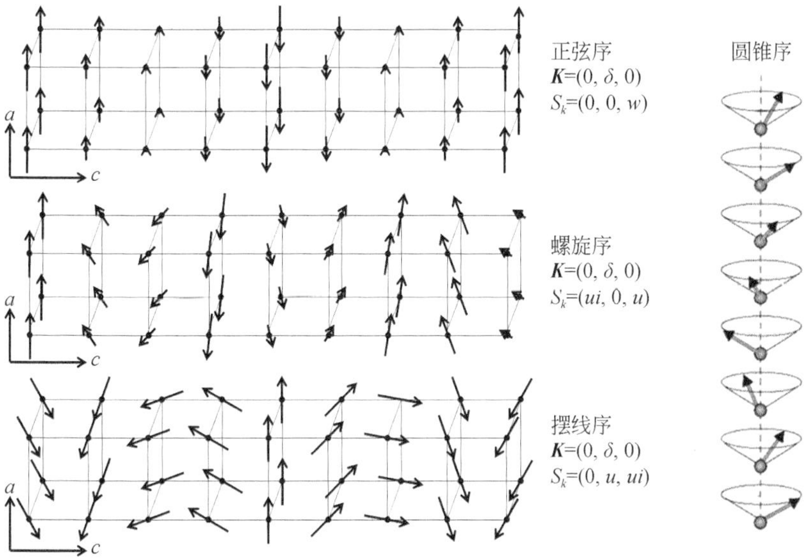

图 1-5　典型磁结构示意图：正弦序、螺旋序、摆线序和圆锥序

$\boldsymbol{K}$ 为传播矢量，S_k 为傅里叶系数

磁性材料的性质与其磁结构密切相关。铁磁材料，如过渡金属铁、钴、镍，原子序数为 64～69 的稀土金属，以及一些铁磁合金 MnBi 和 Cu_2MnAl 可以实现永久磁化。磁电耦合化合物，如 CuO、$CuBr_2$、$BiMnO_3$、$BiFeO_3$ 和 $RMnO_3$（R=Ho-Lu，Y）等是一类多铁材料，即同时展示磁性以及磁致铁电性。在这些

化合物中，存在一些特殊的磁结构，如摆线或 E 型反铁磁磁结构，导致空间对称破缺和铁电性[14]。

1.3 晶格缺陷

晶格缺陷指的是晶体结构中的原子排列受到各种条件（如晶体形成条件、原子的热运动、杂质填充等）的影响，导致结构偏离了完美晶体结构的区域，是形成缺陷结构的物理基础。这种偏离破坏了晶体的完整性和周期性排列，从而产生了各种形式的缺陷。晶格缺陷的形成原因多种多样，主要包括晶体生长过程、原子的热运动、杂质和缺陷的相互作用，以及辐照和机械作用等。晶格缺陷对晶体的性能具有重要影响，这既可能表现为负面影响，如降低晶体的力学性能和稳定性；也可能表现为正面影响，如增强半导体材料的导电性和发光材料的发光性。因此，在材料科学和工程领域中，研究和控制晶格缺陷的形成和演化具有重要意义。通过深入研究和理解晶格缺陷的形成机制和影响规律，可以为晶体材料的制备、改性和应用提供重要的理论依据和技术支持。根据缺陷的几何尺寸和影响范围，晶格缺陷可以大致分为以下几类。

1.3.1 点缺陷

晶体中的扰动，如果除去与之相关的弹性应变，在任何方向上延伸不超过几个原子间距，被称为点缺陷。点缺陷是指晶体结构中局部的、有限范围内的缺陷。它们主要包括以下几种类型：

空位（vacancy）：这是指晶体中原子应该存在的位置上没有原子。空位是最常见的点缺陷之一，它会影响晶体的扩散和力学性质。

间隙原子（interstitial atom）：这种缺陷是指额外的原子位于正常晶格位置之外的间隙中。这些间隙原子可能是同种元素的，也可能是不同种的杂质原子。

替代原子（substitutional atom）：这是指晶体中的一个原子被另一种不同的原子替代。这种缺陷通常发生在合金或掺杂的情况下。

1.3.2 线缺陷

线缺陷通常也被称为位错（dislocation），是指一维的缺陷，即一排原子排列发生了错位。位错是晶体中一种线性缺陷，描述了滑移过程中的局部变形。部分原子已经移动到它们的新位置，而其他原子尚未移动。晶体上部相对于下部的位移在滑移面的不同区域有所不同。滑移面中分隔滑移已发生区域和未发生区域的线被称为位错。

位错有以下两种主要类型：

刃型位错（edge dislocation）：由一列额外的半平面原子插入晶体中产生，导致晶体在位错线附近发生局部扭曲。

螺型位错（screw dislocation）：由一个原子平面在位错线处错开，类似螺旋状结构。螺型位错的移动导致晶体的螺旋状变形。

1.3.3　面缺陷

面缺陷是二维的缺陷，典型的面缺陷有：

晶界（grain boundary）：不同取向的晶粒在其交界处形成的缺陷。这种界面处的原子排列相对于各自晶粒的完美晶格排列有显著的偏差。晶界对材料的强度、导电性和腐蚀性有显著影响。

孪晶面（twin plane）：相邻晶粒之间具有对称关系的界面，孪晶面具有特殊的几何对称性。

堆垛层错（stacking fault）：原子层的排列顺序发生错误，通常出现在金属和合金中。

1.3.4　体缺陷

体缺陷是三维的缺陷，影响较大区域的晶格结构。典型的体缺陷包括：

孔洞（void）：晶体内部较大的空洞或空腔，可能由于多余原子的迁移或外部应力引起。

析出物（precipitate）：在材料中形成的小的第二相颗粒。这些析出物可以增强或削弱材料的机械性能，取决于它们的大小、分布和性质。

夹杂物（inclusion）：外来的不溶性颗粒物质存在于晶体内部，通常是在晶体生长过程中引入的。

1.3.5　拓扑缺陷

拓扑缺陷在某些特定材料中存在，比如液晶或复杂相变材料。它们涉及材料的宏观或微观拓扑结构的变化，如：

位相缺陷（phase defect）：在相变材料中，一相内嵌或连接了另一相的缺陷结构。

螺旋向错（screw disclination）：在液晶中，分子取向发生螺旋形状的变化。

1.3.6　孪晶

孪晶（twinning）是一种特殊的晶体缺陷形式，指的是在同一晶体中存在两个或多个晶体区域，这些区域之间存在特定的几何关系，称为孪晶关系。孪晶通常通过特定的对称操作（如镜像、旋转等）从一个晶体区域变换到另一个区域，孪晶面是分隔不同孪晶区域的界面，通常表现为平直的晶面，但在复杂孪晶中也可能出现曲面。孪晶现象在金属、半导体、陶瓷和矿物等材料中广泛存在，并对材料的物理和机械性能产生重要影响。孪晶的形成可以通过以下几种方式：

生长孪晶：在晶体生长过程中，由于外界条件（如温度、压力和化学环境）的变化，晶体的某部分可能按照特定对称规则重新排列，形成孪晶。

变形孪晶：在外力作用下，晶体内部应力达到一定程度时，某些晶区会发生重排，形成孪晶。这种情况常见于金属材料的塑性变形过程中。

相变孪晶：在相变过程中，当晶体从一种晶体结构转变为另一种结构时，可能会产生孪晶。例如，马氏体相变过程中常见孪晶的形成。

孪晶的对称性包括镜像对称、旋转对称和平移对称。镜像对称：这是最常见的孪晶对称性，其中一个孪晶区是另一个孪晶区的镜像，对称面称为孪晶面（twin plane）；旋转对称：某些孪晶具有旋转对称性，即一个孪晶区可以通过特定轴的旋转与另一个孪晶区重合；平移对称：晶体中的两个区域通过一个特定的平移操作来实现孪晶关系。

根据形成机制和特征，孪晶可以分为多种类型，如简单孪晶：两个孪晶区之间只有一个孪晶面，例如钛矿和方解石中的孪晶。复杂孪晶：多个孪晶区通过多个孪晶面或旋转轴相互关联，例如钾长石中的贯穿孪晶。多重孪晶：多个孪晶区以重复的对称关系排列，例如铜和黄铜中的孪晶。

1.3.7 畴

畴结构（domain structure）是指晶体材料内部存在的一种微观结构，其中晶体被分成若干个具有不同取向或极化方向的区域，这些区域称为畴（domain）。畴壁是分隔不同取向畴的界面。在畴壁区域，自发极化或自发磁化方向逐渐变化。畴结构广泛存在于铁电材料、铁磁材料、反铁磁材料等具有自发极化或磁化特性的材料中。畴结构的形成与材料的物理性质密切相关，对材料的性能具有重要影响。根据材料的性质和畴的特征，畴结构可以分为以下几类：

磁畴（magnetic domain）：存在于铁磁性和反铁磁性材料中。每个磁畴内部的磁矩是有序排列的，但不同磁畴之间的磁矩方向可能不同。磁畴的形成是为了降低系统的总能量，尤其是磁化能和磁畴壁能。

铁电畴（ferroelectric domain）：存在于铁电材料中。每个铁电畴内具有一致的电偶极矩方向，但不同畴之间的电偶极矩方向可能相反。铁电畴的存在与材料的自发极化有关。

弹性畴（elastic domain）：与应力和应变相关联的畴结构，通常出现在具有马氏体相变的材料中。例如，在形状记忆合金中，由于应力引起的不同取向的马氏体相变形成弹性畴。

畴结构的形成主要是为了降低材料的总能量。单一大畴会产生巨大的长程电场或磁场，导致系统能量增加。通过形成多个小畴，内部电场或磁场相互抵消，可以降低长程相互作用能量。另外，在铁电和铁磁材料中，自发极化或自发磁化通常伴随机械应变。形成多个小畴可以减少这种应变，降低系统总能量。尽管形成畴壁会增加系统的总能量，但相比于单一大畴的长程相互作用能量和应变能，多个小畴的总能量通常更低。

1.4　调制与缺陷结构

在晶体的 X 射线衍射现象被发现后的 100 多年里，基于布拉格峰分析的结构测定已经发展成了一种非常精确且广泛应用的方法。这种传统的晶体学是基于这样一种假设：晶体由一组三维排列的相同单元组成。然而，真实的材料只接近这种理想状态，它们的衍射图谱除了锐利的布拉格主衍射峰（来自基础晶格衍射）外，还包含强度弱得多的布拉格卫星衍射峰（来自周期性调制缺陷）和一种被称为漫散射的强度弱的连续背景（来自统计缺陷）。许多重要材料的性质不仅仅依赖于传统晶体学分析所揭示的平均晶体结构，往往还关键性地依赖于那些只能通过缺陷结构分析所揭示的偏离的理想状态（无序）。晶格调制衍射和漫散射自晶体学早期便已被发现和研究，但通常由于其强度非常低且产生原因多样，这个领域基本上仍然是少数专业研究小组的研究领域。然而，近年来随着同步辐射光源的出现、最新的高分辨率和高动态范围的 X 射线探测器以及用于分析和建模的强大计算机的发展，阻碍调制与缺陷结构研究方法发展的问题已经在很大程度上得到了解决。当前的方法几乎可以解决任何无序问题，从而获得远远超出平均晶胞结构描述的结构和动态细节。

晶格缺陷在三维空间中的分布称为缺陷结构，缺陷结构按晶格缺陷形成有序程度的不同可继续分为严格序缺陷结构、统计序缺陷结构和局域缺陷。调制缺陷结构是一种典型的严格序缺陷结构。

1.4.1　调制结构

平移对称性是晶体结构的一个主要特征，也是结构长程序的一种典型表现形式，然而，晶体材料的结构长程序不仅仅表现为平移对称性，还可以在基础晶格的基础上，原子位置、占据数或温度因子有规律地有限地偏离平衡值而产生不同于基础晶格三维周期的额外的周期性调制，形成调制结构[15,16]。调制结构包括公度调制结构、非公度调制结构、复合结构。调制结构可看成是完美晶格结构中引入能用调制函数描述的有规律的缺陷导致的，因此也可以称为调制缺陷。

用来描述调制结构的常见调制函数有谐波函数、方波函数和三角波函数等，调制函数的方向及周期性可使用倒空间中的调制矢量来描述。如果调制矢量是其晶格周期的有理数倍，则调制结构为公度调制结构；反之，如果是无理数倍，则为非公度调制结构。公度调制结构也可以使用超晶胞来描述。如果是原子位置的偏移导致的调制，则称为位移性调制，如果是原子占据概率的偏移导致的调制，则称为占据性调制。调制结构在数学上可描述成 $3+n$ 维超空间的一个切面，调制结构的倒空间为 $3+n$ 维超倒空间到三维倒空间的一个投影，其中 n 为调制矢量的个数。

调制结构经常出现在一些拥有相变性质的化合物中，如 $NaNO_2$、K_2SeO_4 和 $LiAlSiO_4$ 等。这些化合物会在一个临界温度下发生相变，而调制结构则出现在低对称性低温相和高对称性高温相的中间状态。两个相互穿插的周期性晶格，如果彼此之间为非公度排列，则会形成非公度复合结构，这种结构在失配叠层化合物中相对比较容易形成，如$[LaS]_{1.14}[NbS_2]$等[17]。另外一些可能形成非公度复合结构的情况包括两列拥有各自周期的原子共线排列，如$[Sr]_{1+x}[TiS_3]$（$x \approx 0.1$）等[18]。

许多晶态材料中都可以观测到调制结构，如矿物、金属、有机和无机化合物以及大分子。一些材料的性质依赖于其结构中的非周期性调制序，如一些金属降温时，电荷密度展示出金属态的调制，可达到电荷密度波（charge density wave，CDW）态。受与金属嵌套费米面有关的电-声耦合的驱动，CDW 的形成会在金属态的费米面上引入一个绝缘带隙。超导态类似于 CDW，由于形成了与超导有关的 Cooper 对，也会在费米面引入一个带隙，这个带隙防止了超导态向金属态的转变，除非温度升高[19]。超导态会与 CDW 相互竞争[20]，而且这个竞争存在于一些过渡金属硫属化合物中，如 $NbSe_2$、$HfTe_3$、$ZrTe_{3-x}Se_x$ 和 $YBa_2Cu_3O_y$ 等。一些非线性光学晶体中，如 $Cs_2TB_4O_9$(T=Ge，Si)[21]和 A_2SnS_5(A=Ba，Sr)[22]等也存在调制结构，这种调制结构对它们的二次谐波性质有影响。如与没有结构调制的 α-Ba_2SnSe_5 相比，A_2SnS_5(A=Ba，Sr)中 Sn/S 构造单元 44%或 25%的畸变可显著增强二次谐波信号。调制结构也存在于一些其他的材料体系，如弛豫铁电体 $Ca_{0.24}Ba_{0.76}Nb_2O_6$ 和 $Ca_{0.31}Ba_{0.69}Nb_2O_6$[23]，含低掺杂 Cu 的多铁性 $CaMn_7O_{12}$[24]。

准晶类似于非公度调制结构，也具有长程序，但没有平移对称性。相对传统三维平移周期性的晶体结构而言，准晶结构可看成是一种广义的晶格缺陷，但它又与传统晶体结构有本质区别。准晶具有独特的衍射谱，其衍射谱展示出五重或其他不属于晶体点群类型的对称性。已知的准晶有两类，一类是多边形准晶，这类准晶具有局部 8 重、10 重或 12 重旋转对称性，分别对应八边形、十边形和十二边形准晶。它们在沿轴的方向为周期性，而在垂直于这些轴的平面内为准周期。另一类为二十面体准晶，其在各个方向均为非周期排列。一种简单的构造二维 Penrose 拼图准晶[25]的方法是使用一个窄的菱形（其中一个夹角为 36°）和一个宽的菱形（其中一个夹角为 72°），按照图 1-6 的方式构造出一个准晶。准晶存在于许多金属合金（如 Al-Li-Cu、Al-Mn-Si、Al-Ni-Co、Al-Pd-Mn、Al-Cu-Fe 和 Al-Cu-V 等）和高分子聚合物中[26]。

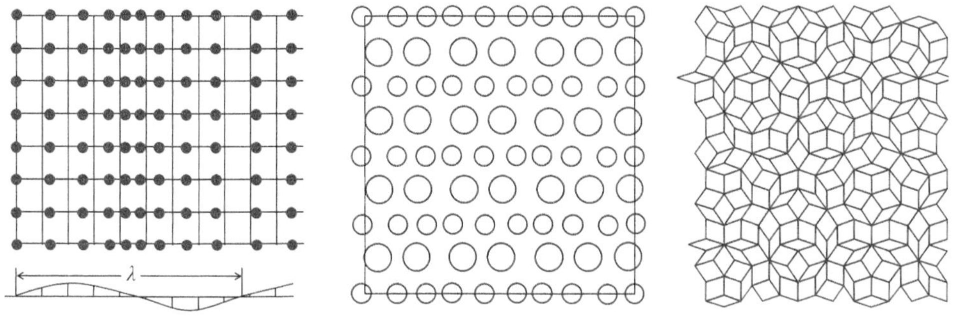

(a)　(b)　(c)

图 1-6　调制结构示意图：非公度位移性调制（a）、非公度复合结构（b）和二维 Penrose 拼图准晶（c）

另见书末彩图

1.4.2　缺陷结构

完美的晶体结构可使用晶格基矢和平移矢量来描述其平移周期性，调制结构虽然没有平移周期性，但可以使用调制函数与调制矢量来描述其长程有序，如果材料中结构单元的无序程度较高，已经失去了严格意义上的长程序，但仍然保留统计学上的长、中或短程序，这种情况称为缺陷结构。这里举一个通俗的例子来区分晶体结构、调制结构、缺陷结构与局域缺陷（见 1.4.3 节），假定 1 代表平衡位置的原子，2 和 3 代表不同非平衡位置的原子，每个单胞只有一个原子的完美晶体结构表示为 111111111，则 123123123、123312213、113111211 分别为调制结构、缺陷结构与局域缺陷。从缺陷结构 123312213 可看出没有严格的长程序，但三个相邻片段 123、312、213 有相同的平均值 2（假定 1、2、3 可以相加），意味着统计学上的长程序。在局域缺陷 113111211 中，严格的和统计学上的长程序都不存在。

缺陷结构的结构特征要比其他微观结构类型复杂得多。由于缺陷序的类型变化多样，很难有统一的描述方式，而且缺陷结构的描述方式和结构参数与其他微观结构类型有显著不同[27]。原则上，任何有助于描述缺陷结构的模型参数均可参与模拟和精修计算。关联系数（短程参数）和邻接概率是描述缺陷结构的常见参数。在晶体结构分析中，为了方便描述统计缺陷，经常使用平均缺陷结构参数，比如分裂原子位置、混合或部分占据数、异常的温度因子等，然而在晶体结构中使用平均缺陷结构参数描述缺陷分布很可能会丢掉材料中重要的缺陷信息。拥有相同平均缺陷结构参数的不同缺陷结构可能呈现不同的晶格缺陷分布，例如，拥有相同的 30%的空位缺陷，会随相邻原子间沿不同方向的关联系数的不同而呈现不同的空位分布（图 1-7），进而导致不同的物理性质与材料性能。

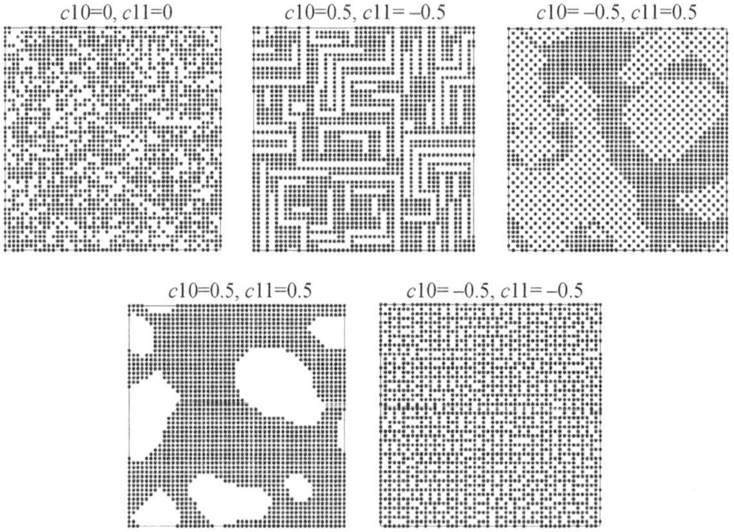

图 1-7　50×50 个单胞的二维空位缺陷模型（一个单胞中含一个原子位置）

*c*10 为沿单胞轴（1，0），（0，1），（−1，0）和（0，−1）方向相邻原子间的关联系数，*c*11 为沿单胞轴（1，1），（−1，1），（1，−1）和（−1，−1）方向相邻原子间的关联系数，*c*10 和 *c*11 值为 0、正和负值分别表示随机、正相关和负相关

另见书末彩图

材料的许多性质，如结构材料的力学性能、光学材料的光损伤阈值、半导体的载流子寿命等都与缺陷结构有关。半导体阻抗、离子晶体的电导或扩散性能均被缺陷结构主导。缺陷结构强烈影响电子与声子的行为，并在热电材料的热学和电学性质调控中扮演重要的角色。气相传输沉积法制备的石墨烯中存在的缺陷（裂纹、皱褶、畴界等）会影响其电学性能。缺陷结构也会影响电极材料的电化学性能，如 $LiTMO_2$（TM=Ni、Mn、Co 或 $Ni_xMn_yCo_z$，其中 $x+y+z=1$）是高能量密度锂离子电池中一种重要的阳极材料，在阳极的缺陷结构中，高浓度的 Ni/Li 无序（Ni/Li 反位）对 Li 的迁移能力、循环稳定性、首次循环效率和综合电极性能都有不好的影响[28]。然而，低浓度的 Ni/Li 无序能改善富镍 $LiTMO_2$ 材料的热和循环结构稳定性。

1.4.3 局域缺陷

当结构无序程度非常高时，比如液体和玻璃，我们一般只需要关注原子的几个配位层范围内的结构，如出现配位不完整或局域结构畸变，包括配位数、键长、键角和配位多面体的异常或畸变等情况，称为局域缺陷。本书中的“结构”二字指的是在“较大范围内分布”的结构特点，在谈到局域的缺陷结构时，为避免误导，局域缺陷后通常不带结构二字，局域缺陷也可以理解为含缺陷的局域结构。值得注意的是，并不仅仅是在无长程序的结构中我们才关注局域缺陷，许多情况下其他微观结构类型的材料也需要研究其局域缺陷，这取决于所研究的具体问题。

局域缺陷广泛存在于各种材料中，它们影响一些特定材料的性质与功能，如负热膨胀材料、无定形材料、形状记忆合金等。绝大多数现有功能材料都是含有杂质的，它们被掺杂以不同的元素来实现不同的功能。在一些特定情况下，局域缺陷对材料的性能起主导作用，如在硅中掺杂 0.1%或更低浓度的硼或磷会导致 p 型或 n 型半导体。在一些化学工业中使用的固相催化剂，特殊的金属位点为催化反应的最佳活性位置。因此需要研究活性位点周围的局域缺陷，如在生产碳酸二甲酯的催化反应中需使用到钯基催化剂，钯原子负载在不同的载体上，与载体结合形成催化活性中心，钯原子与不同载体形成的催化活性中心的局域结构是不同的，图 1-8 显示了二价钯分别与 MgO，Y 型 Si 和 SiAl 沸石形成的催化活性中心的局域缺陷。三种局域缺陷具有不同的电子吸附性和 HOMO-LUMO 能级宽度，导致它们形成的钯基催化剂具有不同的稳定性[29]。

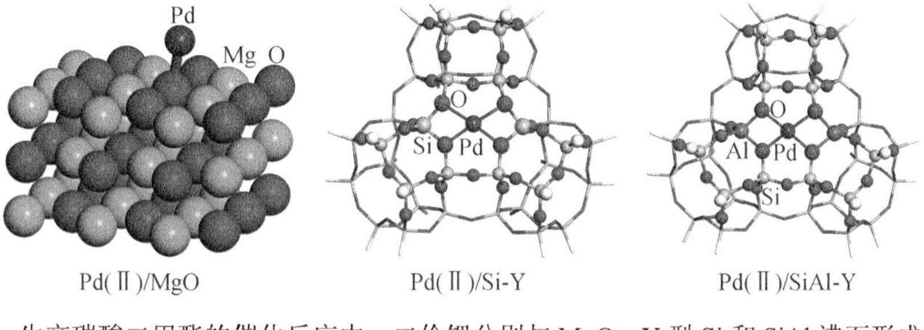

图 1-8　生产碳酸二甲酯的催化反应中，二价钯分别与 MgO，Y 型 Si 和 SiAl 沸石形成的催化活性中心的局域结构

另见书末彩图

1.5 调制与缺陷结构的表征手段

缺陷结构的表征方法多种多样，如电磁波或粒子的散射、波谱和能谱等，每

种方法都有其独特的优势和适用范围。在材料科学研究中，通常需要结合多种技术，以全面了解材料中的缺陷类型、分布和对材料性能的影响。这些技术共同为优化材料性能和开发新材料提供了重要的数据支撑。这里主要介绍电磁波或粒子的散射（包括衍射和漫散射），以及 X 射线吸收谱，这几类方法相对其他方法而言具有能分析宏观大量样品、缺陷结构分辨率高等优点而被广泛采用。

X 射线、中子和电子的散射实验是目前探测（亚）原子层次物质结构的主要手段，通过散射实验确定一种材料的微观结构，无论是晶体结构，还是调制与缺陷结构，数学过程都是类似的，即使用含未知参数的结构模型去拟合散射实验数据，符合最好的那个结构模型被认为是最终确定的结构。材料中的电子对 X 射线，原子核对中子以及静电势对电子具有（弹性）散射作用，散射强度分布反映了材料中的详细结构信息。散射可分为布拉格散射（Bragg scattering，也称为衍射）和漫散射（diffuse scattering）。射线或粒子通过晶体中的同一组晶面时发生布拉格散射，形成强度较强的布拉格衍射峰，根据布拉格峰的强度和位置可反推出材料的晶体结构。X 射线单晶衍射和粉末衍射是表征材料晶体结构的最常用方法。对于调制结构，其晶格发生不同于原有基础晶格三维周期性的额外的周期性畸变，这种额外的周期性畸变会导致射线或粒子通过调制结构时产生额外的布拉格散射，形成强度较弱的布拉格衍射峰，称为卫星衍射点（satellite diffractions），原有基础晶格产生的衍射峰称为主衍射点。卫星衍射点的强度和位置反映了结构中的调制结构信息。一般而言，卫星衍射点比主衍射点的强度要弱得多，因此确定调制结构的衍射实验中，通常需要比较强的光源。

缺陷结构中不存在严格的结构周期性，因此不会产生布拉格散射，但会产生类似于背底强度的漫散射信号，表现为一些条状或特别宽的斑纹，斑纹的形状、位置和强度分布反映了结构中的缺陷序信息。根据缺陷结构模型可计算出理论的散射强度分布，通过最小化散射强度的理论值与实验值的差，采用最小二乘法（或其他最小化算法）即可获得最佳结构。缺陷结构无法通过常规的 X 射线、中子或电子衍射进行确定。一种重要的缺陷结构分析方法基于全散射（total scattering）技术的原子对分布函数（pair-distribution function，PDF）法[30]。X 射线吸收谱（X-ray absorption spectroscopy，XAS）也是探测局域缺陷的有效手段，包括扩展 X 射线吸收精细结构（extended X-ray absorption fine structure，EXAFS）和 X 射线吸收近边结构（X-ray absorption near edge structure，XANES）。

与晶体结构分析相比，调制与缺陷结构分析在结构模型构建、精修算法和实验数据要求等方面存在明显不同：①调制与缺陷结构模型比晶体结构模型复杂得多。晶体结构模型中的结构参数主要包括单胞中的原子坐标和温度因子等，而调制结构模型则还包括调制幅度和调制函数，缺陷结构还包括相关系数（统计缺陷）、配位数（局域缺陷）等；②晶体结构和调制结构分析主要采用的是最小二乘法进行结构参数的精修，而缺陷结构分析中除最小二乘法之外，还经常采用蒙特卡罗算法和遗传算法等智能优化算法，神经网络算法也被证实是一种分析缺陷结构的有效方法[31]；③在实验数据方面，晶体结构分析主要采用的是布拉格衍射峰的积分强度和位置信息，而调制结构分析中除了使用主衍射点的积分强度和位置信息，还需使用到卫星衍射点的积分强度和位置信息，缺陷结构则主要使用的是漫散射强度随位置的分布信息；④由于实验数据与精修算法上的差异，晶体结构分析得到的最终结果几乎是唯一确定的；而调制与缺陷结构分析则可能存在多解情况，要辅助其他理论或实验结果分析进行排除。

为便于比较，表 1-1 中列举了包括调制结构与缺陷结构在内的几种主要微观结构类型的实验分析方法的主要特点及常用软件。其他微观结构类型如电子结构通常采用第一性原理计算获得。实空间电子结构也可以使用基于电子结构晶体学[32]的方法从实验上获得，即通过多极模型和波函数模型精修 X 射线衍射等实验数据，从而获得实验电子密度和波函数。动量空间电子能带结构可通过角分辨光电子能谱等实验测试获得。磁结构常通过中子衍射实验获得。

表 1-1　几种主要类型微观结构实验分析方法对比

微观结构类型	主要结构信息	主要实验表征方法	主要分析算法	部分相关软件
晶体结构	晶格对称性（点群、空间群）、晶胞参数、原子坐标和温度因子等	单晶或粉末样品的 X 射线/中子/电子衍射等	定结构：直接法、电荷翻转法、蒙特卡罗等 精修：最小二乘	单晶：SHELX[a]、Olex2[b]、JANA[c] 等； 粉末：JANA、GSAS-II[d]、FullProf[e]、Endeavour[f]、JADE[g]、TOPAS[h] 等
实空间电子结构	电子（自旋）密度分布、电子轨道、波函数、密度矩阵等	实空间：高空间分辨 X 射线衍射等	最小二乘、最大熵法（使用较少）	XD[i]、MoPro[j]、Tonto[k] 等
动量空间电子结构	能级、能带结构、态密度等	角分辨光电子能谱等	—	—
磁结构	磁对称性、磁矩、磁（自旋）序、传播矢量等	中子衍射	最小二乘	FullProf、GSAS-II、JANA 等
调制结构	原子位置、占据数和热振动因子的调制函数（调制幅度和调制矢量）、结构参数随超空间坐标轴的变化曲线等	X 射线/中子/电子衍射等	最小二乘	JANA 等
缺陷（序）结构	位移型或占位型晶格缺陷（空位、掺杂原子、层错等）形成的长、中、短程序，受晶格缺陷之间的关联系数、邻接概率等影响	X 射线/中子/电子全散射	最小二乘、蒙特卡罗、演化算法（或基因算法）	xPDFsuite[l]、RMCProfile[m]、EPSR[n]、DISCUS[o] 等

续表

微观结构类型	主要结构信息	主要实验表征方法	主要分析算法	部分相关软件
局域缺陷	几个配位原子层范围内的化学键型、键长、键角、配位多面体的畸变，配位浓度、配位数和配位方式等	XAS 等	最小二乘	FEFF[p]、Demeter[q]、GNXAS[r] 等

a http://shelx.uni-goettingen.de/；b https://www.olexsys.org/olex2/；c http://jana.fzu.cz/；d https://subversion.xray.aps.anl.gov/trac/pyGSAS；e https://www.ill.eu/sites/fullprof/index.html；f https://www.crystalimpact.com/endeavour/；g https://www.icdd.com/mdi-jade/；h https://www.topas-academic.net/；i https://www.chem.gla.ac.uk/~louis/xd-home/；j https://crm2.univ-lorraine.fr/lab/fr/software/mopro/；k https://github.com/dylan-jayatilaka/tonto；l https://www.diffpy.org/products/xPDFsuite.html；m https://rmcprofile.pages.ornl.gov/；n https://www.isis.stfc.ac.uk/pages/empirical-potential-structure-refinement.aspx；o https://tproffen.github.io/DiffuseCode/；p https://feff.phys.washington.edu/feffproject-feff-xafsdataanalysis.html；q https://bruceravel.github.io/demeter/；r https://gnxas.unicam.it/pag_gnxas.html

1.5.1 单晶衍射

X 射线单晶衍射（single crystal X-ray diffraction，SCXRD）是一种用于精确确定晶体结构的强有力技术。它通过分析 X 射线穿过单晶后形成的衍射图样，揭示晶体的内部原子排列。该方法因能在分子、原子水平上提供完整而准确的物质结构信息，而成为结构测定中最具权威性的方法，根据测定出的组成晶体的原子或离子的空间排列情况可以了解晶体和分子中原子的化学结合方式、分子的立体构型、构象、电荷分布、原子在平衡位置附近的热振动情况以及精确的键长、键角和扭角等结构数据。该方法自 20 世纪初以来一直在化学、物理、材料科学和生物学等领域中得到广泛应用。

X 射线单晶衍射的原理基于布拉格定律（Bragg's law），该定律描述了 X 射线与晶体内部原子面之间的相互作用，可总结为布拉格公式：$2d\sin\theta=n\lambda$，其中，n 为衍射级数（通常取 1）；λ 是入射 X 射线的波长；d 是晶体中平面间的间距；θ 是入射 X 射线与晶面法线之间的夹角（布拉格角）。一个晶体由三维周期性排列的原子或分子组成，当 X 射线照射到晶体时，它们在原子核或电子云周围被散射。当入射 X 射线与晶体的某些原子面满足布拉格定律时，散射波在某些方向上会相互干涉，形成衍射峰（即所谓的衍射点）。衍射点的强度变化被记录下来，形成衍射图样。衍射点的位置和强度与晶体的内部结构密切相关。

X 射线单晶衍射仪的核心部件包括：①X 射线源：通常使用铜靶（Cu K_α，波长为 1.54439 Å）或钼靶（Mo K_α，波长为 0.71073 Å）作为 X 射线源。②测角仪：样品固定在测角仪上，测角仪可以进行三维旋转，以便让样品从不同角度测量衍射图样。③探测器：探测器用于记录衍射图样，目前常见的类型包括半导体探测器、CCD（电荷耦合器件）探测器和 CMOS 探测器。

采用单晶衍射仪进行晶体结构分析的流程包括：①样品准备：为了进行 X 射线单晶衍射实验，首先需要制备单晶样品。单晶的尺寸一般在 0.1～0.5mm 之间，这对于测定结果的准确性非常重要。如果晶体质量不佳（如有裂纹、双晶或不均匀性），会导致衍射数据质量下降，从而影响最终的结构解析。②数据采集：在数据采集过程中，X 射线束照射在固定的单晶样品上，测角仪按照预定的角度步进旋转。每个角度位置的衍射图样都会被探测器记录下来，形成一组二维的衍射图像。这些图像包含了有关晶体内部原子位置的信息。③数据处理与分析：收集到的二维衍射图样需要经过指标化、强度积分和强度校正等数据处理与分析步骤才能获得用于结构解析的衍射点指标和强度信息。④结构解析：通过直接法等结构解析方法从衍射点强度数据解析出初步原子模型，并通过最小二乘精修获得精确的晶体结构。通过单晶衍射获得晶体结构的主要过程如图 1-9 所示。本书第 2 章对单晶结构分析有更加详细的介绍，更多相关技术可参考文献[33-37]。

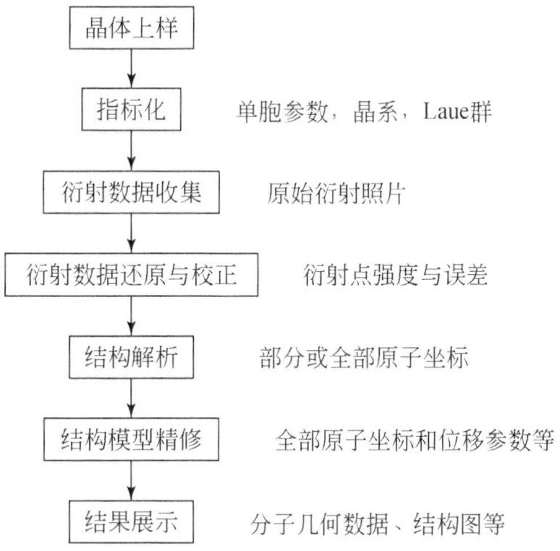

图 1-9　单晶衍射获得晶体结构的主要过程

1.5.2　粉末衍射

粉末衍射（powder diffraction）的原理与单晶类似，都是基于布拉格定律，但与单晶衍射不同的是，单晶衍射使用的样品是取向固定的单晶样品，而粉末衍射中，样品中晶粒是随机取向的，当 X 射线照射到粉末样品时，各个晶面以不同的角度排列，使得在不同的角度上都会满足布拉格定律，从而产生衍射。这种现象导致在探测器上观察到的不是单晶衍射的点阵，而是一系列的衍射环或峰，这些峰的位置和强度反映了晶体的结构信息。粉末衍射是材料科学和结构分析中不可或缺的工具，它以其广泛的适用性和强大的分析能力，为研究者提供了深入理解物质结构的手段。

自然界存在的和人工合成的绝大多数固体材料是多晶体。而且很多材料由于易生成孪晶、包晶和生长条件苛刻等原因，其单晶生长比较困难或费时，不适宜进行单晶结构分析，这时就比较容易使用粉末样品进行结构分析，另外粉末衍射能方便进行高温、低温、高场和高压下的实验，特别适合研究物质的相变。粉末衍射具有多方面的优势，例如：①样品制备简单：粉末衍射适用于难以获得单晶的材料，不需要复杂的样品制备过程。②广泛适用性：可用于多种固体材料的分析，包括金属、陶瓷、矿物和有机物。③定性与定量分析：能够同时提供材料的定性和定量信息，适用于复杂多相体系。但其具有局限性，例如：①衍射强度信息重叠：由于晶粒的随机取向，某些衍射强度信息可能在衍射图谱中重叠，使得解析变得复杂。②空间分辨率有限：相对于单晶衍射，粉末衍射的空间分辨率较低，难以解析非常复杂的结构。

粉末衍射技术在材料科学、地质学、化学、物理学、化工以及生命科学等多个领域有广泛应用，其中最广泛的应用是物相识别和定量分析，即通过比较实验获得的衍射图谱与标准数据库（如 ICDD 数据库）中的衍射图谱，可以识别样品中的物相成分。这种分析方法称为物相分析，常用于材料科学中的相组成分析。通过里特沃尔德（Rietveld）精修或其他方法，可以定量分析样品中不同物相的比例，这对于复杂多相材料的分析尤为重要。另外还可用于分析结晶度和微观应力，衍射峰的宽度和形状可以提供关于样品结晶度和微观应力的信息。较窄的衍射峰通常表明较高的结晶度，而较宽的峰可能与样品中存在的微观应力或晶粒细小有关。磁结构解析通常需要中子粉末衍射谱。通过对粉末 XRD 谱进行精确分析，还可以用于结构解析，作为单晶结构解析技术的有力补充，通过粉末衍射方法获得晶体结构的主要过程如图 1-10 所示，更多相关技术可参考文献[38-45]。

1.5.3 全散射

全散射分析（total scattering analysis）是一种用于研究材料缺陷结构的先进表征技术。它不仅关注材料的长程有序结构，还能够深入解析短程无序和局部结构特征。全散射分析在研究无定形材料、纳米材料、缺陷材料、复杂相材料等方面有着独特的优势。全散射分析依赖于 X 射线、中子或电子与材料中的原子相互作用所产生的散射信号。传统衍射技术，如 X 射线衍射，主要分析的是布拉格峰（Bragg peak），这些峰反映了材料原子的周期性排列。然而，材料中的无序、缺陷、纳米结构等短程有序信息通常隐藏在布拉格峰之外的散射信号中，这部分信号被

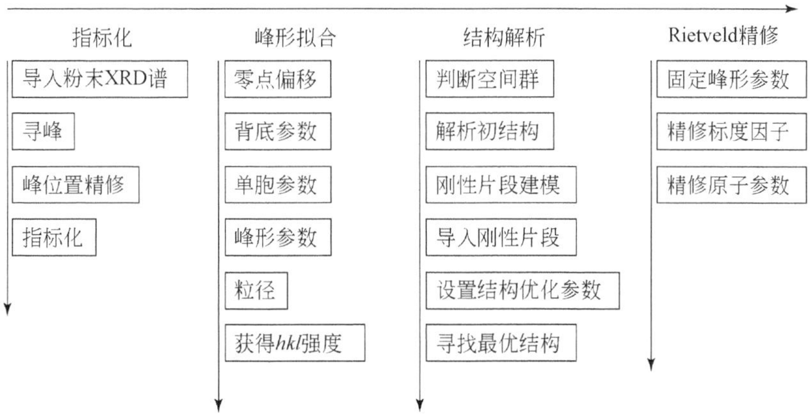

图 1-10　粉末衍射法获得晶体结构的主要过程

称为漫散射。全散射分析通过分析整个散射图谱，包括布拉格峰和非布拉格峰部分，来获取材料的全局结构信息。这种方法能够同时捕捉到长程和短程结构的特征，从而为理解材料的综合结构提供更为全面的视角。全散射分析技术为理解材料的复杂结构提供了独特的工具，特别是在研究那些传统衍射技术难以解析的缺陷序和局域结构方面具有无可替代的作用。

全散射分析通常依赖于两种主要的实验方法：①X 射线全散射（X-ray total scattering），在 X 射线全散射实验中，使用高能 X 射线照射样品，使用高分辨率探测器记录散射信号。通过傅里叶变换，将散射数据转换为原子对分布函数（pair distribution function，PDF），从而解析出缺陷结构。②中子全散射（neutron total scattering），中子全散射使用中子代替 X 射线来探测样品中的结构信息。中子具有较高的穿透能力，并且对轻元素（如氢、碳）的散射敏感，因此特别适合研究含有轻元素的材料。中子全散射也能生成 PDF，用于分析材料的缺陷结构。全散射数据的分析主要依赖于配位函数或径向分布函数。PDF 是通过对全散射数据的傅里叶变换得到的，表示为样品中所有原子对之间的距离分布。这种分析方式能够揭示材料的局域原子排列信息，适用于无定形材料、缺陷结构研究以及纳米结构材料的解析，相关技术可参考文献[46-52]。

这里介绍全散射技术的理论，对于多组分系统，每单位立体角 Ω 和能量 $\hbar\omega$ 微元的双微分中子截面为[53,54]

$$\frac{1}{M}\frac{\mathrm{d}^2\sigma}{\mathrm{d}\Omega\mathrm{d}\omega}=\frac{\boldsymbol{k}'}{\boldsymbol{k}}\sum_{i=1}^{n}\overline{b_i^2}S_i^s(\boldsymbol{Q},\omega)+\frac{\boldsymbol{k}'}{\boldsymbol{k}}\sum_{i,j=1,i\neq j}^{n}\overline{b_i}\overline{b_j}S_{ij}^d(\boldsymbol{Q},\omega) \tag{1.1}$$

其中，材料中有 M 个原子，包含 n 种不同的化学成分。$\boldsymbol{k}$ 和 $\boldsymbol{k}'$ 分别是散射中子的初始和最终波矢，$\boldsymbol{Q}=\boldsymbol{k}-\boldsymbol{k}'$ 是散射矢量，其长度为 $4\pi\sin(\theta/2)$，对应于波长为 λ

的中子在角度 2θ 下的散射。$S_i^s(\boldsymbol{Q},\omega)$ 和 $S_{ij}^d(\boldsymbol{Q},\omega)$ 分别是结构因子的自部分和干涉部分。b_i 是成分 i 的相干束缚中子散射长度，考虑不同同位素和核自旋的平均状态。因此，对于成分 i，相干散射截面 $\sigma_i^{\mathrm{coh}}=4\pi\overline{b}_i^2$，总散射截面 $\sigma_i=4\pi\overline{b_i^2}$，非相干散射截面 $\sigma_i^{\mathrm{inc}}=\sigma_i-\sigma_i^{\mathrm{coh}}$。通过去掉第一个求和中的 $i=j$ 项并将其添加到第二个求和中，我们得到：

$$\frac{1}{M}\frac{\mathrm{d}^2\sigma}{\mathrm{d}\Omega\mathrm{d}\omega}=\frac{k'}{k}\sum_{i=1}^{n}(\overline{b_i^2}-\overline{b}_i^2)S_i^s(\boldsymbol{Q},\omega)+\frac{k'}{k}\sum_{i,j=1}^{n}\overline{b_i}\,\overline{b_j}S_{ij}(\boldsymbol{Q},\omega) \tag{1.2}$$

现在散射截面被分为非相干散射项 $S_i^s(\boldsymbol{Q},\omega)$ 和相干散射项 $S_{ij}(\boldsymbol{Q},\omega)$。在静态近似下，考虑一个散射仅依赖于 $|\boldsymbol{Q}|$ 而不依赖于 $\boldsymbol{Q}$ 方向的系统（例如晶体粉末、液体或无定形材料），我们可以对方程（1.2）在能量上进行积分，以获得：

$$\frac{1}{M}\frac{\mathrm{d}\sigma}{\mathrm{d}\Omega}=\sum_{i=1}^{n}(\overline{b_i^2}-\overline{b}_i^2)S_i^s(\boldsymbol{Q})+\sum_{i,j=1}^{n}\overline{b}_i\,\overline{b}_jS_{ij}(\boldsymbol{Q}) \tag{1.3}$$

这里 $S_i^s(\boldsymbol{Q})=c_i$，即材料中 i 成分的比例，并且

$$S_{ij}(\boldsymbol{Q})=c_ic_j[A_{ij}(\boldsymbol{Q})-1]+c_i\delta_{ij} \tag{1.4}$$

其中，$A_{ij}(\boldsymbol{Q})$ 是 Faber-Ziman 部分结构因子[55]，δ_{ij} 是狄拉克 δ 函数。这得到了以下更熟悉的形式：

$$\frac{1}{M}\frac{\mathrm{d}\sigma}{\mathrm{d}\Omega}=\sum_{i,j=1}^{n}c_ic_j\overline{b}_i\overline{b}_j[A_{ij}(\boldsymbol{Q})-1]+\sum_{i=1}^{n}c_i\overline{b}_i^2 \tag{1.5}$$

材料的总散射截面是 $4\pi\sum_i c_i\overline{b_i^2}$。

对于中子，总散射结构因子 $F(\boldsymbol{Q})$ 是微分中子散射截面的干涉项 $\frac{1}{M}\frac{\mathrm{d}\sigma}{\mathrm{d}\Omega}$，即[56]

$$F^N(\boldsymbol{Q})=\frac{1}{M}\frac{\mathrm{d}\sigma}{\mathrm{d}\Omega}-\sum_{i=1}^{n}c_i\overline{b_i^2} \tag{1.6}$$

同样，材料中有 M 个原子和 n 个原子种类。$4\pi\sum_i c_i\overline{b_i^2}$ 是材料的中子总散射截面。这里使用的上标 N 通常在文献中被省略，用于区分这些特定于中子的方程和下面的 X 射线总散射方程，于是有

$$F^N(\boldsymbol{Q})=\sum_{i,j=1}^{n}c_ic_j\overline{b}_i\overline{b}_j[A_{ij}(\boldsymbol{Q})-1] \tag{1.7}$$

上式为部分结构因子 $A_{ij}(\boldsymbol{Q})$ 的加权和，其中，c_i 和 $\overline{b}_i$ 分别是原子 i 的比例和中子相干散射长度。$A_{ij}(\boldsymbol{Q})$ 与部分 PDF $g_{ij}(r)$ 通过傅里叶关系相关：

$$A_{ij}(\boldsymbol{Q})-1=\rho_0\int_0^{\infty}4\pi r^2[g_{ij}(r)-1]\frac{\sin(\boldsymbol{Q}r)}{\boldsymbol{Q}r}\mathrm{d}r \tag{1.8}$$

并且

$$g_{ij}(r)-1=\frac{1}{(2\pi)^3\rho_0}\int_0^\infty 4\pi \boldsymbol{Q}^2[A_{ij}(\boldsymbol{Q})-1]\frac{\sin(\boldsymbol{Q}r)}{\boldsymbol{Q}r}\mathrm{d}\boldsymbol{Q} \tag{1.9}$$

其中，ρ_0 为原子数密度，通常以每 Å^3 中多少个原子表示。由于式（1.8）和式（1.9）中除了样品密度外不包含实验项，因此它们适用于中子和 X 射线总散射。中子的总径向分布函数或 PDF 定义为

$$G^N(r)=\sum_{i,j=1}^{n}c_ic_j\bar{b}_i\bar{b}_j[g_{ij}(r)-1] \tag{1.10}$$

$F^N(\boldsymbol{Q})$ 和 $G^N(r)$ 之间通过正弦傅里叶变换以与 $A_{ij}(\boldsymbol{Q})-1$ 和 $g_{ij}(r)-1$ 相同的方式相互关联。$g_{ij}(r)$ 可以直接计算：

$$g_{ij}(r)=\frac{n_{ij}(r)}{4\pi r^2\mathrm{d}r\rho_j} \tag{1.11}$$

其中，$n_{ij}(r)$ 是距离 i 型原子 r 和 $r+\mathrm{d}r$ 之间的 j 型原子的数量，并且 $\rho_j=c_j\rho_0$，尽管对于原子集合小于评估 r 范围的情况（例如，当模型中的所有原子周围没有完整的半径为 r 的球壳时，比如纳米颗粒的情况），体积元素 $4\pi r^2\mathrm{d}r$ 可能需要修改。PDF 的一个常见替代归一化是 $D(r)$：

$$D^N(r)=4\pi r\rho_0 G^N(r)=\left(\sum_{i=1}^{n}c_i\bar{b}_i\right)^2 G^{\mathrm{PDF}}(r) \tag{1.12}$$

通过对 r 进行缩放，更突出 PDF 的高 r 特征。

等效的 X 射线形式稍微复杂一些，因为上述方程中使用的中子散射长度 $\bar{b}_i$ 必须用 Q 依赖的 X 射线散射因子 $f_i(Q)$ 替代。方程（1.6）变为

$$F^X(\boldsymbol{Q})=\left[\frac{1}{M}\frac{\mathrm{d}\sigma}{\mathrm{d}\Omega}-\sum_{i=1}^{n}c_if_i(\boldsymbol{Q})^2\right]\bigg/\left(\sum_{i=1}^{n}c_if_i(\boldsymbol{Q})\right)^2 \tag{1.13}$$

$\left(\sum_{i=1}^{n}c_if_i(\boldsymbol{Q})\right)^2$ 是一个所谓的“锐化”项，用于增强高 $\boldsymbol{Q}$ 散射，以抵消由于 X 射线散射因子的形式导致的强度自然衰减，通常 $\sum_{i=1}^{n}c_if_i(\boldsymbol{Q})^2$ 被用作替代的锐化项。根据方程（1.7）有

$$F^X(\boldsymbol{Q})=\sum_{i,j=1}^{n}c_ic_jf_{ij}(\boldsymbol{Q})[A_{ij}(\boldsymbol{Q})-1] \tag{1.14}$$

其中

$$f_{ij}(\boldsymbol{Q}) = f_i(\boldsymbol{Q})f_j(\boldsymbol{Q}) \Bigg/ \left(\sum_{i=1}^{n} c_i f_i(\boldsymbol{Q})\right)^2 \tag{1.15}$$

$F^X(\boldsymbol{Q})$的傅里叶变换也可通过典型方式计算，有

$$G^X(r) = \frac{1}{(2\pi)^3 \rho_0} \int_0^\infty 4\pi \boldsymbol{Q}^2 F^X(\boldsymbol{Q}) \frac{\sin(\boldsymbol{Q}r)}{\boldsymbol{Q}r} \mathrm{d}\boldsymbol{Q} \tag{1.16}$$

需要注意的是

$$G^X(r) \neq \sum_{i,j=1}^{n} c_i c_j j_{ij}(r)[g_{ij}(r) - 1] \tag{1.17}$$

其中 $j_{ij}(r)$ 是 $j_{ij}(\boldsymbol{Q})$ 的傅里叶变换；右侧的两个 r 依赖项应进行卷积以形成 $G^X(r)$。为了简化从部分 PDF 计算 $G^X(r)$，通常假设 $f_i(\boldsymbol{Q})$ 的 $\boldsymbol{Q}$ 依赖性对于所有原子都是相同的，每个原子按其有效电子数量进行标度，即 $f_i(\boldsymbol{Q}) = K_i f_e(\boldsymbol{Q})$。在中性原子中，$K_i$ 近似等于 Z_i，并且

$$f_e(\boldsymbol{Q}) = \sum_{i=1}^{n} c_i f_i(\boldsymbol{Q}) \Bigg/ \sum_{i=1}^{n} c_i f_i(\boldsymbol{Q}) \tag{1.18}$$

是材料的每个电子的平均散射因子。这个近似的好坏取决于材料，但通常对于含有非常不同电子数量的原子时，这个近似的准确性会降低。将方程（1.18）中 $f_e(\boldsymbol{Q})$ 的定义与方程（1.15）中锐化项的影响结合，能去掉 $f_{ij}(\boldsymbol{Q})$ 的 $\boldsymbol{Q}$ 依赖性，有

$$G^X(r) = \sum_{i,j=1}^{n} c_i c_j \frac{K_i K_j}{\left(\sum_{i=1}^{n} c_i Z_i\right)^2} [g_{ij}(r) - 1] \tag{1.19}$$

这是简单地对部分 PDF 进行加权求和，类似于中子总散射情况[方程（1.10）]。请注意，这一简化依赖于将 $\left(\sum_{i=1}^{n} c_i f_i(\boldsymbol{Q})\right)^2$ 用作锐化函数。如果这个近似被认为不适用，那么仍然可以将模型与 X 射线 PDF 进行比较：部分 PDF $g_{ij}(r)$ 会通过方程（1.8）分别转换为部分结构因子 $A_{ij}(\boldsymbol{Q})$；将这些求和形成总散射结构因子 $F^X(\boldsymbol{Q})$[方程（1.14）]；然后通过方程（1.16）将其傅里叶逆变换到总 PDF $G^X(r)$。

距离 i 类型原子为 r_1 和 r_2（$r_1 < r_2$）之间的 j 类型原子的数量可以从部分径向分布函数 $g_{ij}(r)$ 中确定，根据方程（1.7）可得到配位数 N 为

$$N = \int_{r_1}^{r_2} 4\pi r^2 c_j \rho_0 g_{ij}(r) \mathrm{d}r \tag{1.20}$$

也可以从总径向分布函数中获得局部配位数，前提是已知某些特定峰值仅由一个部分径向分布函数产生，不过在进行结果的缩放时需要特别注意，要使用适当的散射因子进行校准。

1.5.4　X 射线吸收谱

X 射线吸收谱（X-ray absorption spectroscopy，XAS）分析是一种重要的材料局域（缺陷）结构表征技术，广泛应用于化学、物理、材料科学和生物学等领域。它主要用于研究材料中特定元素的局域结构、化学状态和电子结构。XAS 技术可以分为两大部分：X 射线吸收近边结构（X-ray absorption near edge structure，XANES）和扩展 X 射线吸收精细结构（extended X-ray absorption fine structure，EXAFS）。X 射线吸收谱分析基于材料中原子对入射 X 射线的吸收行为。当 X 射线的能量与材料中特定元素的内层电子（如 K 壳层、L 壳层）的结合能相匹配时，这些电子会被激发到更高的能级，甚至逃离原子。这个过程会导致吸收系数的显著增加，从而形成 XAS 谱中的吸收边。在吸收边附近的能量区域 XANES，谱图反映了电子从内层跃迁到未占据的能级（例如导带或价带）的过程。因此，XANES 提供了关于局域电子结构和化学态的信息。例如，氧化态的变化会引起吸收边位置的位移，而局部对称性和化学键强度会影响吸收边的形状。在吸收边之后的较高能量范围内，散射电子与周围原子的相互作用会引起振荡结构，这些振荡结构被称为 EXAFS。通过分析这些振荡，可以获得关于原子间距、配位数和局部环境的信息。X 射线吸收谱实验通常在同步辐射光源上进行，因为同步辐射光具有连续的能量分布、高亮度和良好的准直性，这对于高精度的 XAS 测量至关重要。

XAS 技术由于其元素选择性和对局部环境的敏感性，被广泛应用于多种研究领域，如在化学和催化领域，XAS 可用于研究催化剂中的活性位点，监测催化反应过程中催化剂的氧化还原行为和结构变化；在材料科学领域，XAS 用于研究功能材料中的局部结构，如锂离子电池中的电极材料，半导体材料中的掺杂元素分布等；另外，在生物系统中，XAS 可用于研究金属酶中的金属活性中心，以及金属蛋白质的结构与功能关系。

XAS 的原理如图 1-11 所示，XAS 的发生是因为光电子可以被邻近原子散射，散射的光电子可以返回到吸收原子，调制吸收原子处光电子波函数的振幅。这反过来又调制了吸收系数 $\mu(E)$，导致了 EXAFS 的产生。

对于 EXAFS，我们关注的是高于吸收边的振荡，并定义 EXAFS 精细结构函数 $\chi(E)$，其表达式为

$$\chi(E)=\frac{\mu(E)-\mu_0(E)}{\Delta\mu_0(E)} \tag{1.21}$$

其中，$\mu(E)$ 是测得的吸收系数，$\mu_0(E)$ 表示孤立原子吸收的平滑背景函数，$\Delta\mu_0$ 是能量阈值 E_0 处吸收系数 $\mu(E)$ 的跳跃值。

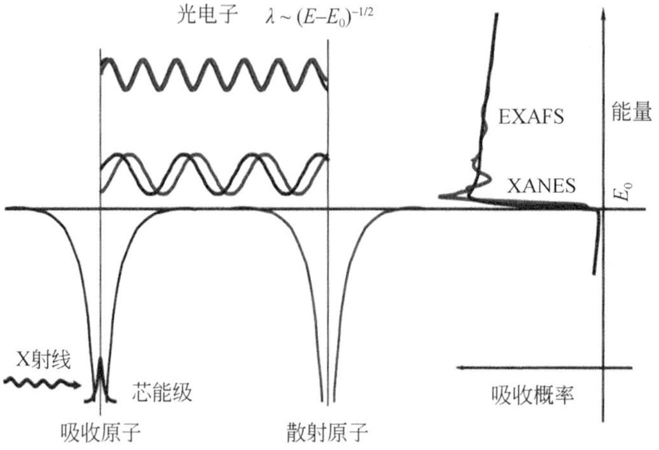

图 1-11 XAS 的原理示意图

另见书末彩图

由于 X 射线吸收是两个量子态之间的跃迁，我们用费米黄金法则描述与 X 射线能量 E 有关的吸收系数 $\mu(E)$：

$$\mu(E) \propto |\langle i|H|f\rangle|^2 \tag{1.22}$$

其中，$\langle i|$ 表示初态，$|f\rangle$ 表示最终态，H 表示相互作用算符。由于芯能级电子与吸收原子结合得非常紧密，初态不会受到邻近原子的影响。另一方面，终态会受到邻近原子的影响，因为光电子能够“看到”它。如果我们将 $|f\rangle$ 展开为两部分，一部分是“裸原子”部分 $|f_0\rangle$，另一部分是邻近原子的影响 $|\Delta f\rangle$，可以表示为

$$|f\rangle = |f_0\rangle + |\Delta f\rangle \tag{1.23}$$

我们可以将方程（1.22）展开为

$$\mu(E) \propto |\langle i|H|f_0\rangle|^2 \left[1 + \langle i|H|\Delta f\rangle \frac{\langle f_0|H|i\rangle^*}{|\langle i|H|f_0\rangle|^2} + C.C\right] \tag{1.24}$$

其中，$C.C$ 表示复共轭。上式可以写成如下形式：

$$\mu(E) = \mu_0(E)[1 + \chi(E)] \tag{1.25}$$

其中，$\mu_0 = |\langle i|H|f_0\rangle|^2$ 为“裸原子吸收”，它仅依赖于吸收原子。精细结构函数 χ 可以写成：

$$\chi(E) \propto \langle i|H|\Delta f\rangle \tag{1.26}$$

相互作用项 H 表示了在两个能量、动量状态之间变化的过程，根据量子辐射理论，可以得到[57]：

$$\chi(k) = \frac{f(k)}{kR^2}\sin[2kR + \delta(k)] \tag{1.27}$$

这里能量 E 用波数 k 表示，定义为

$$k = \sqrt{\frac{2m(E - E_0)}{\hbar^2}} \tag{1.28}$$

其中，E_0 为吸收边能量，m 为电子质量。式（1.27）中 $\sin[2kR + \delta(k)]$ 为与散射光电子相位改变有关的项，包含了光程差引起的相位差 $2kR$ 和邻近原子势场引起的相位移 $\delta(k)$。电子背散射振幅 $f(k)$ 和相位移 $\delta(k)$ 是邻近原子的散射特性，它们依赖于邻近原子的原子序数（Z），这使得 EXAFS 对邻近原子的种类敏感。

式（1.27）仅针对一个吸收原子和散射原子对，但在实际测量中，我们会对产生散射的所有原子对进行平均。即使是相同类型的邻近原子，键长中的动态和静态无序也会导致一系列距离范围，从而影响 XAS。通过引入 Debye-Waller 温度因子项 $\mathrm{e}^{-2k^2\sigma^2}$ 来考虑这种影响，σ^2 是键长 R 的均方位移，XAS 方程可写为

$$\chi(k) = \frac{N\mathrm{e}^{-2k^2\sigma^2} f(k)}{kR^2} \sin[2kR + \delta(k)] \tag{1.29}$$

其中 N 是配位数。当然，真实系统通常在特定的吸收原子周围有不止一种类型的邻近原子，因此总的 XAS 可以简单地表示为来自每种散射原子类型的贡献之和：

$$\chi(k) = \sum_j \frac{N_j \mathrm{e}^{-2k^2\sigma_j^2} f_j(k)}{kR_j^2} \sin[2kR_j + \delta_j(k)] \tag{1.30}$$

其中 j 代表与中心原子距离大致相同的同种原子的单个配位壳层。进一步通过引入因子 $\mathrm{e}^{-2R_j/\lambda(k)}$ 考虑非弹性散射和芯空穴的寿命，其中 λ 是光电子的平均自由程，与 k 有关，此时 EXAFS 方程变为

$$\chi(k) = \sum_j \frac{N_j \mathrm{e}^{-2k^2\sigma_j^2} \mathrm{e}^{-2R_j/\lambda(k)} f_j(k)}{kR_j^2} \sin[2kR_j + \delta_j(k)] \tag{1.31}$$

参 考 文 献

［1］Jiang X M, Deng S, Whangbo M H, et al. Material research from the viewpoint of functional motifs. Natl. Sci. Rev., 2022, 9: nwac017.

［2］Levine I N. Quantum Chemistry. 7th Edition. New York: Pearson Education, 2014.

［3］黄明宝. 量子化学教程. 北京：科学出版社, 2015.

［4］Coppens P. X-ray Charge Densities and Chemical Bonding. New York: Oxford University Press, 1997.

［5］Clinton W L, Frishberg C A, Massa L J, Oldfield P A. Methods for obtaining an electron-density matrix from X-ray diffraction data. Int. J. Quantum Chem., 2009, 7: 505-514.

[6] Jiang X M, Lin S J, He C, et al. Uncovering functional motif of nonlinear optical material by in situ electron density and wavefunction studies under laser irradiation. Angew. Chem. Int. Ed., 2021, 60: 11799-11803.

[7] Guo G C, Jiang X M. Electronic Structure Crystallography and Functional Motifs of Materials. Hoboken: John wiley & Sons, 2024.

[8] Gatti C, Macchi P. Modern Charge-Density Analysis. Berlin: Springer, 2012.

[9] Macchi P. Quantum Crystallography: Fundamentals and Applications. Berlin: de Gruyter, 2024.

[10] Cheng X Y, Gordon E E, Whangbo M H, et al. Superconductivity induced by oxygen doping in Y_2O_2Bi. Angew. Chem. Int. Ed., 2017, 56: 10123-10126.

[11] Qi X L, Zhang S C. Topological insulators and superconductors. Rev. Mod. Phys., 2011, 83: 1057-1110.

[12] Wang X L, Dou S X, Zhang C. Zero-gap materials for future spintronics, electronics and optics. NPG Asia Mater., 2010, 2: 31-38.

[13] Rodríguez-Carvajal J, Bourée F. Symmetry and magnetic structures. EPJ Web of Conferences, 2012, 22: 00010.

[14] Wang K F, Liu J M, Ren Z F. Multiferroicity: the coupling between magnetic and polarization orders. Advances in Physics, 2009, 58: 321-448.

[15] van Smaalen S. Incommensurate Crystallography. New York: Oxford University Press, 2012.

[16] Janssen T, Chapuis G, Boissieu M D. Aperiodic Crystals: From Modulated Phases to Quasicrystals. New York: Oxford University Press, 2007.

[17] Wiegers G A. Misfit layer compounds: structures and physical properties. Prog. Solid State Chem., 1996, 24: 1-139.

[18] Onoda M, Saeki M, Yamamoto A, et al. Structure refinement of the incommensurate composite crystal $Sr_{1.145}TiS_3$ through the Rietveld analysis process. Acta Crystallogr. B, 1993, 49: 929-936.

[19] Whangbo M H, Canadell E, Foury P, et al. Hidden Fermi surface nesting and charge density wave instability in low-dimensional metals. Science, 1991, 252: 96-98.

[20] Whangbo M H, Deng S Q, Köhler J, et al. Interband electron pairing for superconductivity from the breakdown of the Born-Oppenheimer approximation. ChemPhysChem, 2018, 19: 3191-3195.

[21] Zhou Z, Xu X, Fei R, et al. Structure modulations in nonlinear optical (NLO) materials $Cs_2TB_4O_9$(T = Ge, Si). Acta. Cryst. B, 2016, 72: 194-200.

[22] Li R A, Zhou Z, Lian Y K, et al. A_2SnS_5: a structural incommensurate modulation exhibiting strong second-harmonic generation and a high laser-induced damage threshold (A=Ba, Sr).

Angew. Chem. Int. Ed., 2020, 59: 11861-11865.
[23] Graetsch H A, Pandey C S, Schreuer J, et al. Incommensurate modulations of relaxor ferroelectric $Ca_{0.24}Ba_{0.76}Nb_2O_6$(CBN24) and $Ca_{0.31}Ba_{0.69}Nb_2O_6$ (CBN31). Acta Cryst. B, 2014, 70: 743-749.
[24] Sławiński W, Przeniosło R, Sosnowska I, et al. Helical screw type magnetic structure of the multiferroic $CaMn_7O_{12}$ with low Cu-doping. Acta Cryst. B, 2012, 68: 240-249.
[25] Penrose R. The role of aesthetics in pure and applied mathematical research. Bull. Inst. Math. Appl., 1974, 10: 266-271.
[26] MacIá E. The role of aperiodic order in science and technology. Rep. Prog. Phys., 2006, 69: 397-441.
[27] Welberry T R. Diffuse X-ray Scattering and Models of Disorder. New York: Oxford University Press, 2004.
[28] Zheng J, Ye Y, Liu T, et al. Ni/Li Disordering in layered transition metal oxide: electrochemical impact, origin, and control. Acc. Chem. Res., 2019, 52: 2201-2209.
[29] Tan H Z, Chen Z N, Xu Z N, et al. Synthesis of high-performance and high-stability Pd(II)/NaY catalyst for co direct selective conversion to dimethyl carbonate by rational design. ACS Catal., 2019, 9: 3595-3603.
[30] Egami T, Billinge S. Underneath the Bragg peaks: structural analysis of complex materials. Elsevier, 2003.
[31] Anker A S, Kjaer E T S, Juelsholt M, et al. Extracting structural motifs from pair distribution function data of nanostructures using explainable machine learning. NPJ Comput. Mater., 2022, 8: 213.
[32] 姜小明, 郭国聪. 电子结构晶体学. 北京: 科学出版社, 2022.
[33] 陈小明, 蔡继文. 单晶结构分析原理与实践. 2 版. 北京: 科学出版社, 2007.
[34] 张江威, 李凤彩, 魏永革. Olex2 软件单晶结构解析及晶体可视化. 北京: 化学工业出版社, 2020.
[35] 张俊. 单晶 X 射线衍射结构解析. 合肥: 中国科学技术大学出版社, 2017.
[36] Giacovazzo C. Fundamentals of Crystallography. New York: Oxford University Press, 2000.
[37] Massa W. Crystal structure determination. Berlin: Springer, 2013.
[38] 梁栋材. X 射线晶体学基础. 北京: 科学出版社, 2006.
[39] 梁敬魁. 粉末衍射法测定晶体结构. 北京: 科学出版社, 2011.
[40] Kisi E H, Howard C J. Applications of Neutron Powder Diffraction. New York: Oxford University Press, 2008.
[41] Will G. Powder Diffraction: The Rietveld Method and the Two Stage Method to Determine and

Refine Crystal Structures from Powder Diffraction Data. Berlin: Springer, 2006.
[42] Dinnebier R E, Billinge S J L. Powder diffraction theory and practice. The Royal Society of Chemistry, 2008.
[43] Pecharsky V K, Zavalij P Y. Fundamentals of Powder Diffraction and Structural Characterization of Materials. Netherlands: Kluwer Academic Publishers, 2003.
[44] David W I F, Shankland K, McCusker L M, et al. Structure Determination from Powder Diffraction Data. Oxford: IUCr/Oxford University Press, 2002.
[45] Clearfield A, Reibenspies J H, Bhuvanesh N. Principles and Applications of Powder Diffraction. Chichester: John Wiley and Sons, Ltd., 2008.
[46] Egami T, Billinge S J L. Underneath the Bragg Peaks: Structural Analysis of Complex Materials. Burlington: Elsevier Science, 2012.
[47] Welberry T R. Diffuse X-ray Scattering and Models of Disorder. New York: Oxford University Press, 2010.
[48] Nield V M, Keen D A. Diffuse Neutron Scattering from Crystalline Materials. New York: Oxford University Press, 2000.
[49] Drits V A, Tchoubar C. X-Ray Diffraction by Disordered Lamellar Structures: Theory and Applications to Microdivided Silicates and Carbons. Berlin: Springer Science & Business Media, 2012.
[50] Sebastian M T, Krishna P. Random, Non-random and Periodic Faulting in Crystals. New York: Routledge, 1994.
[51] Guinier A. X-Ray diffraction in Crystals, Imperfect Crystals, and Amorphous Bodies. New York: Dover Publications, 1994.
[52] Hosemann R, Bagchi S N. Direct Analysis of Diffraction by Matter. Amsterdam: North-Holland Publishing Company, 1962.
[53] Lovesey S W. Theory of Neutron Scattering from Condensed Matter. New York: Oxford University Press, 1984.
[54] Keen D A. A comparison of various commonly used correlation functions for describing total scattering. J Appl. Cryst., 2001, 34: 172-177.
[55] Faber T E, Ziman J M. A theory of the electrical properties of liquid metals: III. The resistivity of binary alloys. Philos. Mag., 1965, 11: 153-173.
[56] Keen D A. Total scattering and the pair distribution function in crystallography. Crystallography Reviews, 2020, 26: 143-201.
[57] Newville M. Fundamentals of XAFS, consortium for advanced radiation sources. Chicago IL: University of Chicago, 2004.

第 2 章　完美晶体结构

2.1　引　　言

完美晶体结构是一个在理想条件下形成的晶体，其内部的原子、离子或分子以特定的三维周期性排列，并且在整个晶体中完全没有任何缺陷。这种理想化的结构在现实中难以实现，因为大多数实际晶体中或多或少都会存在一些缺陷，如空位、错位和杂质等。然而，了解完美晶体结构是理解调制与缺陷结构分析方法的基础。尽管在解析含缺陷的实际材料的晶体结构时我们仍然使用类似的方法，但得到的是平均化的晶体结构信息，掩盖了物质或材料实际存在的缺陷结构。

本章介绍了完美晶体结构分析的基础知识，如晶体几何与对称性、晶体结构分析理论方法与精修技术等。

2.2　晶体几何与对称性

2.2.1　晶体宏观对称性

如果一个空间的所有性质在一个操作前后保持不变，那么这个操作称为对称操作，对称操作过程中保持不变的几何要素称为对称元素。晶体的对称性有宏观对称性和微观对称性之分，前者指晶体的外形对称性，当对称操作时，晶体中至少有一点保持不变；后者指晶体微观结构的对称性，指的是对称操作中包括平移操作或者含平移操作的复合操作。晶体外形的对称元素（或宏观对称元素）有反映面、对称中心、反轴和旋转轴四种类型；晶体微观结构中的对称元素（或微观对称元素）有反映面、对称中心、反轴、旋转轴、螺旋轴、滑移面和平移七种类型；晶体中对称轴的轴次（n）受晶体点阵结构的制约，仅限于 n=1、2、3、4 和 6。

可以使用五种类型的对称操作来描述晶体和分子的外形对称性：恒等操作 E，镜面操作（或称反映操作）$\sigma(m)$，中心反演操作 i，旋转操作 C_n，旋转反映操作 S_n（不包含平移分量）。由于旋转反伸操作 I_n 与旋转反映操作 S_n 效果一样，两者可看成一种对称操作。数学上，每种操作都可以用一个矩阵的形式来表示，称为操作矩阵。

1）恒等操作 E

当坐标为 x, y, z 的点被恒等操作作用时，它的新坐标和原始坐标相同，即还是 x, y, z。用矩阵方程表示为 $\begin{pmatrix}1&0&0\\0&1&0\\0&0&1\end{pmatrix}\begin{pmatrix}x\\y\\z\end{pmatrix}=\begin{pmatrix}x\\y\\z\end{pmatrix}$，因此，恒等操作 E 可以用单位矩阵 $\begin{pmatrix}1&0&0\\0&1&0\\0&0&1\end{pmatrix}$ 来描述。

2）镜面操作（或称反映操作）$\sigma(m)$

若把对称面选择为与笛卡儿坐标系平面（即 xy，xz 或 yz 平面）重合，那么通过对称面操作的矩阵方程如下：

$\sigma(xy)$：$\begin{pmatrix}1&0&0\\0&1&0\\0&0&\bar{1}\end{pmatrix}\begin{pmatrix}x\\y\\z\end{pmatrix}=\begin{pmatrix}x\\y\\\bar{z}\end{pmatrix}$　　$\sigma(xy)$ 的操作矩阵：$\begin{pmatrix}1&0&0\\0&1&0\\0&0&\bar{1}\end{pmatrix}$

$\sigma(xz)$：$\begin{pmatrix}1&0&0\\0&\bar{1}&0\\0&0&1\end{pmatrix}\begin{pmatrix}x\\y\\z\end{pmatrix}=\begin{pmatrix}x\\\bar{y}\\z\end{pmatrix}$　　$\sigma(xz)$ 的操作矩阵：$\begin{pmatrix}1&0&0\\0&\bar{1}&0\\0&0&1\end{pmatrix}$

$\sigma(yz)$：$\begin{pmatrix}\bar{1}&0&0\\0&1&0\\0&0&1\end{pmatrix}\begin{pmatrix}x\\y\\z\end{pmatrix}=\begin{pmatrix}\bar{x}\\y\\z\end{pmatrix}$　　$\sigma(yz)$ 的操作矩阵：$\begin{pmatrix}\bar{1}&0&0\\0&1&0\\0&0&1\end{pmatrix}$

3）中心反演操作 i

把原来坐标 $xyz\rightarrow\bar{x}\bar{y}\bar{z}$，表示为矩阵方程：$\begin{pmatrix}\bar{1}&0&0\\0&\bar{1}&0\\0&0&\bar{1}\end{pmatrix}\begin{pmatrix}x\\y\\z\end{pmatrix}=\begin{pmatrix}\bar{x}\\\bar{y}\\\bar{z}\end{pmatrix}$

因此，i 的操作矩阵为 $\begin{pmatrix}\bar{1}&0&0\\0&\bar{1}&0\\0&0&\bar{1}\end{pmatrix}$

4）旋转操作 C_n

C_n 中 n 为转动轴的轴次，转动角度 $\theta=\dfrac{360°}{n}$；若转动角度为 θ，则转动的轴次 $n=\dfrac{360°}{\theta}$。如果定义 C_n 为 z 轴，那么绕 z 轴的任何转动都不会改变 z 的坐标。

绕 z 轴顺时针转动 θ 角的总矩阵方程是 $\begin{pmatrix} \cos\theta & \sin\theta & 0 \\ -\sin\theta & \cos\theta & 0 \\ 0 & 0 & 1 \end{pmatrix}\begin{pmatrix} x_1 \\ y_1 \\ z_1 \end{pmatrix} = \begin{pmatrix} x_2 \\ y_2 \\ z_2 \end{pmatrix}$，旋转轴 C_n 的操作矩阵为 $\begin{pmatrix} \cos\theta & \sin\theta & 0 \\ -\sin\theta & \cos\theta & 0 \\ 0 & 0 & 1 \end{pmatrix}$。

5）旋转反映操作 S_n

旋转反映操作是先绕 z 轴转动 θ 角，然后再经 xy 平面反映而得到的，所以它的操作矩阵是

$$\begin{pmatrix} 1 & 0 & 0 \\ 0 & 1 & 0 \\ 0 & 0 & \bar{1} \end{pmatrix}\begin{pmatrix} \cos\theta & \sin\theta & 0 \\ -\sin\theta & \cos\theta & 0 \\ 0 & 0 & 1 \end{pmatrix} = \begin{pmatrix} \cos\theta & \sin\theta & 0 \\ -\sin\theta & \cos\theta & 0 \\ 0 & 0 & \bar{1} \end{pmatrix}$$

I_n 旋转反伸操作：

先经旋转轴转动 $\theta = \dfrac{360°}{n}$ 后再经中心点进行反演操作，若定义 z 为转动轴，其操作矩阵为 $\begin{pmatrix} \bar{1} & 0 & 0 \\ 0 & \bar{1} & 0 \\ 0 & 0 & \bar{1} \end{pmatrix}\begin{pmatrix} \cos\theta & \sin\theta & 0 \\ -\sin\theta & \cos\theta & 0 \\ 0 & 0 & 1 \end{pmatrix} = \begin{pmatrix} -\cos\theta & -\sin\theta & 0 \\ \sin\theta & -\cos\theta & 0 \\ 0 & 0 & \bar{1} \end{pmatrix} =$

$\begin{pmatrix} \cos\left(\theta - \dfrac{\pi}{2}\right) & \sin\left(\theta - \dfrac{\pi}{2}\right) & 0 \\ -\sin\left(\theta - \dfrac{\pi}{2}\right) & \cos\left(\theta - \dfrac{\pi}{2}\right) & 0 \\ 0 & 0 & \bar{1} \end{pmatrix}$，由于存在关系式：

$$\begin{pmatrix} -\cos\theta & -\sin\theta & 0 \\ \sin\theta & -\cos\theta & 0 \\ 0 & 0 & \bar{1} \end{pmatrix} = \begin{pmatrix} \cos(\theta - \dfrac{\pi}{2}) & \sin(\theta - \dfrac{\pi}{2}) & 0 \\ -\sin(\theta - \dfrac{\pi}{2}) & \cos(\theta - \dfrac{\pi}{2}) & 0 \\ 0 & 0 & \bar{1} \end{pmatrix} = \begin{pmatrix} \cos\theta' & \sin\theta' & 0 \\ -\sin\theta' & \cos\theta' & 0 \\ 0 & 0 & \bar{1} \end{pmatrix}$$

旋转角为 θ 的 I_n 旋转反伸操作与旋转角为 $\theta' = \theta - \dfrac{\pi}{2}$ 的 S_n 旋转反映操作在效果上是一样的，因此 I_n 与 S_n 可看成是同一类对称操作。

对称操作可分为两类，第一类的对称元素为 n 次旋转轴 C_n，称为“proper”真旋转轴；第二类的对称元素为 n 次旋转反伸轴 I_n，称为“improper”非真旋转轴，由于中心反演操作 i 与 I_1 等价，镜面对称操作 m 与 I_2 等价，即 $I_1 = i$，$I_2 = m$，因此中心反演与镜面对称元素也属于非真旋转轴。

现总结晶体宏观对称操作的操作矩阵，如表 2-1 所示。

表 2-1　晶体宏观对称操作的矩阵表示

恒等操作：1	$\begin{pmatrix} 1 & 0 & 0 \\ 0 & 1 & 0 \\ 0 & 0 & 1 \end{pmatrix}\begin{pmatrix} 1 & 0 & 0 \\ 0 & 1 & 0 \\ 0 & 0 & 1 \end{pmatrix}$	平行于 z 的三次旋转轴：$3 \parallel z$	$\begin{pmatrix} -\frac{1}{2} & \frac{\sqrt{3}}{2} & 0 \\ -\frac{\sqrt{3}}{2} & -\frac{1}{2} & 0 \\ 0 & 0 & 1 \end{pmatrix}$
中心反演：$\bar{1}$	$\begin{pmatrix} -1 & 0 & 0 \\ 0 & -1 & 0 \\ 0 & 0 & -1 \end{pmatrix}$	平行于[111]的三次旋转轴：$3 \parallel [111]$	$\begin{pmatrix} 0 & 1 & 0 \\ 0 & 0 & 1 \\ 1 & 0 & 0 \end{pmatrix}$
平行于 x 的二次旋转轴：$2 \parallel x$	$\begin{pmatrix} 1 & 0 & 0 \\ 0 & -1 & 0 \\ 0 & 0 & -1 \end{pmatrix}$	平行于 z 的三次倒反轴：$\bar{3} \parallel z$	$\begin{pmatrix} \frac{1}{2} & -\frac{\sqrt{3}}{2} & 0 \\ \frac{\sqrt{3}}{2} & \frac{1}{2} & 0 \\ 0 & 0 & -1 \end{pmatrix}$
平行于 y 的二次旋转轴：$2 \parallel y$	$\begin{pmatrix} -1 & 0 & 0 \\ 0 & 1 & 0 \\ 0 & 0 & -1 \end{pmatrix}$	平行于[111]的三次倒反轴：$\bar{3} \parallel [111]$	$\begin{pmatrix} 0 & -1 & 0 \\ 0 & 0 & -1 \\ -1 & 0 & 0 \end{pmatrix}$
垂直于 x 的镜面：$m \perp x$	$\begin{pmatrix} -1 & 0 & 0 \\ 0 & 1 & 0 \\ 0 & 0 & 1 \end{pmatrix}$	平行于 z 的四次旋转轴：$4 \parallel z$	$\begin{pmatrix} 0 & 1 & 0 \\ -1 & 0 & 0 \\ 0 & 0 & 1 \end{pmatrix}$
垂直于 y 的镜面：$m \perp y$	$\begin{pmatrix} 1 & 0 & 0 \\ 0 & -1 & 0 \\ 0 & 0 & 1 \end{pmatrix}$	平行于 z 的四次倒反轴：$\bar{4} \parallel z$	$\begin{pmatrix} 0 & -1 & 0 \\ 1 & 0 & 0 \\ 0 & 0 & -1 \end{pmatrix}$
垂直于 z 的镜面：$m \perp z$	$\begin{pmatrix} 1 & 0 & 0 \\ 0 & 1 & 0 \\ 0 & 0 & -1 \end{pmatrix}$	平行于 z 的六次旋转轴：$6 \parallel z$	$\begin{pmatrix} \frac{1}{2} & \frac{\sqrt{3}}{2} & 0 \\ -\frac{\sqrt{3}}{2} & \frac{1}{2} & 0 \\ 0 & 0 & 1 \end{pmatrix}$

2.2.2　晶体微观对称性

宏观对称操作加上平移矢量组成微观对称操作。在晶体点阵中存在两种微观对称操作。第一种为对称面操作与平移分量（平移分量的方向平行对称面）的组合，这种对称操作确定的对称元素称为滑移面。第二种为转动轴与平移分量的组合，其平移分量的方向平行于转动轴，这种对称操作确定的对称元素称为螺旋轴。

1）滑移面

除高级晶系外，一般情况下，滑移面平行 ab、ac 或 bc 平面。由于晶体为点阵结构，沿 a、b 或 c 方向的平移矢量只有两种可能的值，即 0 或 1/2。沿 a 方向平移矢量为 $\frac{1}{2}\boldsymbol{a}$ 的滑移面称为 a-滑移面，类似地，沿 b 方向平移矢量为 $\frac{1}{2}\boldsymbol{b}$ 的滑移面称为 b-滑移面，沿 c 方向平移矢量为 $\frac{1}{2}\boldsymbol{c}$ 的滑移面称为 c-滑移面，沿面对角线方向平移矢量为 $\frac{1}{2}(\boldsymbol{a}+\boldsymbol{b})$、$\frac{1}{2}(\boldsymbol{a}+\boldsymbol{c})$ 或 $\frac{1}{2}(\boldsymbol{b}+\boldsymbol{c})$ 的滑移面称为 n-滑移面。还有一种滑移面称为 d-滑移面，沿面或体对角线方向的平移矢量为 $\frac{1}{4}(\boldsymbol{a}+\boldsymbol{b})$、$\frac{1}{4}(\boldsymbol{a}+\boldsymbol{c})$、$\frac{1}{4}(\boldsymbol{b}+\boldsymbol{c})$ 或 $\frac{1}{4}(\boldsymbol{a}+\boldsymbol{b}+\boldsymbol{c})$。滑移面对称操作的数学表示如下，其中 x、y、z 分别为 a、b、c 轴的分数坐标。

垂直于 b 轴的 a-滑移面：$$\begin{pmatrix}1&0&0\\0&\bar{1}&0\\0&0&1\end{pmatrix}\begin{pmatrix}x\\y\\z\end{pmatrix}+\begin{pmatrix}\frac{1}{2}\\0\\0\end{pmatrix}=\begin{pmatrix}x+\frac{1}{2}\\\bar{y}\\z\end{pmatrix}$$

垂直于 a 轴的 b-滑移面：$$\begin{pmatrix}\bar{1}&0&0\\0&1&0\\0&0&1\end{pmatrix}\begin{pmatrix}x\\y\\z\end{pmatrix}+\begin{pmatrix}0\\\frac{1}{2}\\0\end{pmatrix}=\begin{pmatrix}\bar{x}\\y+\frac{1}{2}\\z\end{pmatrix}$$

垂直于 b 轴的 n-滑移面：$$\begin{pmatrix}1&0&0\\0&\bar{1}&0\\0&0&1\end{pmatrix}\begin{pmatrix}x\\y\\z\end{pmatrix}+\begin{pmatrix}\frac{1}{2}\\0\\\frac{1}{2}\end{pmatrix}=\begin{pmatrix}x+\frac{1}{2}\\\bar{y}\\z+\frac{1}{2}\end{pmatrix}$$

垂直于b轴的d-滑移面：$\begin{pmatrix}1&0&0\\0&\bar{1}&0\\0&0&1\end{pmatrix}\begin{pmatrix}x\\y\\z\end{pmatrix}+\begin{pmatrix}\frac{1}{4}\\0\\\frac{1}{4}\end{pmatrix}=\begin{pmatrix}x+\frac{1}{4}\\\bar{y}\\z+\frac{1}{4}\end{pmatrix}$

2）螺旋轴

沿某个轴方向旋转的n次螺旋轴n_m，其操作是先沿这个轴方向进行C_n转动，然后加上轴方向t的平移矢量$\dfrac{m}{n}\boldsymbol{t}$（$\boldsymbol{t}=\boldsymbol{a}$，$\boldsymbol{b}$或$\boldsymbol{c}$），如：沿$a$方向的$2_1$螺旋轴，即先转动180°，其次在轴的方向平移$\dfrac{1}{2}\boldsymbol{a}$，对称操作为

$$\begin{pmatrix}1&0&0\\0&\bar{1}&0\\0&0&\bar{1}\end{pmatrix}\begin{pmatrix}x\\y\\z\end{pmatrix}+\begin{pmatrix}\frac{1}{2}\\0\\0\end{pmatrix}=\begin{pmatrix}x+\frac{1}{2}\\\bar{y}\\\bar{z}\end{pmatrix}$$

沿c方向的螺旋轴3_1表示先进行C_3转动，然后加上轴方向的平移矢量$\dfrac{1}{3}\boldsymbol{c}$；对于螺旋轴$3_2$，平移矢量为$\dfrac{2}{3}\boldsymbol{c}$。数学上，沿$c$方向的螺旋轴$3_1$的对称操作表示为

$$\begin{pmatrix}0&\bar{1}&0\\1&\bar{1}&0\\0&0&1\end{pmatrix}\begin{pmatrix}x\\y\\z\end{pmatrix}+\begin{pmatrix}0\\0\\\frac{1}{3}\end{pmatrix}=\begin{pmatrix}\bar{y}\\x-y\\z+\frac{1}{3}\end{pmatrix}$$

沿c方向的螺旋轴3_2的对称操作表示为

$$\begin{pmatrix}0&\bar{1}&0\\1&\bar{1}&0\\0&0&1\end{pmatrix}\begin{pmatrix}x\\y\\z\end{pmatrix}+\begin{pmatrix}0\\0\\\frac{2}{3}\end{pmatrix}=\begin{pmatrix}\bar{y}\\x-y\\z+\frac{2}{3}\end{pmatrix}$$

类似地，沿c方向的螺旋轴4_1，4_2和4_3，表示先进行C_4转动，然后在转轴上

分别平移$\frac{1}{4}$，$\frac{2}{4}$和$\frac{3}{4}$。数学上，沿 c 方向的螺旋轴 4_1 的对称操作表示为

$$\begin{pmatrix} 0 & 1 & 0 \\ \bar{1} & 0 & 0 \\ 0 & 0 & 1 \end{pmatrix}\begin{pmatrix} x \\ y \\ z \end{pmatrix}+\begin{pmatrix} 0 \\ 0 \\ \frac{1}{4} \end{pmatrix}=\begin{pmatrix} y \\ \bar{x} \\ z+\frac{1}{4} \end{pmatrix}$$

$6_1, 6_2, 6_3, 6_4, 6_5$ 螺旋轴表示先进行 C_6 转动然后在转轴上分别平移 $\frac{1}{6}, \frac{2}{6}, \frac{3}{6}, \frac{4}{6}, \frac{5}{6}$。数学上，沿 c 方向的螺旋轴 6_1 的对称操作表示为

$$\begin{pmatrix} 1 & \bar{1} & 0 \\ 1 & 0 & 0 \\ 0 & 0 & 1 \end{pmatrix}\begin{pmatrix} x \\ y \\ z \end{pmatrix}+\begin{pmatrix} 0 \\ 0 \\ \frac{1}{6} \end{pmatrix}=\begin{pmatrix} x-y \\ x \\ z+\frac{1}{6} \end{pmatrix}$$

沿 c 方向的螺旋轴 6_2 的对称操作可表示为

$$\begin{pmatrix} 1 & \bar{1} & 0 \\ 1 & 0 & 0 \\ 0 & 0 & 1 \end{pmatrix}\begin{pmatrix} x \\ y \\ z \end{pmatrix}+\begin{pmatrix} 0 \\ 0 \\ \frac{2}{6} \end{pmatrix}=\begin{pmatrix} x-y \\ x \\ z+\frac{2}{6} \end{pmatrix}$$

《国际晶体学表》中，对称元素的书写与符号的表示如表 2-2 所示。

表 2-2　重要对称元素的书写与图形记号

对称元素	书写记号	图形记号	
		垂直于纸面	在纸面内
平移	***a***, ***b***, ***c***		
倒反中心	$\bar{1}$	o	o
旋转轴	2	⬮	→
	3	▲	
	4	◆	
	6	⬢	

续表

对称元素	书写记号	图形记号	
		垂直于纸面	在纸面内
螺旋轴	2_1	●	
	3_1, 3_2	▲ ▲	
	4_1, 4_2, 4_3	◆ ◆ ◆	
	6_1, 6_2, 6_3, 6_4, 6_5	⬢ ⬢ ⬢ ⬢ ⬢	
反轴	$\bar{3}$, $\bar{4}$, $\bar{6}$	▲ ◆ ⬢	
镜面	m	——	⌐ ⌐
滑移面	a, b, c	在纸面内滑移： – – – 离开纸面滑移： ● ● ● ●	⌐
	n	– ● – ● –	⌐
	d	– ● → ● –	⌐

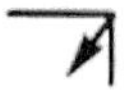

2.2.3 晶系、点群、布拉维格子与空间群

晶体按其对称性可分为 7 个晶系，对每个晶系的晶体的描述选用一个基本结构单元（平行六面体），它在三个方向上堆积给出了整个晶体。这种基本结构单元，也就是我们通常所说的单胞。单胞从几何角度上用六个参数来描述，即三个轴的长度 a, b, c 及相应的角度 α, β, γ。晶系从本质上是按照对称性来分，但是在几何上六个参数又表示出一定的关系，如表 2-3 所示。

表 2-3　七大晶系对称性及单胞参数需满足的关系

晶系	对称性	几何参数
三斜	无或只有 i	$a \neq b \neq c$ $\alpha \neq \beta \neq \gamma$
单斜	一根 2 轴或 $\bar{2}$ 轴（对称面）	$a \neq b \neq c$ $\alpha = \gamma = 90°$

续表

晶系	对称性	几何参数
斜方（正交）	三根正交 2 次轴或 $\bar{2}$ 轴（对称面）	$a \neq b \neq c$ $\alpha = \beta = \gamma = 90°$
四方	一根四次轴或 $\bar{4}$ 轴	$a = b \neq c$ $\alpha = \beta = \gamma = 90°$
三方	一根三次轴或 $\bar{3}$ 轴	$a = b = c$ $\alpha = \beta = \gamma$
六方	一根六次轴或 $\bar{6}$ 轴	$a = b \neq c$ $\alpha = \beta = 90°$，$\gamma = 120°$
立方	四根三次轴（二根轴以上四次轴）	$a = b = c$ $\alpha = \beta = \gamma = 90°$

群是一个数学概念，指的是一个集合以及定义在该集合上的一个二元运算，满足封闭性、结合律、有单位元和逆元这四个条件。封闭性：集合中的任意两个元素通过运算得到的结果仍在集合中；结合律：集合中的任意三个元素进行运算的顺序不影响结果；有单位元：集合中存在一个元素，该元素与集合中的任意元素进行运算的结果仍为该任意元素；逆元：对于集合中的每一个元素，都存在另一个元素，使得两者进行运算的结果为单位元。

晶体中所含有的全部宏观对称元素至少交于一点，这些汇聚于一点的全部对称元素的各种组合称为晶体的点群，三维空间晶体的点群有 32 种。与空间群不同，点群不涉及平移操作，只考虑旋转、反映、反演等操作，因此它更适合描述孤立分子的对称性或晶体的局部对称性。具有中心对称性的点群称为劳厄群，共有 11 种。

布拉维点阵（Bravais lattice）是描述晶体结构的基本概念之一，它定义了空间中重复排列的点阵结构，用以描述晶体内部的对称性和周期性。晶体在微观上的空间点阵结构是其平移对称性的表现，由此可导出 14 种平移群，平移群是由所有能够将晶体从一个位置平移到等价位置的平移操作构成的群，对应 14 种布拉维点阵，其基本重复单元称为布拉维格子。布拉维点阵可以看作是由平移群作用下生成的点阵，是平移群在空间中的具体表现形式。

在七个晶系中共有 14 种布拉维平移群或格子。详见表 2-4。

表 2-4　14 种 Bravais 晶格

三斜（1 种）	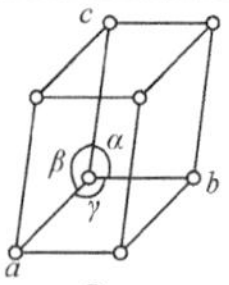 *aP*
单斜（2 种）	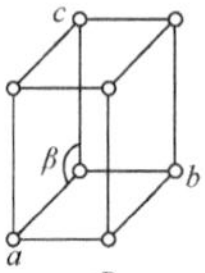 *mP* 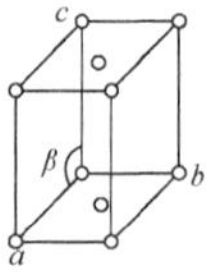 *mC*
正交（4 种）	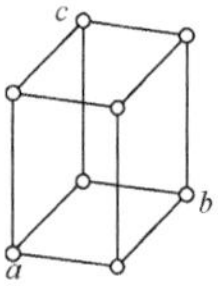 *oP* 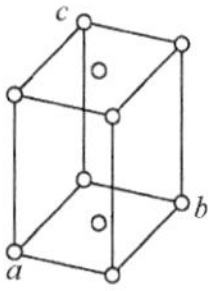 *oC* 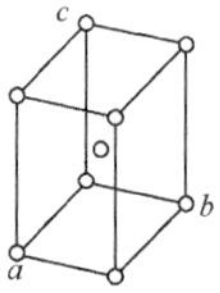 *oI* 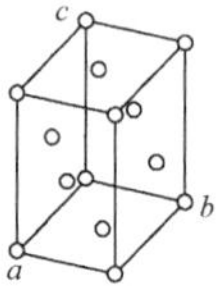 *oF*
四方（2 种）	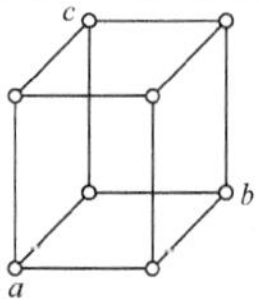 *tP* 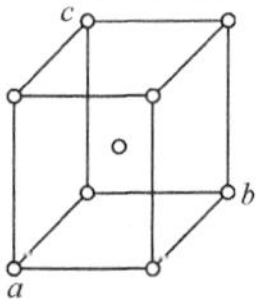 *tI*
三方（1 种）	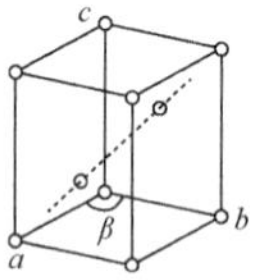 *hR*
六方（1 种）	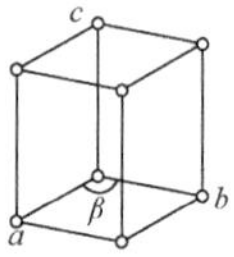 *hP*
立方（3 种）	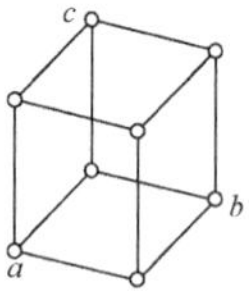 *cP* 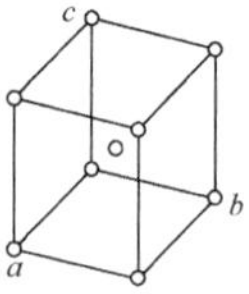 *cI* 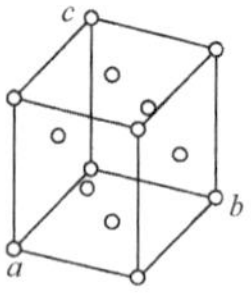 *cF*

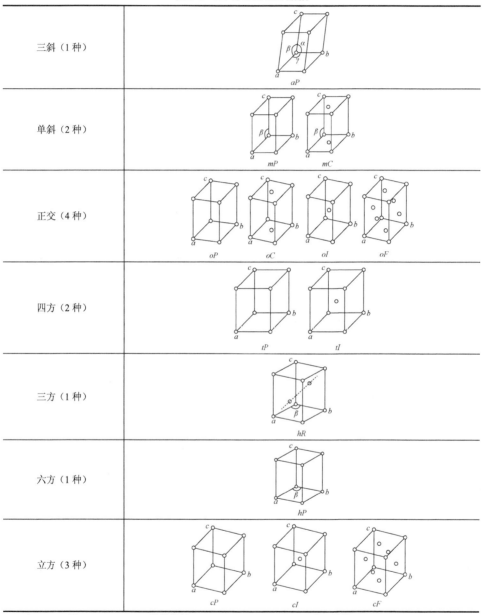

注：***aP***=三斜（triclinic），***mP***=简单单斜（monoclinic primitive），***mC***=底心单斜（monoclinic *C*-centered），***oP***=简单正交（orthorombic primitive），***oC***=底心正交（orthorombic *C*-centered，也可以是 *A* 底心），***oI***=体心正交（orthorombic body-centered），***oF***=面心正交（orthorombic face-centered），***tP***=简单四方（tetragonal primitive），***tI***=体心四方（tetragonal body-centered），***hP***=简单三方或六方（trigonal or hexagonal primitive），***hR***=菱面体、按六方取晶胞（rhombohedral hexagonal setting），***cP***=简单立方（cubic primitive），***cI***=体心立方（cubic body-centered），***cF***=面心立方（cubic face-centered）

空间群（space group）由一组对称操作组成，这些操作包括晶体的平移、旋转、镜面和反演等，能够将晶体结构映射到自身，同时保持其几何和物理特性。空间群不仅考虑点群对称性，还包括平移对称性。空间群为点群与平移群直积，共有 230 种三维空间群，见表 2-5，其中极性点群是指群中的每个对称操作都能保持两个或两个以上的点不动；手性点群是指只含真旋转的点群，不包含非真旋转（反演和反映轴）。

表 2-5　32 个点群与 230 个空间群表

晶系	点群	空间群编号	空间群记号	备注
三斜	1（极性）	1	$P1$	手性
	$\bar{1}$（劳厄）	2	$P\bar{1}$	中心
单斜	2（极性）	3	$P2$	手性
		4	$P2_1$	手性
		5	$C2$	手性
	m（极性）	6	Pm	非心
		7	Pc	非心
		8	Cm	非心
		9	Cc	非心
	$2/m$（劳厄）	10	$P2/m$	中心
		11	$P2_1/m$	中心
		12	$C2/m$	中心
		13	$P2/c$	中心
		14	$P2_1/c$	中心*
		15	$C2/c$	中心
正交	222	16	$P222$	手性
		17	$P222_1$	手性*
		18	$P2_12_12$	手性*
		19	$P2_12_12_1$	手性*
		20	$C222_1$	手性*
		21	$C222$	手性
		22	$F222$	手性
		23	$I222$	手性
		24	$I2_12_12_1$	手性
正交	$mm2$（极性）	25	$Pmm2$	非心
		26	$Pmc2_1$	非心
		27	$Pcc2$	非心
		28	$Pma2$	非心
		29	$Pca2_1$	非心
		30	$Pnc2$	非心
		31	$Pmn2_1$	非心
		32	$Pba2$	非心
		33	$Pna2_1$	非心
		34	$Pnn2$	非心
		35	$Cmm2$	非心
		36	$Cmc2_1$	非心
		37	$Ccc2$	非心
		38	$Amm2$	非心
		39	$Abm2$	非心
		40	$Ama2$	非心
		41	$Aba2$	非心
		42	$Fmm2$	非心
		43	$Fdd2$	非心*
		44	$Imm2$	非心
		45	$Iba2$	非心
		46	$Ima2$	非心
	mmm	47	$Pmmm$	中心
		48	$Pnnn$	中心

续表

晶系	点群	空间群编号	空间群记号	备注	晶系	点群	空间群编号	空间群记号	备注
正交	*mmm*（劳厄）	49	*Pccm*	中心	四方	$\bar{4}$	81	$P\bar{4}$	非心
		50	*Pban*	中心			82	$I\bar{4}$	非心
		51	*Pmma*	中心		4/*m*（劳厄）	83	$P4/m$	中心
		52	*Pnna*	中心*			84	$P4_2/m$	中心
		53	*Pmna*	中心			85	$P4/n$	中心*
		54	*Pcca*	中心*			86	$P4_2/n$	中心*
		55	*Pbam*	中心			87	$I4/m$	中心
		56	*Pccn*	中心*			88	$I4_1/a$	中心*
		57	*Pbcm*	中心		422	89	$P422$	手性
		58	*Pnnm*	中心			90	$P42_12$	手性*
		59	*Pmmn*	中心			91	$P4_122$	手性
		60	*Pbcn*	中心*			92	$P4_12_12$	手性*
		61	*Pbca*	中心*			93	$P4_222$	手性*
		62	*Pnma*	中心			94	$P4_22_12$	手性*
		63	*Cmcm*	中心			95	$P4_322$	手性*
		64	*Cmca*	中心			96	$P4_32_12$	手性*
		65	*Cmmm*	中心			97	$I422$	手性
		66	*Cccm*	中心			98	$I4_122$	手性*
		67	*Cmma*	中心		4*mm*（极性）	99	$P4mm$	非心
		68	*Ccca*	中心*			100	$P4bm$	非心
		69	*Fmmm*	中心			101	$P4_2cm$	非心
		70	*Fddd*	中心*			102	$P4_2nm$	非心
		71	*Immm*	中心			103	$P4cc$	非心
		72	*Ibam*	中心			104	$P4nc$	非心
		73	*Ibca*	中心			105	$P4_2mc$	非心
		74	*Imma*	中心			106	$P4_2bc$	非心
四方	4（极性）	75	$P4$	手性			107	$I4mm$	非心
		76	$P4_1$	手性*			108	$I4cm$	非心
		77	$P4_2$	手性			109	$I4_1md$	非心
		78	$P4_3$	手性*			110	$I4_1cd$	非心*
		79	$I4$	手性		$\bar{4}2m$	111	$P\bar{4}2m$	非心
		80	$I4_1$	手性*			112	$P\bar{4}2c$	非心

续表

晶系	点群	空间群编号	空间群记号	备注	晶系	点群	空间群编号	空间群记号	备注
四方	$\bar{4}2m$	113	$P\bar{4}2_1m$	非心	四方	$4/mmm$（劳厄）	140	$I4/mcm$	中心
		114	$P\bar{4}2_1c$	非心*			141	$I4_1/amd$	中心*
		115	$P\bar{4}m2$	非心			142	$I4_1/acd$	中心*
		116	$P\bar{4}c2$	非心	三方	3（极性）	143	$P3$	手性
		117	$P\bar{4}b2$	非心			144	$P3_1$	手性
		118	$P\bar{4}n2$	非心			145	$P3_2$	手性
		119	$I\bar{4}m2$	非心			146	$R3$	手性
		120	$I\bar{4}c2$	非心		$\bar{3}$（劳厄）	147	$P\bar{3}$	中心
		121	$I\bar{4}2m$	非心			148	$R\bar{3}$	中心
		122	$I\bar{4}2d$	非心		32	149	$P312$	手性
	$4/mmm$（劳厄）	123	$P4/mmm$	中心			150	$P321$	手性
		124	$P4/mcc$	中心			151	$P3_112$	手性*
		125	$P4/nbm$	中心*			152	$P3_121$	手性*
		126	$P4/nnc$	中心*			153	$P3_212$	手性*
		127	$P4/mbm$	中心			154	$P3_221$	手性*
		128	$P4/mnc$	中心			155	$R32$	手性
		129	$P4/nmm$	中心*		$3m$（极性）	156	$P3m1$	非心
		130	$P4/ncc$	中心*			157	$P31m$	非心
		131	$P4_2/mmc$	中心			158	$P3c1$	非心
		132	$P4_2/mcm$	中心			159	$P31c$	非心
		133	$P4_2/nbc$	中心*			160	$R3m$	非心
		134	$P4_2/nnm$	中心*			161	$R3c$	非心
		135	$P4_2/mbc$	中心		$\bar{3}m$（劳厄）	162	$P\bar{3}1m$	中心
		136	$P4_2/mnm$	中心			163	$P\bar{3}1c$	中心
		137	$P4_2/nmc$	中心*			164	$P\bar{3}m1$	中心
		138	$P4_2/ncm$	中心*			165	$P\bar{3}c1$	中心
		139	$I4/mmm$	中心			166	$R\bar{3}m$	中心

续表

晶系	点群	空间群编号	空间群记号	备注	晶系	点群	空间群编号	空间群记号	备注
三方	$\bar{3}m$（劳厄）	167	$R\bar{3}c$	中心	六方	$6/mmm$（劳厄）	194	$P6_3/mmc$	中心
六方	6（极性）	168	$P6$	手性	立方	23	195	$P23$	手性
		169	$P6_1$	手性*			196	$F23$	手性
		170	$P6_5$	手性*			197	$I23$	手性
		171	$P6_2$	手性*			198	$P2_13$	手性*
		172	$P6_4$	手性*			199	$I2_13$	手性
		173	$P6_3$	手性		$m\bar{3}$（劳厄）	200	$Pm\bar{3}$	中心
	$\bar{6}$	174	$P\bar{6}$	非心			201	$Pn\bar{3}$	中心*
	$6/m$（劳厄）	175	$P6/m$	中心			202	$Fm\bar{3}$	中心
		176	$P6_3/m$	中心			203	$Fd\bar{3}$	中心*
	622	177	$P622$	手性			204	$Im\bar{3}$	中心
		178	$P6_122$	手性*			205	$Ia\bar{3}$	中心*
		179	$P6_522$	手性*			206	$Pa\bar{3}$	中心*
		180	$P6_222$	手性*		432	207	$P432$	手性
		181	$P6_422$	手性*			208	$P4_232$	手性*
		182	$P6_322$	手性*			209	$F432$	手性
	$6mm$（极性）	183	$P6mm$	非心			210	$F4_132$	手性*
		184	$P6cc$	非心			211	$I432$	手性
		185	$P6_3cm$	非心			212	$P4_332$	手性*
		186	$P6_3mc$	非心			213	$P4_132$	手性*
	$\bar{6}m$	187	$P\bar{6}m2$	非心			214	$I4_132$	手性
		188	$P\bar{6}c2$	非心		$\bar{4}3m$	215	$P\bar{4}3m$	非心
		189	$P\bar{6}2m$	非心			216	$F\bar{4}3m$	非心
		190	$P\bar{6}2c$	非心			217	$I\bar{4}3m$	非心
	$6/mmm$（劳厄）	191	$P6/mmm$	中心			218	$P\bar{4}3m$	非心
		192	$P6/mcc$	中心			219	$F\bar{4}3c$	非心
		193	$P6_3/mcm$	中心			220	$I\bar{4}3d$	非心*

续表

晶系	点群	空间群编号	空间群记号	备注	晶系	点群	空间群编号	空间群记号	备注
立方	$m\bar{3}m$（劳厄）	221	$Pm\bar{3}m$	中心	立方	$m\bar{3}m$（劳厄）	226	$Fm\bar{3}c$	中心
		222	$Pn\bar{3}n$	中心*			227	$Fd\bar{3}m$	中心*
		223	$Pm\bar{3}n$	中心			228	$Fd\bar{3}c$	中心*
		224	$Pn\bar{3}m$	中心*			229	$Im\bar{3}m$	中心
		225	$Fm\bar{3}m$	中心			230	$Ia\bar{3}d$	中心*

注：表中手性、非心、中心分别指该空间群属于手性、非中心对称或中心对称空间群；极性和劳厄分别指该点群属于极性或劳厄点群；星号表示该空间群可以由系统消光规律唯一确定

每个空间群记号中包括四个字符位置，第一个字符位置用来表示格子类型，第二、三和四个字符位置用于表示不同方向的对称元素，对于不同的晶系，每个字符位置代表的方向是不同的，见表 2-6。如果对称元素为旋转轴或螺旋轴，则表示该轴的方向与对称轴所在的位置代表的方向一致，如果为镜面或滑移面，则该对称面垂直于对称面所在的方向。空间群符号中的“/”表示该符号前后的对称元素同属一个符号位置。例如第 6 号空间群 Pm，该空间群只包含一个镜面，根据表 2-3 可判断该空间群属于单斜晶系，第一个符号位置为 P，表示 P 格子。然后根据表 2-6，第二个符号位置的 m，表示垂直于 b 方向有一个镜面。类似地，对于第 12 号空间群 $C2/m$，该空间群只包含一个 2 次轴或镜面，据此可判断该空间群也属于单斜晶系，第一个符号位置的 C 表示该空间群为 C 格子，第二个符号位置的 $2/m$，表示垂直于 b 方向有一根二次轴，同时也有一个镜面垂直于 b 轴。

再如，第 20 号空间群 $C222_1$，由于含有三根正交的 2 次轴，该空间群属于正交晶系；第二、三和四个符号位置的 2、2、2_1 表示沿着 a、b 和 c 方向分别存在一根 2、2 和 2_1 轴。

第 101 号空间群 $P4_2cm$，由于存在一根四次轴，该空间群属于四方晶系，第二、三和四个符号位置的 4_2、c、m 表示沿着 a 方向存在一根螺旋轴 4_2，垂直于 b 方向存在一个滑移面，滑移方向为 c，以及垂直于 $\boldsymbol{a}+\boldsymbol{b}$ 方向存在一个镜面。

国际空间群符号的表示是非常精简的，根据群的定义，群中的元素在经过群操作后会产生新的对称元素，因此大多数空间群中，实际对称元素的数目是大于空间群符号中对称元素的个数。

表 2-6 各晶系空间群国际记号中三个位置代表的方向

晶系	位置所代表的方向		
	1	2	3
三斜 triclinic	—	—	—
单斜 monoclinic	*b*	—	—
正交 orthorhombic	*a*	*b*	*c*
四方 tetragonal	*c*	*a*	(1 1 0) 或 $\boldsymbol{a}+\boldsymbol{b}$
六方 hexagonal	*c*	*a*	(2 1 0) 或 $2\boldsymbol{a}+\boldsymbol{b}$
三方 trigonal	*c*	*a*	(2 1 0) 或 $2\boldsymbol{a}+\boldsymbol{b}$
立方 cubic	*c*	(1 1 1) 或 $\boldsymbol{a}+\boldsymbol{b}+\boldsymbol{c}$	(1 1 0) 或 $\boldsymbol{a}+\boldsymbol{b}$

点群，布拉维格子以及空间群涉及的对称操作对象是格点，并不是一个原子。对于实际的晶体，可以将格点理解为不对称单元，不对称单元是晶体中最小的非重复部分，它代表了晶体的基本单元，通常包括一组原子。不对称单元通过特定空间群所包含的所有对称操作可生成整个晶体结构。

在晶体学中，Wyckoff 位置是用于描述晶体结构中原子在空间群中的对称位置的概念。在空间群中，Wyckoff 位置表示一组通过对称操作相互等价的位置。例如，在某一特定对称操作下，一个原子的位置可以通过旋转或反映等操作映射到其他位置。这些位置在晶体结构中具有相同的物理环境，因此被视为对称性等价位置。每个 Wyckoff 位置用一个符号来表示，例如 1*a* 、2*b*、4*c* 等。这些符号表示的意义如下。

数字：代表该位置的多重度（multipicity），即在一个晶胞中该位置（等效位置）重复出现的次数。

字母：表示不同的 Wyckoff 位置，通常按对称性由高到低排列，字母顺序越靠前，对应位置的对称性越高。根据对称性，Wyckoff 位置可以分为一般位置和特殊位置。一般位置具有最低的对称性，通常对应更大的多重度。对于大多数晶体结构，大部分原子都位于一般位置。特殊位置具有更高的对称性，例如位于对称操作的固定点上（如对称轴或对称面）。特殊位置的对称性更高，因此其自由度较少，通常对应较小的多重度。如：

①1*a* 位置：多重度为 1，表示该位置在一个晶胞中只出现一次，通常是高对称性位置（如原点）。②3*c* 位置：多重度为 3，表示该位置在一个晶胞中重复出现三次，且这些位置在对称操作下等价。如图 2-1 为《国际晶体学表》A 卷中第 14 号空间群 $P2_1/c$ 的 Wyckoff 位置[1]。其中 x, y, z 表示自由坐标。

位置						
多重度			坐标			
Wyckoff 字母						
点对称性						
4	e	1	(1) x, y, z	(2) $\bar{x}, y+\frac{1}{2}, \bar{z}+\frac{1}{2}$	(3) $\bar{x}, \bar{y}, \bar{z}$	(4) $x, \bar{y}+\frac{1}{2}, z+\frac{1}{2}$
2	d	$\bar{1}$	$\frac{1}{2}, 0, \frac{1}{2}$	$\frac{1}{2}, \frac{1}{2}, 0$		
2	c	$\bar{1}$	$0, 0, \frac{1}{2}$	$0, \frac{1}{2}, 0$		
2	b	$\bar{1}$	$\frac{1}{2}, 0, 0$	$\frac{1}{2}, \frac{1}{2}, \frac{1}{2}$		
2	a	$\bar{1}$	$0, 0, 0$	$0, \frac{1}{2}, \frac{1}{2}$		

图 2-1　《国际晶体学表》A 卷中 14 号空间群 $P2_1/c$ 的 Wyckoff 位置

2.3　晶体结构分析中的基本计算

晶体结构研究中，有时候需要自行编写程序代码进行结构分析，掌握晶体学中的一些基本物理量的计算过程是有必要的。

2.3.1　度量矩阵

这里采用一些基本的数学记号，如 $\boldsymbol{r}_1 \cdot \boldsymbol{r}_2$ 表示两个矢量 $\boldsymbol{r}_1$ 和 $\boldsymbol{r}_2$ 的标量积，$\boldsymbol{r}_1 \wedge \boldsymbol{r}_2$ 为 $\boldsymbol{r}_1$ 和 $\boldsymbol{r}_2$ 的叉乘。r 为 $\boldsymbol{r}$ 的模，$\boldsymbol{S}_1\boldsymbol{S}_2$ 为两个矩阵 $\boldsymbol{S}_1$ 和 $\boldsymbol{S}_2$ 的乘积，$\bar{\boldsymbol{S}}$ 为 $\boldsymbol{S}$ 矩阵的转置，s 为 $\boldsymbol{S}$ 矩阵的行列式。

定义矢量 $\boldsymbol{r}$ 为

$$\boldsymbol{r} = x\boldsymbol{a} + y\boldsymbol{b} + z\boldsymbol{c} = (\boldsymbol{a} \quad \boldsymbol{b} \quad \boldsymbol{c})\begin{pmatrix} x \\ y \\ z \end{pmatrix} = \bar{\boldsymbol{A}}\boldsymbol{X} \tag{2.1}$$

其中 $\boldsymbol{X}$ 为坐标矩阵，$\boldsymbol{A}$ 为坐标系基矢，$\bar{\boldsymbol{A}}$ 表示 $\boldsymbol{A}$ 的转置。对于坐标系 $[0, \boldsymbol{a}, \boldsymbol{b}, \boldsymbol{c}]$，$\boldsymbol{r}_1$ 和 $\boldsymbol{r}_2$ 的标量积为

$$\begin{aligned}\boldsymbol{r}_1\cdot\boldsymbol{r}_2 &= (x_1\boldsymbol{a}+y_1\boldsymbol{b}+z_1\boldsymbol{c})\cdot(x_2\boldsymbol{a}+y_2\boldsymbol{b}+z_2\boldsymbol{c})\\ &= x_1x_2a^2+y_1y_2b^2+z_1z_2c^2+(x_1y_2+x_2y_1)ab\cos\gamma\\ &\quad +(x_1z_2+x_2z_1)ac\cos\beta+(y_1z_2+y_2z_1)bc\cos\alpha\end{aligned}$$

写成矩阵形式：

$$\boldsymbol{r}_1\cdot\boldsymbol{r}_2=(x_1\quad y_1\quad z_1)\begin{pmatrix}\boldsymbol{a}\cdot\boldsymbol{a} & \boldsymbol{a}\cdot\boldsymbol{b} & \boldsymbol{a}\cdot\boldsymbol{c}\\ \boldsymbol{b}\cdot\boldsymbol{a} & \boldsymbol{b}\cdot\boldsymbol{b} & \boldsymbol{b}\cdot\boldsymbol{c}\\ \boldsymbol{c}\cdot\boldsymbol{a} & \boldsymbol{c}\cdot\boldsymbol{b} & \boldsymbol{c}\cdot\boldsymbol{c}\end{pmatrix}\begin{pmatrix}x_2\\ y_2\\ z_2\end{pmatrix}=\overline{\boldsymbol{X}}_1\boldsymbol{G}\boldsymbol{X}_2 \tag{2.2}$$

$\boldsymbol{G}$ 为度量矩阵（metric matrix），它的元素定义了 $\boldsymbol{a}$, $\boldsymbol{b}$, $\boldsymbol{c}$ 的模以及它们之间的夹角。它的行列式为

$$\boldsymbol{G}=a^2b^2c^2(1-\cos^2\alpha-\cos^2\beta-\cos^2\gamma+2\cos\alpha\cos\beta\cos\gamma) \tag{2.3}$$

度量矩阵的行列式为单胞体积的平方。

如果 $\boldsymbol{r}_1=\boldsymbol{r}_2=\boldsymbol{r}$ ，则式（2.2）为

$$\boldsymbol{r}^2=\overline{\boldsymbol{X}}\boldsymbol{G}\boldsymbol{X}=x^2a^2+y^2b^2+z^2c^2+2xyab\cos\gamma+2xzac\cos\beta+2yzbc\cos\alpha \tag{2.4}$$

式（2.4）给出了一个矢量的模平方。于是，我们可以计算如下量：

（1）坐标分别为 (x_1, y_1, z_1) 和 (x_2, y_2, z_2) 的两原子间距 d 为

$$d^2=\varDelta_1^2+\varDelta_2^2+\varDelta_3^2+2\varDelta_1\varDelta_2\cos\gamma+2\varDelta_1\varDelta_3\cos\beta+2\varDelta_2\varDelta_3\cos\alpha \tag{2.5}$$

其中 $\varDelta_1=a(x_1-x_2), \varDelta_2=b(y_1-y_2), \varDelta_3=c(z_1-z_2)$。

（2）两矢量夹角：

$$\cos\theta=\overline{\boldsymbol{X}}_1\boldsymbol{G}\boldsymbol{X}_2/(\boldsymbol{r}_1\boldsymbol{r}_2) \tag{2.6}$$

（3）两矢量叉积：

$$\begin{aligned}\boldsymbol{r}_2\wedge\boldsymbol{r}_3 &= (x_2\boldsymbol{a}+y_2\boldsymbol{b}+z_2\boldsymbol{c})\wedge(x_3\boldsymbol{a}+y_3\boldsymbol{b}+z_3\boldsymbol{c})\\ &= (x_2y_3-x_3y_2)\boldsymbol{a}\wedge\boldsymbol{b}+(y_2z_3-y_3z_2)\boldsymbol{b}\wedge\boldsymbol{c}+(z_2x_3-z_3x_2)\boldsymbol{c}\wedge\boldsymbol{a}\end{aligned} \tag{2.7}$$

（4）标量三重积 $\boldsymbol{r}_1\cdot\boldsymbol{r}_2\wedge\boldsymbol{r}_3$：

$$\boldsymbol{r}_1\cdot\boldsymbol{r}_2\wedge\boldsymbol{r}_3=V\det\begin{pmatrix}x_1 & y_1 & z_1\\ x_2 & y_2 & z_2\\ x_3 & y_3 & z_3\end{pmatrix} \tag{2.8}$$

其中单胞体积 $V=\boldsymbol{a}\cdot\boldsymbol{b}\wedge\boldsymbol{c}=\boldsymbol{b}\cdot\boldsymbol{c}\wedge\boldsymbol{a}=\boldsymbol{c}\cdot\boldsymbol{a}\wedge\boldsymbol{b}$ 。

对称操作不会改变矢量的模以及矢量之间的夹角，若 $\boldsymbol{R}$ 为旋转操作矩阵，根据式（2.2）有

$$\overline{\boldsymbol{X}}_1'\boldsymbol{G}\boldsymbol{X}_2'=\overline{\boldsymbol{X}}_1\overline{\boldsymbol{R}}\boldsymbol{G}\boldsymbol{R}\boldsymbol{X}_2=\overline{\boldsymbol{X}}_1\boldsymbol{G}\boldsymbol{X}_2$$

并有

$$\boldsymbol{G}=\overline{\boldsymbol{R}}\boldsymbol{G}\boldsymbol{R}\quad 或\quad \boldsymbol{G}=\overline{\boldsymbol{R}}^{-1}\boldsymbol{G}\boldsymbol{R}^{-1} \tag{2.9}$$

只有满足式（2.9）的矩阵 $\boldsymbol{R}$ 才能成为 $\boldsymbol{G}$ 定义的坐标系统的旋转对称矩阵。

2.3.2　倒格子

倒格子由 P. Ewald 在 1921 年引入，设直格子平移基矢为 $\boldsymbol{a}$、$\boldsymbol{b}$、$\boldsymbol{c}$，倒格子基矢 $\boldsymbol{a}^*$、$\boldsymbol{b}^*$、$\boldsymbol{c}^*$ 定义为

$$\boldsymbol{a}^* \cdot \boldsymbol{b} = \boldsymbol{a}^* \cdot \boldsymbol{c} = \boldsymbol{b}^* \cdot \boldsymbol{a} = \boldsymbol{b}^* \cdot \boldsymbol{c} = \boldsymbol{c}^* \cdot \boldsymbol{a} = \boldsymbol{c}^* \cdot \boldsymbol{b} = 0 \tag{2.10}$$

$$\boldsymbol{a}^* \cdot \boldsymbol{a} = \boldsymbol{b}^* \cdot \boldsymbol{b} = \boldsymbol{c}^* \cdot \boldsymbol{c} = 1 \tag{2.11}$$

方程（2.10）显示 $\boldsymbol{a}^*$ 垂直于 bc 面，$\boldsymbol{b}^*$ 垂直于 ac 面，以及 $\boldsymbol{c}^*$ 垂直于 ab 面。式（2.11）确定了 $\boldsymbol{a}^*$, $\boldsymbol{b}^*$, $\boldsymbol{c}^*$ 模。根据式（2.10），$\boldsymbol{a}^*$ 可以写成：

$$\boldsymbol{a}^* = p(\boldsymbol{b} \wedge \boldsymbol{c}) \tag{2.12}$$

p 为一常数，将方程（2.12）两边同时点乘 $\boldsymbol{a}$，有

$$\boldsymbol{a}^* \cdot \boldsymbol{a} = 1 = p(\boldsymbol{b} \wedge \boldsymbol{c} \cdot \boldsymbol{a}) = pV \tag{2.13}$$

于是 $p = 1/V$，方程（2.12）和它的类似表达式可写成：

$$\boldsymbol{a}^* = \frac{1}{V}(\boldsymbol{b} \wedge \boldsymbol{c}),\quad \boldsymbol{b}^* = \frac{1}{V}(\boldsymbol{c} \wedge \boldsymbol{a}),\quad \boldsymbol{c}^* = \frac{1}{V}(\boldsymbol{a} \wedge \boldsymbol{b}) \tag{2.14}$$

倒格矢的模为

$$a^* = \frac{1}{V} bc\sin\alpha,\quad b^* = \frac{1}{V} ca\sin\beta,\quad c^* = \frac{1}{V} ab\sin\gamma \tag{2.15}$$

方程（2.10）和方程（2.11）显示直格子和倒格子可以交换使用，即倒格子的倒格子为直格子，因此：

$$\boldsymbol{a} = \frac{1}{V^*}\left(\boldsymbol{b}^* \wedge \boldsymbol{c}^*\right),\quad \boldsymbol{b} = \frac{1}{V^*}\left(\boldsymbol{c}^* \wedge \boldsymbol{a}^*\right),\quad \boldsymbol{c} = \frac{1}{V^*}\left(\boldsymbol{a}^* \wedge \boldsymbol{b}^*\right) \tag{2.16}$$

容易验证直格子与倒格子所属晶系相同，F 格子的倒格子为 I 格子，反之亦然。具体而言：

（1）对于单斜格子，$\boldsymbol{b}^* \parallel \boldsymbol{b}$，而 $\boldsymbol{a}^*$ 和 $\boldsymbol{c}^*$ 在 $(\boldsymbol{a}, \boldsymbol{c})$ 面内，有

$a^* = 1/(a\sin\beta),\quad b^* = 1/b,\quad c^* = 1/(c\sin\beta),\quad \alpha^* = \gamma^* = \pi/2,\quad \beta^* = \pi - \beta$

（2）对于菱形、四方和立方格子，$\boldsymbol{a}^* \parallel \boldsymbol{a}$, $\boldsymbol{b}^* \parallel \boldsymbol{b}$, $\boldsymbol{c}^* \parallel \boldsymbol{c}$，并且有

$a^* = 1/a,\quad b^* = 1/b,\quad c^* = 1/c,\quad \alpha^* = \beta^* = \gamma^* = \pi/2$

（3）对于三方和六方格子，$\boldsymbol{c}^* \parallel \boldsymbol{c}$，而 $\boldsymbol{a}^*$ 和 $\boldsymbol{b}^*$ 在 $(\boldsymbol{a}, \boldsymbol{b})$ 面内，有

$a^* = b^* = 2/(a\sqrt{3}),\quad c^* = 1/c,\quad \alpha^* = \beta^* = \pi/2,\quad \gamma^* = \pi/3$

对于菱形格子基矢，有

$a^* = b^* = c^* = \sin\alpha \Big/ \left[a\left(1 - 3\cos^2\alpha + 2\cos^3\alpha\right)^{1/2}\right]$

$\alpha^* = \beta^* = \gamma^*,\quad \cos\alpha^* = -\cos\alpha/(1+\cos\alpha)$

直空间与倒空间之间的一些关系式总结如表 2-7 所示。

表 2-7 直空间与倒空间之间的一些关系式（反过来的关系可以通过将加星号和没有加星号的参数相互替换获得）

$$a^* = \frac{bc\sin\alpha}{V},\quad b^* = \frac{ac\sin\beta}{V},\quad c^* = \frac{ab\sin\gamma}{V}$$

$$\sin\alpha^* = \frac{V}{abc\sin\beta\sin\gamma},\quad \cos\alpha^* = \frac{\cos\beta\cos\gamma - \cos\alpha}{\sin\beta\sin\gamma}$$

$$\sin\beta^* = \frac{V}{abc\sin\alpha\sin\gamma},\quad \cos\beta^* = \frac{\cos\alpha\cos\gamma - \cos\beta}{\sin\alpha\sin\gamma}$$

$$\sin\gamma^* = \frac{V}{abc\sin\alpha\sin\beta},\quad \cos\gamma^* = \frac{\cos\alpha\cos\beta - \cos\gamma}{\sin\alpha\sin\beta}$$

$$V = abc(1-\cos^2\alpha - \cos^2\beta - \cos^2\gamma + 2\cos\alpha\cos\beta\cos\gamma)^{1/2}$$

$$= abc\sin\alpha\sin\beta\sin\gamma^* = abc\sin\alpha\sin\beta^*\sin\gamma = abc\sin\alpha^*\sin\beta\sin\gamma$$

$$V^* = 1/V$$

在介绍倒格子性质之前，我们先来了解晶向与晶面的表示方法。晶向表示的是晶体内部的方向，它通常用[ ]括住的三个整数表示，这三个整数分别是晶轴方向上的晶胞边长的整数倍，如晶向 $[u, v, w]$，表示矢量 $\boldsymbol{Q}_{u,v,w} = u\boldsymbol{a} + v\boldsymbol{b} + w\boldsymbol{c}$ 的方向，其中 $\boldsymbol{a}, \boldsymbol{b}, \boldsymbol{c}$ 为基矢量，u, v, w 为整数。晶面表示的是晶体中的一个平面，它通常用（）括住的三个整数表示，也称为米勒指数，如 (hkl)，一般通过三个步骤计算得到：①找出平面与晶轴的截距（以晶胞轴长为单位）；②计算每个截距的倒数；③将倒数化为最小整数比（如果需要，可以通过乘以公倍数来实现）。

这里列出倒格子的一些重要性质：

（1）直格子与倒格子矢量之间的标积：

$$\boldsymbol{r}_1 \cdot \boldsymbol{r}_2^* = (x_1\boldsymbol{a} + y_1\boldsymbol{b} + z_1\boldsymbol{c}) \cdot (x_2^*\boldsymbol{a}^* + y_2^*\boldsymbol{b}^* + z_2^*\boldsymbol{c}^*)$$

$$= x_2^* x_1 + y_2^* y_1 + z_2^* z_1 = \overline{\boldsymbol{X}}_1 \boldsymbol{X}_2^*$$

（2）矢量 $\boldsymbol{r}_H^* = h\boldsymbol{a}^* + k\boldsymbol{b}^* + l\boldsymbol{c}^*$ 与米勒指数为 (hkl) 的晶面族垂直。如图 2-2，AO，BO，CO 分别为 $\boldsymbol{a}/h, \boldsymbol{b}/k$ 和 $\boldsymbol{c}/l$，于是：

$$\boldsymbol{BA} = \boldsymbol{b}/k - \boldsymbol{a}/h,\ \boldsymbol{CA} = \boldsymbol{c}/l - \boldsymbol{a}/h,\ \boldsymbol{CB} = \boldsymbol{c}/l - \boldsymbol{b}/k$$

$$\boldsymbol{r}_H^* \cdot \boldsymbol{BA} = (h\boldsymbol{a}^* + k\boldsymbol{b}^* + l\boldsymbol{c}^*) \cdot (\boldsymbol{b}/k - \boldsymbol{a}/h) = 0$$

同理：

$$\boldsymbol{r}_H^* \cdot \boldsymbol{CA} = \boldsymbol{r}_H^* \cdot \boldsymbol{CB} = 0$$

（3）如果 h, k, l 没有公因子，则

$$\boldsymbol{r}_H^* = 1/d_H \tag{2.17}$$

其中 d_H 为直格子中 (hkl) 晶面的间距，这可以通过 d_H 等于从原点 O 到垂心 N 的长度得到证明，即

$$d_H = (\boldsymbol{a}/h)\cdot\frac{\boldsymbol{r}_H^*}{r_H^*} = \frac{1}{r_H^*}$$

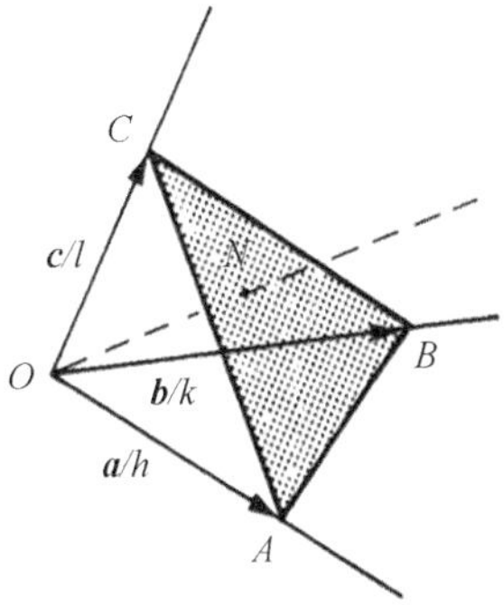

图 2-2　米勒指数为 (*hkl*) 的晶面族的几何关系

（4）与直空间类似，也可以为倒空间定义度量矩阵 $\boldsymbol{G}^*$：

$$\boldsymbol{G}^* = \begin{pmatrix} \boldsymbol{a}^*\cdot\boldsymbol{a}^* & \boldsymbol{a}^*\cdot\boldsymbol{b}^* & \boldsymbol{a}^*\cdot\boldsymbol{c}^* \\ \boldsymbol{b}^*\cdot\boldsymbol{a}^* & \boldsymbol{b}^*\cdot\boldsymbol{b}^* & \boldsymbol{b}^*\cdot\boldsymbol{c}^* \\ \boldsymbol{c}^*\cdot\boldsymbol{a}^* & \boldsymbol{c}^*\cdot\boldsymbol{b}^* & \boldsymbol{c}^*\cdot\boldsymbol{c}^* \end{pmatrix} \tag{2.18}$$

容易证明：

$$\boldsymbol{G}^* = \boldsymbol{G}^{-1},\quad \boldsymbol{G}^* = 1/\boldsymbol{G} \tag{2.19}$$

类似于直格子中的式（2.2）、式（2.4）和式（2.5），有

$$\boldsymbol{r}_1^*\cdot\boldsymbol{r}_2^* = \overline{\boldsymbol{X}}_1^*\boldsymbol{G}^*\boldsymbol{X}_2^*,\quad \boldsymbol{r}^{*2} = \overline{\boldsymbol{X}}\boldsymbol{G}^*\boldsymbol{X}^* \tag{2.20}$$

同样地，有

$$d_H = \left(h^2a^{*2} + k^2b^{*2} + l^2c^{*2} + 2hka^*b^*\cos\gamma^* + 2hla^*c^*\cos\beta^* + 2klb^*c^*\cos\alpha^*\right)^{-1/2} \tag{2.21}$$

各种晶系的 d_H 表达式如表 2-8 所示。

表 2-8　各种晶系的 (*hkl*) 晶面间距 d_H 表达式

晶系	$1/d_{hkl}^2$
立方	$\left(h^2+k^2+l^2\right)/a^2$
四方	$\frac{h^2+k^2}{a^2}+\frac{l^2}{c^2}$
正交	$\frac{h^2}{a^2}+\frac{k^2}{b^2}+\frac{l^2}{c^2}$

续表

晶系	$1/d_{hkl}^2$
六方（或三方 P 格子）	$\frac{4}{3a^2}\left(h^2+k^2+hk\right)+\frac{l^2}{c^2}$
三方 R 格子	$\frac{1}{a^2}\left(\frac{\left(h^2+k^2+l^2\right)\sin^2\alpha+2(hk+hl+kl)\left(\cos^2\alpha-\cos\alpha\right)}{1+2\cos^3\alpha-3\cos^2\alpha}\right)$
单斜	$\frac{h^2}{a^2\sin^2\beta}+\frac{k^2}{b^2}+\frac{l^2}{c^2\sin^2\beta}-\frac{2hl\cos\beta}{ac\sin^2\beta}$
三斜	$\left(1-\cos^2\alpha-\cos^2\beta-\cos^2\gamma+2\cos\alpha\cos\beta\cos\gamma\right)^{-1}\left(\frac{h^2}{a^2}\sin^2\alpha+\frac{k^2}{b^2}\sin^2\beta+\frac{l^2}{c^2}\sin^2\gamma+\frac{2kl}{bc}(\cos\beta\cos\gamma-\cos\alpha)+\frac{2lh}{ca}(\cos\gamma\cos\alpha-\cos\beta)+\frac{2hk}{ab}(\cos\alpha\cos\beta-\cos\gamma)\right)$

2.3.3 基矢变换

三维空间中，$\boldsymbol{a}'$, $\boldsymbol{b}'$, $\boldsymbol{c}'$ 定义的坐标系也可以用 $\boldsymbol{a}$, $\boldsymbol{b}$, $\boldsymbol{c}$ 基矢来定义（假定变换时原点不变）：

$$\begin{aligned}\boldsymbol{a}' &= m_{11}\boldsymbol{a}+m_{12}\boldsymbol{b}+m_{13}\boldsymbol{c}\\ \boldsymbol{b}' &= m_{21}\boldsymbol{a}+m_{22}\boldsymbol{b}+m_{23}\boldsymbol{c}\\ \boldsymbol{c}' &= m_{31}\boldsymbol{a}+m_{32}\boldsymbol{b}+m_{33}\boldsymbol{c}\end{aligned} \tag{2.22}$$

其中 m_{ij} 为任意实数。式（2.22）也可以写成矩阵形式：

$$\boldsymbol{A}'=\begin{pmatrix}\boldsymbol{a}'\\ \boldsymbol{b}'\\ \boldsymbol{c}'\end{pmatrix}=\begin{pmatrix}m_{11} & m_{12} & m_{13}\\ m_{21} & m_{22} & m_{23}\\ m_{31} & m_{32} & m_{33}\end{pmatrix}\begin{pmatrix}\boldsymbol{a}\\ \boldsymbol{b}\\ \boldsymbol{c}\end{pmatrix}=\boldsymbol{MA} \tag{2.23}$$

逆变换为 $\boldsymbol{A}=\boldsymbol{M}^{-1}\boldsymbol{A}'$。

坐标系 $\boldsymbol{A}$ 下的矢量 $\boldsymbol{r}=x\boldsymbol{a}+y\boldsymbol{b}+z\boldsymbol{c}$ 可以写成新坐标系 $\boldsymbol{A}'$ 下的形式 $\boldsymbol{r}'\equiv\boldsymbol{r}=x'\boldsymbol{a}'+y'\boldsymbol{b}'+z'\boldsymbol{c}'$，将式（2.22）代入 $\boldsymbol{r}'$ 表达式：

$$\boldsymbol{X}=\begin{pmatrix}x\\ y\\ z\end{pmatrix}=\begin{pmatrix}m_{11}x'+m_{21}y'+m_{31}z'\\ m_{12}x'+m_{22}y'+m_{32}z'\\ m_{13}x'+m_{23}y'+m_{33}z'\end{pmatrix}=\begin{pmatrix}m_{11} & m_{21} & m_{31}\\ m_{12} & m_{22} & m_{32}\\ m_{13} & m_{23} & m_{33}\end{pmatrix}\begin{pmatrix}x'\\ y'\\ z'\end{pmatrix}=\overline{\boldsymbol{M}}\boldsymbol{X}' \tag{2.24}$$

逆变换为 $\boldsymbol{X}'=(\overline{\boldsymbol{M}})^{-1}\boldsymbol{X}$，式（2.24）提供了一个矢量 $\boldsymbol{r}$ 的变换规则，而矢量本身不受坐标系变化的影响。

坐标系 $\boldsymbol{A}'$ 下的度量矩阵 $\boldsymbol{G}'$ 可通过将式（2.2）中的 $\boldsymbol{a}$、$\boldsymbol{b}$、$\boldsymbol{c}$ 用 $\boldsymbol{a}'$、$\boldsymbol{b}'$、$\boldsymbol{c}'$ 代替，并使用式（2.22）获得

$$\boldsymbol{G}' = \boldsymbol{MG\bar{M}} \quad 或 \quad \boldsymbol{G} = \boldsymbol{M}^{-1}\boldsymbol{G}'(\overline{\boldsymbol{M}})^{-1} \tag{2.25}$$

$\boldsymbol{A}'$ 定义的单胞体积为 $V' = \boldsymbol{a}' \wedge \boldsymbol{b}' \cdot \boldsymbol{c}'$，根据式（2.23）和式（2.8），有 $V' = VM$，因此，对于坐标系变换，单胞体积需要乘以变换矩阵的行列式。

中心格子与原胞格子相互转换常用的转换矩阵见表 2-9，该转换矩阵不是唯一的。

表 2-9　中心格子到原始格子的相互转换矩阵 $\boldsymbol{M}$（$\boldsymbol{A}' = \boldsymbol{MA}$）

$I \to P$ $\begin{pmatrix} -1/2 & 1/2 & 1/2 \\ 1/2 & -1/2 & 1/2 \\ 1/2 & 1/2 & -1/2 \end{pmatrix}$	$P \to I$ $\begin{pmatrix} 0 & 1 & 1 \\ 1 & 0 & 1 \\ 1 & 1 & 0 \end{pmatrix}$	$R_h \to R_{obv}$ $\begin{pmatrix} 2/3 & 1/3 & 1/3 \\ -1/3 & 1/3 & 1/3 \\ -1/3 & -2/3 & 1/3 \end{pmatrix}$	$R_{obv} \to R_h$ $\begin{pmatrix} 1 & -1 & 0 \\ 0 & 1 & -1 \\ 1 & 1 & 1 \end{pmatrix}$
$R_h \to R_{rev}$ $\begin{pmatrix} 1/3 & -1/3 & 1/3 \\ 1/3 & 2/3 & 1/3 \\ -2/3 & -1/3 & 1/3 \end{pmatrix}$	$R_{rev} \to R_h$ $\begin{pmatrix} 1 & 0 & -1 \\ -1 & 1 & 0 \\ 1 & 1 & 1 \end{pmatrix}$	$F \to P$ $\begin{pmatrix} 0 & 1/2 & 1/2 \\ 1/2 & 0 & 1/2 \\ 1/2 & 1/2 & 0 \end{pmatrix}$	$P \to F$ $\begin{pmatrix} -1 & 1 & 1 \\ 1 & -1 & 1 \\ 1 & 1 & -1 \end{pmatrix}$
$A \to P$ $\begin{pmatrix} -1 & 0 & 0 \\ 0 & -1/2 & 1/2 \\ 0 & 1/2 & 1/2 \end{pmatrix}$	$P \to A$ $\begin{pmatrix} -1 & 0 & 0 \\ 0 & -1 & 1 \\ 0 & 1 & 1 \end{pmatrix}$	$B \to P$ $\begin{pmatrix} -1/2 & 0 & 1/2 \\ 0 & -1 & 0 \\ 1/2 & 0 & 1/2 \end{pmatrix}$	$P \to B$ $\begin{pmatrix} -1 & 0 & 1 \\ 0 & -1 & 0 \\ 1 & 0 & 1 \end{pmatrix}$
$C \to P$ $\begin{pmatrix} 1/2 & 1/2 & 0 \\ 1/2 & -1/2 & 0 \\ 0 & 0 & -1 \end{pmatrix}$	$P \to C$ $\begin{pmatrix} 1 & 1 & 0 \\ 1 & -1 & 0 \\ 0 & 0 & -1 \end{pmatrix}$		

应用式（2.24）可获得二次型的变换公式：

$$\overline{\boldsymbol{X}}\boldsymbol{QX} = q_{11}^2x^2 + q_{22}^2y^2 + q_{33}^2z^2 + 2q_{12}xy + 2q_{13}xz + 2q_{23}yz$$

此式为坐标系 $\boldsymbol{A}$ 下定义的二次型，根据式（2.24），$\overline{\boldsymbol{X}}\boldsymbol{QX} = \overline{\boldsymbol{X}}'\boldsymbol{MQ\bar{M}X}'$，有

$$\boldsymbol{Q}' = \boldsymbol{MQM} \quad 或 \quad \boldsymbol{Q} = \overline{\boldsymbol{M}}^{-1}\boldsymbol{Q}'(\overline{\boldsymbol{M}})^{-1} \tag{2.26}$$

将 $\boldsymbol{A}^*$ 代替 $\boldsymbol{A}'$，即 $\boldsymbol{a}' = \boldsymbol{a}^*$，$\boldsymbol{b}' = \boldsymbol{b}^*$，$\boldsymbol{c}' = \boldsymbol{c}^*$，我们得到了从倒格子到直格子的线性变换，在这种情况下 $\boldsymbol{M} = \boldsymbol{G}^{-1} = \boldsymbol{G}^*$。

将矢量 $\boldsymbol{r} = x\boldsymbol{a} + y\boldsymbol{b} + z\boldsymbol{c}$ 写成：

$$\boldsymbol{r} = (\boldsymbol{r} \cdot \boldsymbol{a}^*)\boldsymbol{a} + (\boldsymbol{r} \cdot \boldsymbol{b}^*)\boldsymbol{b} + (\boldsymbol{r} \cdot \boldsymbol{c}^*)\boldsymbol{c} \tag{2.27}$$

在倒空间中：

$$\boldsymbol{r}' \equiv \boldsymbol{r}^* = x'\boldsymbol{a}^* + y'\boldsymbol{b}^* + z'\boldsymbol{c}^* = (\boldsymbol{r}' \cdot \boldsymbol{a})\boldsymbol{a}^* + (\boldsymbol{r}' \cdot \boldsymbol{b})\boldsymbol{b}^* + (\boldsymbol{r}' \cdot \boldsymbol{c})\boldsymbol{c}^* \tag{2.28}$$

假定式（2.27）中 $\boldsymbol{r}=\boldsymbol{a}^*, \boldsymbol{b}^*, \boldsymbol{c}^*$，则有

$$\boldsymbol{a}^*=(\boldsymbol{a}^*\cdot\boldsymbol{a}^*)\boldsymbol{a}+(\boldsymbol{a}^*\cdot\boldsymbol{b}^*)\boldsymbol{b}+(\boldsymbol{a}^*\cdot\boldsymbol{c}^*)\boldsymbol{c}$$

$$\boldsymbol{b}^*=(\boldsymbol{b}^*\cdot\boldsymbol{a}^*)\boldsymbol{a}+(\boldsymbol{b}^*\cdot\boldsymbol{b}^*)\boldsymbol{b}+(\boldsymbol{b}^*\cdot\boldsymbol{c}^*)\boldsymbol{c}$$

$$\boldsymbol{c}^*=(\boldsymbol{c}^*\cdot\boldsymbol{a}^*)\boldsymbol{a}+(\boldsymbol{c}^*\cdot\boldsymbol{b}^*)\boldsymbol{b}+(\boldsymbol{c}^*\cdot\boldsymbol{c}^*)\boldsymbol{c}$$

写成矩阵形式：

$$\boldsymbol{A}^*=\boldsymbol{G}^*\boldsymbol{A} \quad \text{或} \quad \boldsymbol{A}=\boldsymbol{G}\boldsymbol{A}^* \tag{2.29}$$

容易看出，式（2.29）为式（2.23）的特殊形式，类似地：

（1）式（2.30）为式（2.24）的特殊形式：

$$\boldsymbol{X}=\boldsymbol{G}^*\boldsymbol{X}^* \quad \text{或} \quad \boldsymbol{X}^*=\boldsymbol{G}\boldsymbol{X} \tag{2.30}$$

该式可将直空间矢量与倒空间矢量相互转换。根据式（2.2）和式（2.30），我们有

$$\boldsymbol{r}_1\cdot\boldsymbol{r}_2=\bar{\boldsymbol{X}}_1\boldsymbol{G}\boldsymbol{X}_2=\bar{\boldsymbol{X}}_1\boldsymbol{X}_2^*=\bar{\boldsymbol{X}}_2\boldsymbol{X}_1^* \tag{2.31}$$

特别是 $r^2\equiv r^{*2}=\overline{\boldsymbol{X}}\boldsymbol{X}^*$ 为矢量模的平方。

（2）式（2.32）为式（2.26）的特殊形式：

$$\boldsymbol{Q}^*=\boldsymbol{G}^*\boldsymbol{Q}\boldsymbol{G}^* \quad \text{和} \quad \boldsymbol{Q}=\boldsymbol{G}\boldsymbol{Q}^*\boldsymbol{G} \tag{2.32}$$

更多的晶体学中的矢量与张量计算规则可参考文献［2］。

2.3.4　三斜到直角坐标系变换

在直角坐标系下进行几何计算通常比在晶体学坐标系下容易。定义 $\boldsymbol{A}=\begin{pmatrix}\boldsymbol{a}\\ \boldsymbol{b}\\ \boldsymbol{c}\end{pmatrix}$ 和 $\boldsymbol{E}=\begin{pmatrix}\boldsymbol{e}_1\\ \boldsymbol{e}_2\\ \boldsymbol{e}_3\end{pmatrix}$ 分别为晶体学坐标系和直角坐标系。那么，根据式(2.22)，有 $\boldsymbol{E}=\boldsymbol{M}\boldsymbol{A}$，反之亦然，$\boldsymbol{A}=\boldsymbol{M}^{-1}\boldsymbol{E}$。

如图 2-3，$\boldsymbol{e}_1$ 沿 $\boldsymbol{a}$ 方向，$\boldsymbol{e}_2$ 在 ab 面内垂直于 $\boldsymbol{a}$，$\boldsymbol{e}_3$ 垂直于 $\boldsymbol{e}_1$ 和 $\boldsymbol{e}_2$（即平行于 $\boldsymbol{c}^*$），那么单位矢量 $\boldsymbol{a}/a,\ \boldsymbol{b}/b,\ \boldsymbol{c}/c$ 为

$$\begin{pmatrix}\boldsymbol{a}/a\\ \boldsymbol{b}/b\\ \boldsymbol{c}/c\end{pmatrix}=\begin{pmatrix}l_1 & l_2 & l_3\\ m_1 & m_2 & m_3\\ n_1 & n_2 & n_3\end{pmatrix}\begin{pmatrix}\boldsymbol{e}_1\\ \boldsymbol{e}_2\\ \boldsymbol{e}_3\end{pmatrix} \tag{2.33}$$

其中 $(l_1, l_2, l_3), (m_1, m_2, m_3), (n_1, n_2, n_3)$ 为 $\boldsymbol{E}$ 中单位矢量 $\boldsymbol{a}/a,\ \boldsymbol{b}/b,\ \boldsymbol{c}/c$ 的余弦值。因此：

$$\sum_i l_i^2 = \sum_i m_i^2 = \sum_i n_i^2 = 1$$

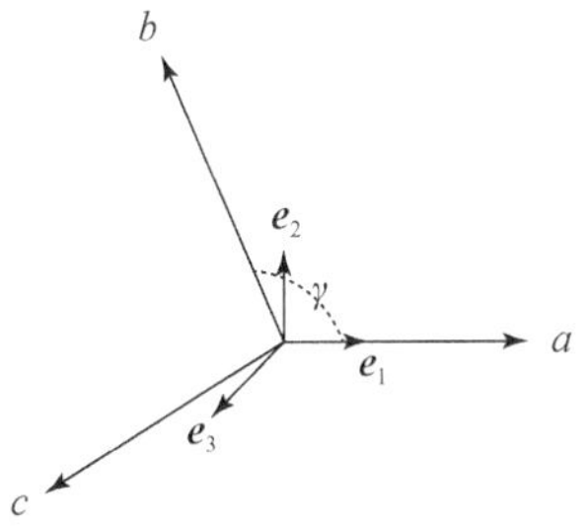

图 2-3　晶体学坐标系的正交化

从图 2-3，可得

$$l_1 = 1,\quad l_2 = 0,\quad l_3 = 0,\quad m_1 = \cos\gamma,\quad m_2 = \sin\gamma,\quad m_3 = 0,\quad n_1 = \cos\beta$$

由于：

$$\cos\alpha = \sum_i m_i n_i = \cos\gamma\cos\beta + \sin\gamma\sin n_2$$

我们有

$$n_2 = (\cos\alpha - \cos\beta\cos\gamma)/\sin\gamma = -\sin\beta\cos\alpha^*$$

更进一步，根据 $\sum_i n_i^2 = 1$ 关系式：

$$n_3 = \sin\beta\sin\alpha^* = 1/(cc^*)$$

最后有

$$\begin{pmatrix} \boldsymbol{a}/a \\ \boldsymbol{b}/b \\ \boldsymbol{c}/c \end{pmatrix} = \begin{pmatrix} 1 & 0 & 0 \\ \cos\gamma & \sin\gamma & 0 \\ \cos\beta & -\sin\beta\cos\alpha^* & 1/(c^*c) \end{pmatrix} \begin{pmatrix} \boldsymbol{e}_1 \\ \boldsymbol{e}_2 \\ \boldsymbol{e}_3 \end{pmatrix}$$

根据上式，有

$$\boldsymbol{A} = \begin{pmatrix} \boldsymbol{a} \\ \boldsymbol{b} \\ \boldsymbol{c} \end{pmatrix} = \begin{pmatrix} a & 0 & 0 \\ b\cos\gamma & b\sin\gamma & 0 \\ c\cos\beta & -c\sin\beta\cos\alpha^* & 1/c^* \end{pmatrix} \begin{pmatrix} \boldsymbol{e}_1 \\ \boldsymbol{e}_2 \\ \boldsymbol{e}_3 \end{pmatrix} = \boldsymbol{M}^{-1}\boldsymbol{E} \qquad (2.34)$$

根据 $\boldsymbol{E} = \boldsymbol{M}\boldsymbol{A}$，有

$$\boldsymbol{M} = \begin{pmatrix} 1/a & 0 & 0 \\ -\cos\gamma/(a\sin\gamma) & 1/(b\sin\gamma) & 0 \\ a^*\cos\beta^* & b^*\cos\alpha^* & c^* \end{pmatrix} \qquad (2.35)$$

晶体学坐标系原则上可以直角化成无穷个坐标系，比如 $\boldsymbol{e}_1$ 沿着 $\boldsymbol{a}^*$，$\boldsymbol{e}_2$ 在 $\boldsymbol{a}^*\boldsymbol{b}^*$

平面内，$\boldsymbol{e}_3$ 沿着 $\boldsymbol{c}$，在这种情况下：

$$\boldsymbol{M}=\begin{pmatrix} a^* & b^*\cos\gamma^* & c^*\cos\beta^* \\ 0 & b^*\sin\gamma^* & -c^*\sin\beta^*\cos\alpha \\ 0 & 0 & 1/c \end{pmatrix} \tag{2.36}$$

和

$$\boldsymbol{M}^{-1}=\begin{pmatrix} 1/a^* & -\cot\gamma^*/a^* & a\cos\beta \\ 0 & 1/(b^*\sin\gamma^*) & b\cos\alpha \\ 0 & 0 & c \end{pmatrix}$$

我们也可以设定 $\boldsymbol{e}_1$ 沿 $\boldsymbol{a}^*$，$\boldsymbol{e}_2$ 沿 $\boldsymbol{b}$，那么 $\boldsymbol{e}_3$ 在 $\boldsymbol{bc}$ 平面内，则：

$$\boldsymbol{M}=\begin{pmatrix} 1/(a\sin\gamma\sin\beta^*) & 1/(b\tan\alpha\tan\beta^*)-1/(b\tan\gamma\sin\beta^*) & -1/(c\sin\alpha\tan\beta^*) \\ 0 & 1/b & 0 \\ 0 & -1/(b\tan\alpha) & 1/(c\sin\alpha) \end{pmatrix} \tag{2.37}$$

和

$$\boldsymbol{M}^{-1}=\begin{pmatrix} a\sin\gamma\sin\beta^* & \alpha\cos\gamma & a\sin\gamma\cos\beta^* \\ 0 & b & 0 \\ 0 & c\cos\alpha & c\sin\alpha \end{pmatrix}$$

根据 $\boldsymbol{E}=\boldsymbol{MA}$，晶体学坐标系 $\boldsymbol{A}$ 的所有可能的坐标系直角化方案，可通过 $\boldsymbol{A}$ 的度量矩阵 $\boldsymbol{G}$ 分解获得，即将式（2.25）中 $\boldsymbol{G}'$ 用单位矩阵 $\boldsymbol{I}$ 替换，有

$$\boldsymbol{M}^{-1}(\overline{\boldsymbol{M}})^{-1}=\boldsymbol{G}$$

如果 $\boldsymbol{M}$ 已知的话，$\boldsymbol{a}$，$\boldsymbol{b}$，$\boldsymbol{c}$ 定义的单胞体积可以很容易获得。确实，如果我们使用 $\boldsymbol{e}_1,\ \boldsymbol{e}_2,\ \boldsymbol{e}_3$ 来表示 $\boldsymbol{a}$，$\boldsymbol{b}$，$\boldsymbol{c}$，并使用式（2.8）来计算 $\boldsymbol{a}\cdot\boldsymbol{b}\wedge\boldsymbol{c}$，则：

$$V=\boldsymbol{a}\cdot\boldsymbol{b}\wedge\boldsymbol{c}=\det(\boldsymbol{M}^{-1})$$

为方便使用，表 2-10 中列出了一些典型的转换关系式。$\boldsymbol{M}$ 是将 $\overline{\boldsymbol{A}}\equiv(\boldsymbol{a},\ \boldsymbol{b},\ \boldsymbol{c})$ 转换成 $\overline{\boldsymbol{A}'}=(\boldsymbol{a}',\ \boldsymbol{b}',\ \boldsymbol{c}')$ 的转换矩阵，$\boldsymbol{G}$ 和 $\boldsymbol{G}'$ 分别为 $\boldsymbol{A}$ 和 $\boldsymbol{A}'$ 的度量矩阵，$\boldsymbol{G}^*$ 和 $\boldsymbol{G}'^*$ 分别为 $\overline{\boldsymbol{A}}^*\equiv(\boldsymbol{a}^*,\ \boldsymbol{b}^*,\ \boldsymbol{c}^*)$ 和 $\overline{\boldsymbol{A}}'^*\equiv(\boldsymbol{a}'^*,\ \boldsymbol{b}'^*,\ \boldsymbol{c}'^*)$ 的度量矩阵。$\boldsymbol{C}\equiv(\boldsymbol{R},\ \boldsymbol{T})$ 为对称操作，其中 $\boldsymbol{R}$ 是旋转部分，$\boldsymbol{T}$ 为平移部分。$\boldsymbol{C}$、$\boldsymbol{C}'$、$\boldsymbol{C}^*$、$\boldsymbol{C}'^*$ 分别为定义在 $\boldsymbol{A}$、$\boldsymbol{A}'$、$\boldsymbol{A}^*$、$\boldsymbol{A}'^*$ 中的对称操作。$\boldsymbol{Q}$ 和 $\boldsymbol{Q}^*$ 分别为 $\boldsymbol{A}$ 和 $\boldsymbol{A}^*$ 的二次型。

表 2-10　典型的转换关系式

$\boldsymbol{A}'=\boldsymbol{MA}$	$\boldsymbol{A}=\boldsymbol{M}^{-1}\boldsymbol{A}'$
$\boldsymbol{X}'=(\overline{\boldsymbol{M}})^{-1}\boldsymbol{X}$	$\boldsymbol{X}=\overline{\boldsymbol{M}}\boldsymbol{X}'$

续表

$\boldsymbol{G}' = \boldsymbol{M}\boldsymbol{G}\overline{\boldsymbol{M}}$	$\boldsymbol{G} = \boldsymbol{M}^{-1}\boldsymbol{G}'(\overline{\boldsymbol{M}})^{-1}$
$\boldsymbol{Q}' = \boldsymbol{M}\boldsymbol{Q}\overline{\boldsymbol{M}}$	$\boldsymbol{Q} = \boldsymbol{M}^{-1}\boldsymbol{Q}'(\overline{\boldsymbol{M}})^{-1}$
$\boldsymbol{R}' = (\overline{\boldsymbol{M}})^{-1}\boldsymbol{R}\overline{\boldsymbol{M}}$, $\boldsymbol{T}' = (\overline{\boldsymbol{M}})^{-1}\boldsymbol{T}$	$\boldsymbol{R} = \overline{\boldsymbol{M}}\boldsymbol{R}'(\overline{\boldsymbol{M}})^{-1}$, $\boldsymbol{T} = \overline{\boldsymbol{M}}\boldsymbol{T}'$
$\boldsymbol{A}^* = \boldsymbol{G}^*\boldsymbol{A}$	$\boldsymbol{A} = \boldsymbol{G}\boldsymbol{A}^*$
$\boldsymbol{X}^* = \boldsymbol{G}\boldsymbol{X}$	$\boldsymbol{X} = \boldsymbol{G}^*\boldsymbol{X}^*$
$\boldsymbol{Q}^* = \boldsymbol{G}^*\boldsymbol{Q}\boldsymbol{G}^*$	$\boldsymbol{Q} = \boldsymbol{G}\boldsymbol{Q}^*\boldsymbol{G}$
$\boldsymbol{R}^* = \boldsymbol{G}\boldsymbol{R}\boldsymbol{G}^* = (\overline{\boldsymbol{R}})^{-1}$	$\boldsymbol{R} = (\overline{\boldsymbol{R}}^*)^{-1}$
$\boldsymbol{A}'^* = (\overline{\boldsymbol{M}})^{-1}\boldsymbol{A}^*$	$\boldsymbol{A}^* = \overline{\boldsymbol{M}}\boldsymbol{A}'^*$
$\boldsymbol{X}'^* = \boldsymbol{M}\boldsymbol{X}^*$	$\boldsymbol{X}^* = \boldsymbol{M}^{-1}\boldsymbol{X}'^*$
$\boldsymbol{G}'^* = (\overline{\boldsymbol{M}})^{-1}\boldsymbol{G}^*\boldsymbol{M}^{-1}$	$\boldsymbol{G}^* = \overline{\boldsymbol{M}}\boldsymbol{G}'^*\boldsymbol{M}$
$\boldsymbol{R}'^* = \boldsymbol{M}\boldsymbol{R}^*\boldsymbol{M}^{-1}$, $\boldsymbol{T}'^* = \boldsymbol{M}\boldsymbol{T}^*$	$\boldsymbol{R}^* = \boldsymbol{M}^{-1}\boldsymbol{R}'^*\boldsymbol{M}$, $\boldsymbol{T}^* = \boldsymbol{M}^{-1}\boldsymbol{T}'^*$
$\boldsymbol{Q}'^* = (\overline{\boldsymbol{M}})^{-1}\boldsymbol{Q}^*\boldsymbol{M}^{-1}$	$\boldsymbol{Q}^* = \overline{\boldsymbol{M}}\boldsymbol{Q}'^*\boldsymbol{M}$

2.3.5　直角坐标系中的旋转

右手直角坐标系$[0, \boldsymbol{e}_1, \boldsymbol{e}_2, \boldsymbol{e}_3]$，将矢量$\boldsymbol{r}$绕$\boldsymbol{e}_1$逆时针旋转角度$\alpha_1$，或绕$\boldsymbol{e}_2$逆时针旋转角度$\alpha_2$，或绕$\boldsymbol{e}_3$逆时针旋转角度$\alpha_3$，产生了一个新的矢量$\boldsymbol{r}' = \boldsymbol{R}_s\boldsymbol{r}$，其中$s = x, y, z$，并且：

$$R_x(\alpha_1)=\begin{pmatrix}1 & 0 & 0\\ 0 & \cos\alpha_1 & -\sin\alpha_1\\ 0 & \sin\alpha_1 & \cos\alpha_1\end{pmatrix}$$

$$R_y(\alpha_2)=\begin{pmatrix}\cos\alpha_2 & 0 & \sin\alpha_2\\ 0 & 1 & 0\\ -\sin\alpha_2 & 0 & \cos\alpha_2\end{pmatrix} \tag{2.38}$$

$$R_z(\alpha_3)=\begin{pmatrix}\cos\alpha_3 & -\sin\alpha_3 & 0\\ \sin\alpha_3 & \cos\alpha_3 & 0\\ 0 & 0 & 1\end{pmatrix}$$

由于矩阵是正交的，满足如下表达式：

$$\boldsymbol{R}(\alpha) = \overline{\boldsymbol{R}}^{-1}(\alpha) = \boldsymbol{R}^{-1}(-\alpha) = \overline{\boldsymbol{R}}(-\alpha) \tag{2.39}$$

对于顺时针旋转，可以将α_i改成$-\alpha_i$。

绕$\boldsymbol{e}_1$, $\boldsymbol{e}_2$, $\boldsymbol{e}_3$的旋转-反映操作矩阵可通过将式（2.38）中的 1 用−1 替换获得。

绕$\boldsymbol{e}_1$，$\boldsymbol{e}_2$，$\boldsymbol{e}_3$的旋转-反演操作可通过改变所有相应矩阵的矩阵元的符号获得。代表真旋转（proper rotation），旋转-反映和旋转-反演操作的矩阵的迹分别为$1+2\cos\alpha$，$2\cos\alpha-1$，$-2\cos\alpha-1$。

值得一提的是，将$\boldsymbol{r}$绕$\boldsymbol{e}_1$，$\boldsymbol{e}_2$，$\boldsymbol{e}_3$的逆时针旋转与$\boldsymbol{e}_1$，$\boldsymbol{e}_2$，$\boldsymbol{e}_3$的顺时针旋转是等价的。比如，坐标系$[0,\boldsymbol{e}_1,\ \boldsymbol{e}_2,\ \boldsymbol{e}_3]$通过绕$\boldsymbol{e}_3$顺时针旋转$\alpha_3$角度到新的坐标系$[0,\ \boldsymbol{e}_1',\ \boldsymbol{e}_2',\ \boldsymbol{e}_3']$，则$\boldsymbol{E}'=\boldsymbol{R}_z(\alpha_3)\boldsymbol{E}$。根据式（2.24），有$\boldsymbol{X}'=\overline{\boldsymbol{R}}_z^{-1}(\alpha_3)\boldsymbol{X}=\boldsymbol{R}_z(\alpha_3)\boldsymbol{X}$，对应于$\boldsymbol{E}$中矢量$\boldsymbol{r}$的逆时针旋转。

旋转矩阵有许多应用，这里介绍其在晶体学坐标系下绕单位矢量$\boldsymbol{L}$的旋转矩阵。假定晶体学基$\overline{\boldsymbol{A}}\equiv(\boldsymbol{a},\ \boldsymbol{b},\ \boldsymbol{c})$，直角坐标系基$\boldsymbol{E}\equiv(\boldsymbol{e}_1,\boldsymbol{e}_2,\boldsymbol{e}_3)$可通过选择$\boldsymbol{E}=\boldsymbol{MA}$使得$\boldsymbol{e}_1$与$\boldsymbol{L}$重合。在$\boldsymbol{E}$中，绕$\boldsymbol{L}$的旋转可表示为$\boldsymbol{R}_x$。$\boldsymbol{A}$中同样的旋转可表示为$\boldsymbol{R}=\overline{\boldsymbol{M}}\boldsymbol{R}_x(\overline{\boldsymbol{M}})^{-1}$。比如在六方晶系中，绕$\boldsymbol{a}$轴旋转角度$\chi$，根据式（2.34）、式（2.35）和式（2.36），$\boldsymbol{M}$和$\boldsymbol{M}^{-1}$分别为

$$\boldsymbol{M}=\begin{pmatrix}1/a & 0 & 0\\ 1/(a\sqrt{3}) & 2/(a\sqrt{3}) & 0\\ 0 & 0 & 1/c\end{pmatrix},\quad \boldsymbol{M}^{-1}=\begin{pmatrix}a & 0 & 0\\ -a/2 & a\sqrt{3}/2 & 0\\ 0 & 0 & c\end{pmatrix} \tag{2.40}$$

则：

$$\boldsymbol{R}=\overline{\boldsymbol{M}}\boldsymbol{R}_x(\overline{\boldsymbol{M}})^{-1}=\begin{pmatrix}1 & (\cos\chi-1)/2 & -c\sin\chi/a\sqrt{3}\\ 0 & \cos\chi & -2c\sin\chi/a\sqrt{3}\\ 0 & a\sqrt{3}\sin\chi/(2c) & \cos\chi\end{pmatrix} \tag{2.41}$$

如果$\chi=0,\ \pi$，则$\boldsymbol{R}$为对称操作矩阵。

在单斜晶系中，绕$\boldsymbol{b}$轴任意角度χ的旋转可表示为

$$\boldsymbol{R}=\begin{pmatrix}\cos\chi+\cot\beta/\sin\chi & 0 & c\sin\chi/a\sin\beta\\ 0 & 1 & 0\\ -a\sin\chi/c\sin\beta & 0 & \cos\chi-\cot\beta\sin\chi\end{pmatrix} \tag{2.42}$$

如果χ=0, π，则$\boldsymbol{R}$为对称操作矩阵。

2.3.6 其他晶体学计算

2.3.6.1 面交角与晶带

两组平面$\boldsymbol{H}_1=(h_1k_1l_1)$和$\boldsymbol{H}_2=(h_2k_2l_2)$之间的夹角$\phi$，可通过如下式求得

$$\cos\phi=\frac{\boldsymbol{r}_{H_1}^*\cdot\boldsymbol{r}_{H_2}^*}{r_{H_1}^*r_{H_2}^*}=d_{H_1}d_{H_2}\boldsymbol{r}_{H_1}^*\cdot\boldsymbol{r}_{H_2}^*$$

其中 $\boldsymbol{r}_{H_1}^* \cdot \boldsymbol{r}_{H_2}^*$ 可通过式（2.20）获得。

晶带是指晶体中两个或两个以上的晶面形成的结构，这些晶面相交或平行于同一晶向直线，该直线称为晶带轴，可以用矢量 $\boldsymbol{r}_U = u\boldsymbol{a} + v\boldsymbol{b} + w\boldsymbol{c}$ 定义的晶向 $[uvw]$ 来表示。如果晶面族 $\boldsymbol{H} = (hkl)$ 满足 $\boldsymbol{r}_H^* \cdot \boldsymbol{r}_U = hu + kv + lw = 0$，则该晶面族属于 $[uvw]$ 晶带。这容易得到验证，即 $\boldsymbol{r}_H^*$ 垂直于 $\boldsymbol{r}_U$，则晶面 (hkl) 平行于 $\boldsymbol{r}_U$。两个晶面 $\boldsymbol{H}_1$ 和 $\boldsymbol{H}_2$ 定义晶带 $[uvw]$，由于 $h_1u + k_1v + l_1w = 0, h_2u + k_2v + l_2w = 0$，因此有

$$u : v : w = (k_1l_2 - k_2l_1) : (l_1h_2 - l_2h_1) : (h_1k_2 - h_2k_1) \tag{2.43}$$

2.3.6.2　扭转角

这里先列出三个有用的矢量和张量的运算公式：

$$\boldsymbol{u} \wedge (\boldsymbol{v} \wedge \boldsymbol{w}) = (\boldsymbol{u} \cdot \boldsymbol{w})\boldsymbol{v} - (\boldsymbol{u} \cdot \boldsymbol{v})\boldsymbol{w} \tag{2.44}$$

$$(\boldsymbol{u} \wedge \boldsymbol{v}) \cdot (\boldsymbol{w} \wedge \boldsymbol{z}) = (\boldsymbol{u} \cdot \boldsymbol{w})(\boldsymbol{v} \cdot \boldsymbol{z}) - (\boldsymbol{u} \cdot \boldsymbol{z})(\boldsymbol{v} \cdot \boldsymbol{w}) \tag{2.45}$$

$$(\boldsymbol{u} \wedge \boldsymbol{v}) \wedge (\boldsymbol{w} \wedge \boldsymbol{z}) = (\boldsymbol{u} \cdot \boldsymbol{v} \wedge \boldsymbol{z})\boldsymbol{w} - (\boldsymbol{u} \cdot \boldsymbol{v} \wedge \boldsymbol{w})\boldsymbol{z} \tag{2.46}$$

对于四个原子组成的一个序列，扭转角 $\omega(ABCD)$ 定义为平面 ABC 和 BCD 法线的夹角。传统上，迎着 BC 看，如果 BA 到 CD 的旋转是顺时针，则 ω 为正，否则为负。$\omega(ABCD)$ 和 $\omega(DCBA)$ 拥有相同的符号。扭转角的符号并不会受旋转或平移的影响，但会被反映或中心反演改变符号。如图 2-4，根据定义，有

$$\cos\omega = \frac{(\boldsymbol{a} \wedge \boldsymbol{b}) \cdot (\boldsymbol{b} \wedge \boldsymbol{c})}{ab^2c\sin\alpha\sin\gamma}, \quad \frac{\boldsymbol{b}}{b}\sin\omega = \frac{(\boldsymbol{a} \wedge \boldsymbol{b}) \wedge (\boldsymbol{b} \wedge \boldsymbol{c})}{ab^2c\sin\alpha\sin\gamma} \tag{2.47}$$

根据式（2.45）和式（2.46），上式可进一步写成：

$$\cos\omega = \frac{\cos\alpha\cos\gamma - \sin\beta}{\sin\alpha\sin\beta}, \quad \sin\omega = \frac{Vb}{ab^2c\sin\alpha\sin\gamma} \tag{2.48}$$

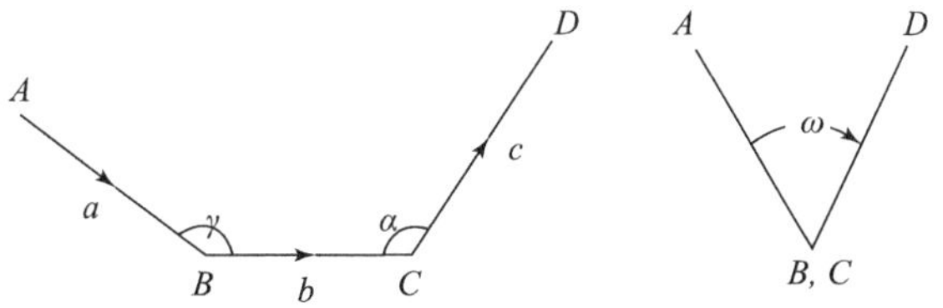

图 2-4　扭转角 ω 的定义

2.3.6.3　原子间距

有两种方法可以计算原子间的距离，第一种是先把原子的晶体学分数坐标 x, y, z 转换成直角坐标 X, Y, Z，然后计算距离：$d^2 = (X_1 - X_2)^2 + (Y_1 - Y_2)^2 + (Z_1 - Z_2)^2$；第二种方法是直接使用晶体学坐标计算原子间距：

$$d^2 = a^2(x_1 - x_2)^2 + b^2(y_1 - y_2)^2 + c^2(z_1 - z_2)^2 + 2bc\cos\alpha(y_1 - y_2)(z_1 - z_2) \\ +2ac\cos\beta(x_1 - x_2)(z_1 - z_2) + 2ab\cos\gamma(x_1 - x_2)(y_1 - y_2) \tag{2.49}$$

有多种方式可实现分数坐标到直角坐标的转换，一种常用的从分数坐标 x，y，z 转换成直角坐标 X，Y，Z 的方式是

$$\begin{aligned} X &= ax + (b\cos\gamma)y + (c\cos\beta)z \\ Y &= 0 + (b\sin\gamma)y + (-c\sin\beta\cos\alpha^*)z \\ Z &= 0 + 0 + (c\sin\beta\sin\alpha^*)z \end{aligned} \tag{2.50}$$

其中：

$$\begin{aligned} \cos\alpha^* &= (\cos\beta\cos\gamma - \cos\alpha)/(\sin\beta\sin\gamma) \\ \sin\alpha^* &= \sqrt{1-\cos^2\alpha^*} \end{aligned} \tag{2.51}$$

从直角坐标 X，Y，Z 到分数坐标 x，y，z 则可使用下式计算：

$$\begin{aligned} z &= Z/(c\sin\beta\sin\alpha^*) \\ y &= (Y - (-c\sin\beta\cos\alpha^*)Z)/(b\sin\gamma) \\ x &= (X - (b\cos\gamma)Y - (c\cos\beta)Z)/a \end{aligned} \tag{2.52}$$

2.3.6.4　寻找最邻近原子

初看起来，我们需要测试所有的 M 个对称等效点和周围的所有 26 个单胞，所以要想找到不对称单元中包含 N 个原子的所有键长信息需要计算 $13MN(N-1)$ 个原子间距，但这样计算效率太低，如下算法要快得多。

首先准备一个独立的单胞中的所有原子的列表，坐标为 x', y', z'，这需要考虑对称操作和格子类型。在所有的 x', y', z' 上加 99.5，然后根据下式寻找所有符合 $d^2 < d^2_{\min}$ 条件的原子间距：

$$\begin{aligned} \Delta x &= (x' - x)\bmod 1 - 0.5 \\ \Delta y &= (y' - y)\bmod 1 - 0.5 \\ \Delta z &= (z' - z)\bmod 1 - 0.5 \end{aligned} \tag{2.53}$$

$$d^2 = a^2\Delta x^2 + b^2\Delta y^2 + c^2\Delta z^2 + 2bc\cos\alpha\Delta y\Delta z + 2ac\cos\beta\Delta x\Delta z + 2ab\cos\gamma\Delta x\Delta y \tag{2.54}$$

邻近原子的坐标 x'', y'', z'' 可通过下式计算得到：

$$x'' = x + \Delta x,\quad y'' = y + \Delta y,\quad z'' = z + \Delta z \tag{2.55}$$

2.3.6.5　通过一组点的最佳平面和直线

考虑 p 个原子的集合，其坐标为 $\boldsymbol{r}_1$，$\boldsymbol{r}_2$，…，$\boldsymbol{r}_p$，满足 $\boldsymbol{r}_j = \overline{\boldsymbol{A}}\boldsymbol{X}_j$。穿过这些原子

的最佳平面是这些原子到该平面距离的加权平方和最小，即最小化函数：

$$Q = \sum_j w_j (\overline{N}^* X_j - d)^2 \tag{2.56}$$

其中 d 为坐标原子到平面的距离， $\boldsymbol{n} = n_1\boldsymbol{a} + n_2\boldsymbol{b} + n_3\boldsymbol{c} = \overline{A}N = n_1^*\boldsymbol{a}^* + n_2^*\boldsymbol{b}^* + n_3^*\boldsymbol{c}^* = \overline{A}^* N^*$ 为平面的法向量。权重 w_j 应为原子坐标在目标平面法向量方向的方差的倒数，但它们经常用 1 替代。通过改变 d 和 n_1^*, n_2^*, n_3^* 来最小化 Q 需要在 $\boldsymbol{n}$ 为单位向量的条件下进行。这种问题可通过拉格朗日乘子法解决，最小化函数为

$$Q' = \sum_j w_j (\overline{N}^* X_j - d)^2 - \lambda(\overline{N}^* G^* N^* - 1) \tag{2.57}$$

对 d 求偏导，有 $\sum_j w_j (\overline{N}^* X_j - d) = 0$ ，进一步可得

$$d = \overline{N}^* \left[\left(\sum_j w_j X_j \right) \left(\sum_j w_j \right)^{-1} \right] = \overline{N}^* X_0 \tag{2.58}$$

式（2.58）显示平面通过了中心点 $\boldsymbol{r}_0 = \overline{A} X_0$ ，于是式（2.57）变成：

$$Q' = \sum_j w_j (\overline{N}^* X_j')^2 - \lambda(\overline{N}^* G^* N^* - 1) = \overline{N}^* S N^* - \lambda(\overline{N}^* G^* N^* - 1) \tag{2.59}$$

其中 $\boldsymbol{r}_j' = \boldsymbol{r}_j - \boldsymbol{r}_0$ ，并且：

$$S = \begin{pmatrix} \sum_j w_j x_j'^2 & \sum_j w_j x_j' y_j' & \sum_j w_j x_j' z_j' \\ \sum_j w_j x_j' y_j' & \sum_j w_j y_j'^2 & \sum_j w_j y_j' z_j' \\ \sum_j w_j x_j' z_j' & \sum_j w_j y_j' z_j' & \sum_j w_j z_j'^2 \end{pmatrix} \tag{2.60}$$

注意 $\overline{N}^* S N^*$ 为平面到所有原子距离的加权平方和。将式（2.59）对 N^* 的偏导设置为 0（实际操作中，是对 n_1^*, n_2^*, n_3^* 求偏导）得到 $S N^* - \lambda G^* N^* = 0$ ，也可写成：

$$(A - \lambda I) N = 0 \tag{2.61}$$

其中 $A = SG$ 和 $N = G^* N^*$ ，将式（2.61）写成 $AN = \lambda N$ ，并且两边乘以 N^* 可得到：

$$\overline{N}^* A N = \overline{N}^* S G N = \overline{N}^* S N^* = \lambda \overline{N}^* N = \lambda \tag{2.62}$$

因此本征值即为所有原子到平面距离的加权平方和， N 为相应的本征矢。式（2.61）存在三个解，对应三个不同的 λ 值，即 $\lambda_\alpha \geqslant \lambda_\beta \geqslant \lambda_\gamma$ 。每个 λ 本征值给出了 Q' 的一个稳定值。N_α, N_β, N_γ 为三个对应的本征矢量。最佳的平面对应本征值 λ_γ ，通过 $\boldsymbol{r}_0$ ，且法向量为 N_γ ，而 λ_α 和 N_α 为最差的那个平面。如果使用直角坐标系，

即 $\boldsymbol{G}=\boldsymbol{G}^*=\boldsymbol{I}$，寻找最佳平面的计算过程可以大幅简化。寻找穿过一组点的最佳直线，与寻找一组点的最佳平面计算过程几乎相同，最佳直线为穿过这组原子的中心 $\boldsymbol{r}_0$，并且本征值 λ_α 对应平面的法线。

2.3.7　结构因子的计算

设定 m 为空间群的阶（对称操作的总个数），t 为不对称单元中的原子个数，则结构因子可写成：

$$F_{\boldsymbol{H}}=A_{\boldsymbol{H}}+iB_{\boldsymbol{H}}$$

其中：

$$A_{\boldsymbol{H}}=\sum_{j=1}^{t}n_j f_{0j}(\boldsymbol{H})\sum_{s=1}^{m}\exp(-\bar{\boldsymbol{H}}\boldsymbol{\beta}_{js}\boldsymbol{H})\cos 2\pi\bar{\boldsymbol{H}}(\boldsymbol{R}_s\boldsymbol{X}_j+\boldsymbol{T}_s)=\sum_{j=1}^{t}A_j \tag{2.63}$$

$$B_{\boldsymbol{H}}=\sum_{j=1}^{t}n_j f_{0j}(\boldsymbol{H})\sum_{s=1}^{m}\exp(-\bar{\boldsymbol{H}}\boldsymbol{\beta}_{js}\boldsymbol{H})\sin 2\pi\bar{\boldsymbol{H}}(\boldsymbol{R}_s\boldsymbol{X}_j+\boldsymbol{T}_s)=\sum_{j=1}^{t}B_j \tag{2.64}$$

A_j 和 B_j 为第 j 个原子（包括所有等效位置）分别对 $A_{\boldsymbol{H}}$ 和 $B_{\boldsymbol{H}}$ 的贡献。$\boldsymbol{\beta}_{js}$ 为第 j 个原子第 s 个等效位置的温度因子，是一个 3×3 的矩阵。n_j 为第 j 个原子的占据数，定义为 m_j/m，其中 m_j 为第 j 个原子的等效位置个数。因此，对于一般位置 $n_j=1$，特殊位置 $n_j<1$。f_{0j} 为原子的散射因子。

设定 $\boldsymbol{H}$ 的等效指数为 $\boldsymbol{H}_s=\bar{\boldsymbol{H}}\boldsymbol{R}_s,\ s=1,\ \cdots,\ m$，这样 $\bar{\boldsymbol{H}}\boldsymbol{R}_s\boldsymbol{X}_j$ 就可使用 $\bar{\boldsymbol{H}}_s\boldsymbol{X}_j$ 替代，$\bar{\boldsymbol{H}}\boldsymbol{\beta}_{js}\boldsymbol{H}$ 可使用 $\bar{\boldsymbol{H}}_s\boldsymbol{\beta}_j\boldsymbol{H}_s$ 替代，于是，式（2.63）、式（2.64）可写成：

$$A_{\boldsymbol{H}}=\sum_{j=1}^{t}\left[\sum_{s=1}^{m}n_j f_{0_j}(\boldsymbol{H})\exp\left(-\bar{\boldsymbol{H}}_s\boldsymbol{\beta}_j\boldsymbol{H}_s\right)\cos 2\pi\left(\bar{\boldsymbol{H}}_s\boldsymbol{X}_j+\bar{\boldsymbol{H}}\boldsymbol{T}_s\right)\right]=\sum_{j=1}^{t}\sum_{s=1}^{m}u_{js} \tag{2.65}$$

$$B_{\boldsymbol{H}}=\sum_{j=1}^{t}\left[\sum_{s=1}^{m}n_j f_{0j}(\boldsymbol{H})\exp\left(-\bar{\boldsymbol{H}}_s\boldsymbol{\beta}_j\boldsymbol{H}_s\right)\sin 2\pi\left(\bar{\boldsymbol{H}}_s\boldsymbol{X}_j+\bar{\boldsymbol{H}}\boldsymbol{T}_s\right)\right]=\sum_{j=1}^{t}\sum_{s=1}^{m}v_{js} \tag{2.66}$$

对于每个 j，u_{js} 的和 v_{js} 最大数目是 24。如果空间群为有心空间群，s 可以仅包含没有中心反演过的对称操作，因此，$A_{\boldsymbol{H}}$ 需要乘上 2，$B_{\boldsymbol{H}}$ 设置为 0。对于包含中心的空间群（非 P 格子），s 仅包括原胞中的对称操作，这样 $A_{\boldsymbol{H}}$ 和 $B_{\boldsymbol{H}}$ 需要乘上相应格子的格点数。所有元素的散射因子 f_{0j} 可通过查表获得。在实际分辨率 $\sin\theta/\lambda$ 处的 f_{0j} 可通过插值计算获得。

2.3.8　电子密度函数的计算

电子密度可通过下式计算：

$$\rho(x,y,z)=\frac{2}{V}\sum_{h=0}^{+\infty}\sum_{k=-\infty}^{+\infty}{}'\sum_{l=-\infty}^{+\infty}{}'(A_H\cos 2\pi\overline{\boldsymbol{H}}\boldsymbol{X}+B_H\sin 2\pi\overline{\boldsymbol{H}}\boldsymbol{X}) \tag{2.67}$$

求和符号上的一撇表示只需要计算一半的衍射点。

这个计算可以通过常规操作进行，从独立 F_{hkl} 列表开始，生成对称等效 hkl 点，并对每一个 $\boldsymbol{X}$ 求和。晶体对称性可以被用来简化求和项，使得式（2.67）只需在一些独立的 F_{hkl} 上求和，如对于 $Pmmm$ 空间群，有：$F_{hkl}=F_{h\bar{k}\bar{l}}=F_{\bar{h}k\bar{l}}=F_{\bar{h}\bar{k}l}$，这样式（2.67）的右侧可简化成：$\frac{8}{V}\sum F_{hkl}\cos 2\pi hx\cos 2\pi ky\cos 2\pi lz(h,k,l\geqslant 0)$。

一种很有效的简化计算方法是使用 Beevers-Lipson 因式分解方法，因为：

$$\begin{aligned}\cos 2\pi\overline{\boldsymbol{H}}\boldsymbol{X}&=\cos 2\pi hx\cos 2\pi ky\cos 2\pi lz-\sin 2\pi hx\sin 2\pi ky\cos 2\pi lz\\&\quad-\sin 2\pi hx\cos 2\pi ky\sin 2\pi lz-\cos 2\pi hx\sin 2\pi ky\sin 2\pi lz\\&=ccc-ssc-scs-css\end{aligned} \tag{2.68}$$

$$\sin 2\pi\overline{\boldsymbol{H}}\boldsymbol{X}=scc+csc+ccs-sss$$

于是，式（2.67）的右侧可以写成：

$$\frac{2}{V}\sum_{h=0}^{\infty}\sum_{k=-\infty}^{+\infty}{}'\sum_{l=-\infty}^{+\infty}{}'A_{hkl}(ccc-ssc-scs-css)+B_{hkl}(scc+csc+ccs-sss) \tag{2.69}$$

假定：

$$\begin{aligned}S_1(hkz)&=\sum_{l=-\infty}^{+\infty}{}'\left(A_{hkl}\cos 2\pi lz+B_{hkl}\sin 2\pi lz\right)\\S_2(hkz)&=\sum_{l=-\infty}^{+\infty}{}'\left(-A_{hkl}\sin 2\pi lz+B_{hkl}\cos 2\pi lz\right)\\S_3(hkz)&=\sum_{l=-\infty}^{+\infty}{}'\left(-A_{hkl}\sin 2\pi lz+B_{hkl}\cos 2\pi lz\right)\\S_4(hkz)&=\sum_{l=-\infty}^{+\infty}{}'\left(-A_{hkl}\cos 2\pi lz+B_{hkl}\sin 2\pi lz\right)\end{aligned} \tag{2.70}$$

则电子密度可以写成：

$$\begin{aligned}\rho(x,y,z)=\frac{2}{V}\times\sum_{h=0}^{+\infty}\sum_{k=-\infty}^{+\infty}{}'\{&\cos 2\pi hx\cos 2\pi kyS_1(hkz)+\cos 2\pi hx\sin 2\pi kyS_2(hkz)\\&+\sin 2\pi hx\cos 2\pi kyS_3(hkz)+\sin 2\pi hx\sin 2\pi kyS_4(hkz)\}\end{aligned} \tag{2.71}$$

注意 S_i 项其实就是固定 h 和 k 的一维傅里叶变换：

$$S(hkz)=\sum_{l}F_{hkl}\exp(-2\pi ilz) \tag{2.72}$$

式（2.71）可进一步按下式分解：

$$T_1(hyz)=\sum_{k=-\infty}^{+\infty}{}'\cos 2\pi ky S_1(hkz)+\sin 2\pi ky S_2(hkz)$$
$$T_2(hyz)=\sum_{k=-\infty}^{+\infty}{}'\cos 2\pi ky S_3(hkz)+\sin 2\pi ky S_4(hkz) \tag{2.73}$$

注意 T_i 为固定 h 和 k 的一维傅里叶变换：

$$T(hyz)=\sum_h S(hkz)\exp(-2\pi iky) \tag{2.74}$$

于是，$\rho(x,y,z)=\frac{2}{V}\sum_{h=0}^{\infty}\left[\cos 2\pi hxT_1(hkz)+\sin 2\pi hxT_2(hyz)\right]$，即固定 y 和 z 的一维傅里叶变换：

$$R(xyz)=\sum_h T(hyz)\exp(-2\pi ihx) \tag{2.75}$$

在此基础上，使用快速傅里叶变换算法[3]，进一步减少计算量。

2.4　最小二乘算法

2.4.1　线性最小二乘

在自然科学中，经常碰到这样的问题，即给定一组实验观测值 $\{f_i\}$ 和一个带参数的理论模型，需找出最佳的参数，使模型的计算值 f 能最好地符合实验值，并估算它们的精度以及模型描述实验值的充分程度。有多种方法可解决这个问题，其中最小二乘法是晶体学中使用最广的。

假定一个由 n 个实验观测值组成的数据集：$\overline{\boldsymbol{F}}\equiv(f_1,f_2,\cdots,f_n)$，由于实验过程的准确性限制，每个 f_i 都具有一定的随机误差 e_i。f_i 线性依赖于一组含有 m ($m\leqslant n$) 个参数的参数集：$\overline{\boldsymbol{X}}\equiv(x_1,x_2,\cdots,x_m)$，$\overline{\boldsymbol{X}}$ 表示 $\boldsymbol{X}$ 的转置。这样观测值方程可写成：

$$\boldsymbol{F}=\boldsymbol{AX}+\boldsymbol{E} \tag{2.76}$$

假定 $\boldsymbol{A}=\{a_{ij}\}$ 是 $n\times m$ 的设计矩阵（n 行，m 列），其秩为 m，并且误差为 $\overline{\boldsymbol{E}}\equiv(e_1,e_2,\cdots,e_n)$。$n>m$ 的条件说明了参数是可以唯一确定的。我们的问题是获得参数 $\boldsymbol{X}$ 最好的估计 $\hat{\boldsymbol{X}}$ 和方差估计。

假定误差 e_i 的期望值为 0，且拥有有限的二阶矩，即：

$$\langle\boldsymbol{F}\rangle\equiv\boldsymbol{F}^0=\boldsymbol{AX} \tag{2.77}$$

$$\boldsymbol{M}_f=\begin{pmatrix}\operatorname{var}(f_1) & \operatorname{cov}(f_1,f_2) & \cdots & \operatorname{cov}(f_1,f_n)\\ \cdots & \cdots & \cdots & \cdots\\ \operatorname{cov}(f_n,f_1) & \operatorname{cov}(f_n,f_2) & \cdots & \operatorname{var}(f_n)\end{pmatrix} \tag{2.78}$$

其中 $\boldsymbol{M}_f = \langle(\boldsymbol{F}-\boldsymbol{F}^0)(\overline{\boldsymbol{F}-\boldsymbol{F}^0})\rangle$ 是秩为 n 的方差-协方差矩阵，并且：

$$\mathrm{var}(f_i)=\sigma_i^2=\langle e_i^2\rangle,\quad \mathrm{cov}(f_i,f_j)=\sigma_i\sigma_j\rho_{ij}=\langle e_ie_j\rangle \tag{2.79}$$

其中 ρ_{ij} 是关联系数。

高斯指出，对于 $\boldsymbol{M}_f=\boldsymbol{I}$（非关联误差，等方差）的情况，在所有可能的 $\boldsymbol{X}$ 中，$\boldsymbol{X}$ 最好的估计 $\hat{\boldsymbol{X}}$ 可使下式最小：

$$S=\sum_{i=1}^{n}v_i^2=\overline{\boldsymbol{V}}\boldsymbol{V}=\text{最小值} \tag{2.80}$$

其中 $\overline{\boldsymbol{V}}\equiv(v_1,v_2,\cdots,v_n)$ 为

$$\boldsymbol{V}=\boldsymbol{F}-\boldsymbol{AX} \tag{2.81}$$

当 $\boldsymbol{M}_f$ 为对角阵时，其对角元素为 σ_i^2，当 $i\neq j$ 时，$\rho_{ij}=0$，最合适的 $\hat{\boldsymbol{X}}$ 可使下式最小：

$$S=\sum_{i=1}^{n}w_iv_i^2=\sum_{i=1}^{n}w_i(f_i-f_i^0)^2=\overline{\boldsymbol{V}}\boldsymbol{WV}=\overline{\boldsymbol{V}}\boldsymbol{M}_f^{-1}\boldsymbol{V}=\text{最小值} \tag{2.82}$$

其中 $w_i=1/\sigma_i^2$。

当 $\boldsymbol{M}_f$ 不是对角阵时：

$$S=\sum_{i,j=1}^{n}w_{ij}v_iv_j=\sum_{i,j=1}^{n}w_{ij}\left(f_i-f_i^0\right)\left(f_j-f_j^0\right)=\overline{\boldsymbol{V}}\boldsymbol{WV}=\overline{\boldsymbol{V}}\boldsymbol{M}_f^{-1}\boldsymbol{V}=\text{最小值} \tag{2.83}$$

在大多数应用中，$\boldsymbol{M}_f$ 都被当成是对角阵。

式（2.82）和式（2.83）显示对于一个一般化的方差-协方差矩阵，最合适的 $\hat{\boldsymbol{X}}$ 可使下式最小：

$$S=\overline{\boldsymbol{V}}\boldsymbol{M}_f^{-1}\boldsymbol{V}=\text{最小值} \tag{2.84}$$

将式（2.81）代入上式，并通过微分为 0，可导出正规方程：

$$\boldsymbol{B}\hat{\boldsymbol{X}}=\boldsymbol{D} \tag{2.85}$$

其中：

$$\boldsymbol{B}=\overline{\boldsymbol{A}}\boldsymbol{M}_f^{-1}\boldsymbol{A},\quad \boldsymbol{D}=\overline{\boldsymbol{A}}\boldsymbol{M}_f^{-1}\boldsymbol{F} \tag{2.86}$$

$\boldsymbol{B}$ 为 $m\times m$ 的对称方阵 $(b_{ij}=b_{ji})$，根据式（2.85），$\boldsymbol{X}$ 的最小二乘估计 $\hat{\boldsymbol{X}}$ 可由下式获得：

$$\hat{\boldsymbol{X}}=\boldsymbol{B}^{-1}\boldsymbol{D} \tag{2.87}$$

由式（2.87）可知，$\hat{\boldsymbol{X}}$ 与协方差矩阵 $\boldsymbol{M}_f$ 的标度无关，这比较容易得到，假定 $\boldsymbol{M}_f=K_v\boldsymbol{N}_f$，其中 $\boldsymbol{N}_f$ 已知但 K_v 未知，将 $\boldsymbol{M}_f=K_v\boldsymbol{N}_f$ 代入式（2.87），即可消掉 K_v。

无偏估计 $\hat{\boldsymbol{X}}$ 的方差-协方差矩阵 $\boldsymbol{M}_x$ 可写成：

$$\boldsymbol{M}_x = \langle(\hat{\boldsymbol{X}} - \boldsymbol{X})\overline{(\hat{\boldsymbol{X}} - \boldsymbol{X})}\rangle = \boldsymbol{B}^{-1} \tag{2.88}$$

式（2.88）的推导过程如下：

根据方程（2.87），方程（2.88）可以写成：

$$\boldsymbol{M}_x = \left\langle\left(\boldsymbol{B}^{-1}\boldsymbol{A}\boldsymbol{M}_f^{-1}\boldsymbol{F} - \boldsymbol{A}^{-1}\boldsymbol{F}^0\right)\left(\overline{\boldsymbol{B}^{-1}\overline{\boldsymbol{A}}\boldsymbol{M}_f^{-1}\boldsymbol{F} - \boldsymbol{A}^{-1}\boldsymbol{F}^0}\right)\right\rangle \tag{2.89}$$

根据方程（2.86）$\boldsymbol{A}^{-1} = \boldsymbol{B}^{-1}\overline{\boldsymbol{A}}\boldsymbol{M}_f^{-1}$，方程（2.89）可以写成：

$$\boldsymbol{M}_x = \boldsymbol{B}^{-1}\overline{\boldsymbol{A}}\boldsymbol{M}_f^{-1}\left\langle\left(\boldsymbol{F} - \boldsymbol{F}^0\right)\left(\overline{\boldsymbol{F} - \boldsymbol{F}^0}\right)\right\rangle\boldsymbol{M}_f^{-1}\boldsymbol{A}\boldsymbol{B}^{-1} = \boldsymbol{B}^{-1}\overline{\boldsymbol{A}}\boldsymbol{M}_f^{-1}\boldsymbol{M}_f\boldsymbol{M}_f^{-1}\boldsymbol{A}\boldsymbol{B}^{-1} = \boldsymbol{B}^{-1} \tag{2.90}$$

假定 $\boldsymbol{M}_f$ 含有标度因子 K_v，即 $\boldsymbol{M}_f = K_v\boldsymbol{N}_f$，那么：

$$\boldsymbol{M}_x = \left(\overline{\boldsymbol{A}}\boldsymbol{M}_f^{-1}\boldsymbol{A}\right)^{-1} = \left(\frac{\overline{\boldsymbol{A}}\boldsymbol{N}_f^{-1}\boldsymbol{A}}{K_v}\right)^{-1} = K_v\boldsymbol{B}_v^{-1} \tag{2.91}$$

$\boldsymbol{B}_v$ 是通过 $\boldsymbol{N}_f$ 得到的工作矩阵。根据式（2.91），只有当 K_v 已知时，$\boldsymbol{M}_x$ 才能完全被确定。通过最小二乘处理，K_v 和 $\boldsymbol{M}_x$ 的无偏估计分别为

$$\hat{K}_v = \frac{\overline{\boldsymbol{V}}\boldsymbol{N}_f^{-1}\boldsymbol{V}}{n - m} = \frac{\hat{S}}{\langle\hat{S}\rangle} \tag{2.92}$$

$$\hat{\boldsymbol{M}}_x = \hat{K}_v\boldsymbol{B}_v^{-1} \tag{2.93}$$

$\hat{K}_v$ 通常称为拟合优度（goodness of fit）。

2.4.2 带有限制条件的线性最小二乘

假定参数 x_i 不是独立的，且需要满足线性方程：

$$\boldsymbol{Q}\boldsymbol{X} = \boldsymbol{Z} \tag{2.94}$$

其中 $\boldsymbol{Q}$ 是秩为 b 的 $b\times m$ 的矩阵，$\boldsymbol{Z}$ 为有 b 个分量的列向量。在这种情况下，$\boldsymbol{X}$ 的无偏估计可通过考虑变分函数：

$$S_c = \overline{\boldsymbol{V}}\boldsymbol{M}_f^{-1}\boldsymbol{V} - 2\overline{\lambda}(\boldsymbol{O}\boldsymbol{X} - \boldsymbol{Z}) \tag{2.95}$$

其中拉格朗日乘子 λ 为含有 b 个分量的列向量，对上式进行微分，并使其为 0，可获得

$$2\overline{\boldsymbol{V}}\boldsymbol{M}_f^{-1}\delta\boldsymbol{V} - 2\overline{\lambda}(\boldsymbol{O}\boldsymbol{X} - \boldsymbol{Z}) = 2(\overline{\boldsymbol{F} - \boldsymbol{A}\boldsymbol{X}})\boldsymbol{M}_f^{-1}\delta\boldsymbol{V} - 2\overline{\lambda}\boldsymbol{Q}\delta\boldsymbol{X} = 0 \tag{2.96}$$

由于 $\delta\boldsymbol{V} = -\boldsymbol{A}\delta\boldsymbol{X}$，有

$$\overline{\boldsymbol{F}}\boldsymbol{M}_f^{-1}\boldsymbol{A} - \overline{\boldsymbol{X}}\overline{\boldsymbol{A}}\boldsymbol{M}_f^{-1}\boldsymbol{A} + \overline{\lambda}\boldsymbol{Q} = 0 \tag{2.97}$$

定义 $\overline{X}$ 的解为 X_c，上式可改写成：

$$\overline{\lambda} Q = \overline{X}_c B - \overline{F} M_f^{-1} A \tag{2.98}$$

根据式（2.87），有

$$\overline{\lambda} Q = (\overline{X_c - \hat{X}}) B \tag{2.99}$$

将上式两边右乘 $B^{-1}\overline{Q}$，根据式（2.94），可获得 λ：

$$\overline{\lambda} = (\overline{Z - Q\hat{X}})(OB^{-1}\overline{Q})^{-1} \tag{2.100}$$

在式（2.99）中消掉 λ，可获得 X_c：

$$X_c = \hat{X} + B^{-1}\overline{Q}(QB^{-1}\overline{Q})^{-1}(Z - Q\hat{X}) \tag{2.101}$$

B^{-1} 为 X 的方差-协方差矩阵，X_c 的方差-协方差矩阵为

$$M_x = B^{-1} - B^{-1}\overline{Q}(QB^{-1}\overline{Q})^{-1} QB^{-1} \tag{2.102}$$

加权偏差 S_c 的期望值为

$$\langle \hat{S}_c \rangle = \langle \overline{V} N^{-1} V \rangle / K_v = (n - m + b) / K_v \tag{2.103}$$

这要比无限制条件的残差期望值 $\langle \hat{S} \rangle$ 要大：

$$\langle \hat{S} \rangle = \langle \overline{V} N^{-1} V \rangle = (n - m) / K_v \tag{2.104}$$

2.4.3　非线性非限制最小二乘

假定观测值 $\overline{F} \equiv (f_1, \cdots, f_n)$ 并不是线性依赖于 X 参数，此时残差 S 可能有多个局域极小值，式（2.82）和式（2.83）并不能总是很好地估计 X，除非 X 有一个很好的近似值 $\overline{X}^0 \equiv (x_1^0, x_2^0, \cdots, x_n^0)$。为达到这个目的，将每个 f_j 围绕 X^0 进行泰勒展开：

$$f_i(X) \cong f_i\left(X^0\right) + \sum_{j=1}^{m}\left(\frac{\delta f_i}{\delta x_j}\right)^0 \delta x_j + \frac{1}{2}\sum_{j,p=1}^{m}\left(\frac{\delta^2 f_i}{\delta x_j \delta x_p}\right)^0 \delta x_j \delta x_p + \cdots \tag{2.105}$$

如果 X 足够接近 X^0，则可忽略二阶和高阶微分，则：

$$\Delta f_i \approx \sum_{j=1}^{m}\left(\frac{\delta f_i}{\delta x_j}\right)^0 \Delta x_j + e_i \tag{2.106}$$

其中偏导是在 X^0 的附近进行计算，并且有：$\Delta f_i = f_i(X) - f_i(X^0)$， $\Delta x_j = x_j - x_j^0$。

写成矩阵形式：

$$\Delta F = A \Delta X + E \tag{2.107}$$

其中 $A = \{a_{ij}\} = \{\delta f_i / \delta x_j\}$ 为设计矩阵。

如果泰勒展开是有效的，则非线性问题就可转化成线性问题，按线性问题的最小二乘方法可获得 ΔX 的估计 $\Delta\hat{X}$，进一步可求出 $X = X^0 + \Delta\hat{X}$。如果 X^0 是一

个好的初始模型，则 $\boldsymbol{M}_f$ 也可被认为是 $\Delta\boldsymbol{F}$ 的方差-协方差矩阵。

由于式（2.107）中的二阶和高阶微分项被忽略了，$\Delta\hat{\boldsymbol{X}}$ 将不是 $\Delta\boldsymbol{X}$ 的一个无偏估计。因此对于非线性问题，需要使用到迭代算法，$\boldsymbol{X}=\boldsymbol{X}^0+\Delta\hat{\boldsymbol{X}}$ 作为下一步迭代的新的起始模型，在每步计算中，都要重新计算导数和设计矩阵。通常迭代过程需要进行到 $\Delta\hat{\boldsymbol{X}}$ 变得非常小或接近 0，才表示最小二乘过程已经收敛并且参数精修过程已经结束。

2.5　单晶结构精修

通过单晶或粉末衍射实验可获得大量的结构因子的模 $|F_{\boldsymbol{H}}|_o$，在晶体结构的最小二乘精修过程中，通过精修模型参数，使从晶体结构模型计算得到的结构因子的模 $|F_{\boldsymbol{H}}|_c$ 与 $|F_{\boldsymbol{H}}|_o$ 之间的偏差最小。

给每个 $|F_{\boldsymbol{H}}|_o$ 附加一个权重 $w_{\boldsymbol{H}}$，根据式（2.82）和式（2.83），需要最小化的量为

$$S=\sum_{\boldsymbol{H}}w_{\boldsymbol{H}}\left(\left|F_{\boldsymbol{H}}\right|_o-\left|F_{\boldsymbol{H}}\right|_c\right)^2 \tag{2.108}$$

根据前面的讨论，假定预先已经获得了比较好的 $\boldsymbol{X}^0$，将 $\left|F_{\boldsymbol{H}}\right|_c$ 进行泰勒展开，有

$$S=\sum_{\boldsymbol{H}}w_{\boldsymbol{H}}\left(\Delta F_{\boldsymbol{H}}-\sum_k\frac{\delta\left|F_{\boldsymbol{H}}\right|_c}{\delta x_k}\Delta x_k\right)^2 \tag{2.109}$$

根据式（2.83），将上式写成矩阵形式：

$$S=\overline{(\Delta\boldsymbol{F}-\boldsymbol{A}\Delta\boldsymbol{X})}\boldsymbol{W}(\Delta\boldsymbol{F}-\boldsymbol{A}\Delta\boldsymbol{X})=\overline{\boldsymbol{V}}\boldsymbol{W}\boldsymbol{V}=\overline{\boldsymbol{V}}\boldsymbol{M}_f^{-1}\boldsymbol{V} \tag{2.110}$$

其中：

$$\boldsymbol{A}=\left\{a_{ik}\right\}=\left\{\frac{\delta\,|F_{H_i}|_c}{\delta x_k}\right\},\quad \Delta\boldsymbol{F}=\left\{\Delta F_{\boldsymbol{H}_i}\right\}=\left\{|F_{\boldsymbol{H}_i}|_o-|F_{\boldsymbol{H}_i}|_c\right\}$$

第 i 个结构因子的模 $\left|F_{\boldsymbol{H}_i}\right|_c$ 是在 $\boldsymbol{X}^0$ 处计算获得，它的导数也是在 $\boldsymbol{X}^0$ 计算。通过将 S 对 $\Delta\boldsymbol{X}$ 的导数置为 0，可获得正规方程：

$$\sum_{\boldsymbol{H}}w_{\boldsymbol{H}}\left(\Delta F_{\boldsymbol{H}}-\sum_k\frac{\delta\left|F_{\boldsymbol{H}}\right|_c}{\delta x_k}\Delta x_k\right)\frac{\delta\left|F_{\boldsymbol{H}}\right|_c}{\delta x_j}=0,\ \text{其中}\ j=1,\cdots,m \tag{2.111}$$

写成矩阵形式：

$$\boldsymbol{B}\,\Delta\hat{\boldsymbol{X}}=\boldsymbol{D} \tag{2.112}$$

更加具体地：

$$\begin{pmatrix} b_{11} & b_{12} & \cdots & b_{1m} \\ b_{21} & b_{22} & \cdots & b_{2m} \\ \cdots & \cdots & \cdots & \cdots \\ b_{m1} & b_{m2} & \cdots & b_{mm} \end{pmatrix} \begin{pmatrix} \Delta x_1 \\ \Delta x_2 \\ \cdots \\ \Delta x_m \end{pmatrix} = \begin{pmatrix} d_1 \\ d_2 \\ \cdots \\ d_m \end{pmatrix} \tag{2.113}$$

其中：

$$\boldsymbol{B} = \overline{\boldsymbol{A}}\boldsymbol{M}_f^{-1}\boldsymbol{A} = \boldsymbol{M}_f^{-1}\overline{\boldsymbol{A}}\boldsymbol{A} = \left\{b_{jk}\right\} = \sum_{\boldsymbol{H}} w_{\boldsymbol{H}} \left\{\frac{\delta\left|F_{\boldsymbol{H}}\right|_c}{\delta x_j}\frac{\delta\left|F_{\boldsymbol{H}}\right|_c}{\delta x_k}\right\} \tag{2.114}$$

$$\boldsymbol{D} = \overline{\boldsymbol{A}}\boldsymbol{M}_f^{-1}\Delta\boldsymbol{F} = \boldsymbol{M}_f^{-1}\overline{\boldsymbol{A}}\Delta\boldsymbol{F} = \left\{d_j\right\} = \left\{\sum_{\boldsymbol{H}} w_{\boldsymbol{H}}\left[\left|F_{\boldsymbol{H}}\right|_o - \left|F_{\boldsymbol{H}}\right|_c\right]\frac{\delta\left|F_{\boldsymbol{H}}\right|_c}{\delta x_j}\right\} \tag{2.115}$$

于是解为

$$\Delta\hat{\boldsymbol{X}} = \boldsymbol{B}^{-1}\boldsymbol{D} \tag{2.116}$$

晶体结构精修中经常需要精修的参数包括：总体标度因子，非心结构的 flack 因子，每个原子的坐标和温度因子（各向同性为 1 个，各向异性为 6 个），无序结构的原子占据数。假如 x_{ji} 是第 j 个原子的第 i 个参数，有

$$\begin{aligned} \frac{\delta\left|F_{\boldsymbol{H}}\right|_c}{\delta x_{ji}} &= \frac{\delta}{\delta x_{ji}}\left[A_{\boldsymbol{H}}^2 + B_{\boldsymbol{H}}^2\right]^{1/2} = \frac{1}{2\left|F_{\boldsymbol{H}}\right|_c}\left[2A_{\boldsymbol{H}}\frac{\delta A_{\boldsymbol{H}}}{\delta x_{ji}} + 2B_{\boldsymbol{H}}\frac{\delta B_{\boldsymbol{H}}}{\delta x_{ji}}\right] \\ &= \cos\varphi\frac{\delta A_{\boldsymbol{H}}}{\delta x_{ji}} + \sin\varphi\frac{\delta B_{\boldsymbol{H}}}{\delta x_{ji}} \\ &= \cos\varphi\frac{\delta A_j}{\delta x_{ji}} + \sin\varphi\frac{\delta B_j}{\delta x_{ji}} \end{aligned} \tag{2.117}$$

其中 A_j 和 B_j 是第 j 个原子分别对 $A_{\boldsymbol{H}}$ 和 $B_{\boldsymbol{H}}$ 的贡献。

假定已知的是 $\boldsymbol{N}_f$，而不是 $\boldsymbol{M}_f(=K_v\boldsymbol{N}_f)$，则 $\Delta\hat{\boldsymbol{X}}$ 将与标度因子 K_v 无关，但 $\boldsymbol{M}_x$ 却强烈依赖于 K_v，根据（2.93），有

$$\hat{\boldsymbol{M}}_x = \hat{K}_v\boldsymbol{B}_v^{-1} = \frac{\hat{S}}{\langle\hat{S}\rangle}\boldsymbol{B}_v^{-1} = \frac{\sum_{\boldsymbol{H}} w_{\boldsymbol{H}}\left(\Delta F_{\boldsymbol{H}}\right)^2}{n-m}\boldsymbol{B}_v^{-1}$$

其中，$\boldsymbol{B}_v = \overline{\boldsymbol{A}}\boldsymbol{N}_f^{-1}\boldsymbol{A}$。从这个式子可计算出参数的方差和协方差。特别是，方差 σ_{ii} 可由下式获得

$$\sigma_{ii} = \left(b_{ii}\right)^{-1}\frac{\sum_{\boldsymbol{H}} w_{\boldsymbol{H}}\left(\Delta F_{\boldsymbol{H}}\right)^2}{n-m}$$

其中 $(b_{ii})^{-1}$ 为 $\boldsymbol{B}_v^{-1}$ 的第 i 个对角矩阵元。从上式可看出，增加观测值的个数可减小

参数的方差和标准差 $\sqrt{\sigma_{ii}}$ 。参数的标准差对监控精修过程非常有用，如果它们足够小，并且参数变化值与标准偏差的比值足够小（小于 0.2～0.3），则精修过程可视为已经完成。参数间的关联系数为

$$\rho_{ij} = b_{ij} / \left(b_{ii}b_{jj}\right)^{1/2} \tag{2.118}$$

ρ_{ij} 可在 0 到 ±1 之间变化，通常 $\rho_{ij} \leqslant 0.2 \sim 0.3$ 。 $\rho_{ij} = \pm 1$ 表示两个参数完全相关，实际精修过程中需要消除其中的一个参数。

2.6 粉末结构里特沃尔德（Rietveld）精修

粉末衍射谱可通过步扫描模式获得，即衍射强度在一个固定的时间段内收集，衍射角在强度收集完成后转到下一个角度。然后对衍射谱进行指标化，即给每个观测到的衍射峰关联一些合适的 Miller 指数，这样就可以计算出单胞参数。实验中衍射角存在不可避免的误差，而且不同衍射点的峰经常会重叠在一起，导致粉末衍射谱的指标化是一项非常困难的工作，特别是对于单胞体积比较大和低对称性的情况。

假定我们可以获得一个比较粗糙的结构模型，则观测到的第 i 步的强度 y_{io} 可以与从模型获得的计算值 y_{ic} 相比较。Rietveld 指出，结构模型可通过最小二乘精修过程获得，即最小化如下残差：

$$S = \sum w_i \left|y_{io} - y_{ic}\right|^2 \tag{2.119}$$

其中 w_i 为权重：

$$\left(w_i\right)^{-1} = \sigma_i^2 = \sigma_{ip}^2 + \bar{\sigma}_{ib}^2$$

σ_{ip} 和 σ_{ib} 分别为与强度峰和背景强度对应的标准偏差。 y_{ic} 为相邻 Bragg 衍射与背景衍射贡献的叠加，即：

$$y_{ic} = s\sum_k m_k L_k \left|F_k\right|^2 G\left(\Delta\theta_{ik}\right) + y_{ib} \tag{2.120}$$

其中 s 是标度因子，L_k 是第 k 个衍射点的洛伦兹偏正因子，F_k 为结构因子，m_k 是多重度，$\Delta\theta_{ik} = 2\theta_i - 2\theta_k$ ，其中 $2\theta_k$ 为探测器零点矫正后的衍射角，$G(\Delta\theta_{ik})$ 为峰形函数。

需要通过精修确定的参数包括单胞参数，原子位置和温度因子，以及峰形参数和背景参数。为 $G(\Delta\theta_{ik})$ 确定一个准确的模型在单个 Bragg 峰分析以及 Rietveld 精修中都是一项非常基本的工作。影响峰形的参数有许多，如射线源的波长分布以及探测器系统等。有多种峰形参数可供选择，如：

$$\frac{C_0^{1/2}}{\sqrt{\pi}H_k}\exp\left(-C_0X_{ik}^2\right) \qquad \text{(高斯型)}$$
$$\frac{C_1^{1/2}}{\pi H_k}\left(1+C_1X_{ik}^2\right)^{-1} \qquad \text{(洛伦兹型)}$$
$$\frac{2C_2^{1/2}}{\pi H_k}\left(1+C_2X_{ik}^2\right)^{-2} \qquad \text{(洛伦兹变型1)}$$
$$\frac{C_3^{1/2}}{2H_k}\left(1+C_3X_{ik}^2\right)^{-1.5} \qquad \text{(洛伦兹变型2)}$$
$$\frac{\eta C_1^{1/2}}{\pi H_k}\left(1+C_1X_{ik}^2\right)^{-1}+(1-\eta)\frac{C_0^{1/2}}{\pi^{1/2}H_k}\exp\left(-C_0X_{ik}^2\right),\quad 0\leqslant\eta\leqslant 1 \qquad \text{(赝-Voigt型)}$$
$$\frac{\Gamma(\beta)}{\Gamma(\beta-0.5)}\frac{C_4}{\pi}\frac{2}{H_k}\left(1+4C_4X_{ik}^2\right)^{-\beta} \qquad \text{(皮尔森-VII型)}$$
（2.121）

其中 $C_0=4\ln 2$，$C_1=4$，$C_2=4(\sqrt{2}-1)$，$C_3=4(2^{2/3}-1)$，$C_4=2^{1/\beta}-1$，$X_{ik}=\Delta\theta_{ik}/H_k$。$H_k$ 是第 k 个 Bragg 峰的半高宽（full width at half maximum, FWHM），Γ 是 gamma 函数。

很容易看出赝-Voigt 型函数中混合参数 η 控制了峰形中洛伦兹函数的百分数。当 $\beta=1, 2, \infty$ 时，皮尔森-VII 型函数分别是洛伦兹、洛伦兹变型以及高斯函数。FWHM 值与散射角有关，对于高斯函数：

$$(\mathrm{FWHM})_{\mathrm{G}}=\left(U\tan^2\theta+V\tan\theta-W\right)^{1/2} \tag{2.122}$$

对于洛伦兹函数：

$$(\mathrm{FWHM})_{\mathrm{L}}=X\tan\theta+Y/\cos\theta \tag{2.123}$$

其中，U, V, W 和 X, Y 是需要在精修中确定的峰形参数。

对于背景的精修，没有一个特别的方法，通常可以直接扣掉。产生背景的因素有多种，如不完全的遮挡、漫散射、非相干散射以及探测器系统的电子噪声。背景随衍射角的变化可以通过精修幂级数的系数来获得

$$y_{ib}=\sum_n b_n\left(2\theta_i\right)^n \tag{2.124}$$

其中 b_n 是精修参数。

所有上述参数通过式（2.119）参与 Rietveld 精修过程。观测值与模型计算值的吻合程度通常采用如下指标来衡量。

（1）峰形因子：$R_p=\sum\left|y_{io}-y_{ic}\right|/\left(\sum y_{io}\right)$；

（2）加权峰形因子：$R_{wp}=\left[\Sigma w_i\left(y_{io}-y_{ic}\right)^2/\Sigma w_i y_{io}^2\right]^{1/2}$；

（3）Bragg 因子：$R_{\mathrm{B}}=\sum|I_{ko}-I_{kc}|/\sum I_{ko}$，$I_{ko}$ 可通过将 Bragg 峰强度按照各个峰成分强度计算值 I_{kc} 进行分解；

（4）期望的峰形因子：$R_{\mathrm{E}}=\left[(N-P)/\left(\Sigma w_i y_{io}^2\right)\right]^{1/2}$，其中 N 和 P 分别为峰形数据点与精修参数的个数；

（5）拟合优度：$\mathrm{GofF}=\sum w_i\left(y_{io}-y_{ic}\right)^2/(N-P)=\left(R_{wp}/R_{\mathrm{E}}\right)^2$，这个值应该接近理想值 1。

精修过程中最有意义的指标为 R_{wp} 和 GofF，因为它们的分子中刚好就是精修需要最小化的量。带限制条件的 Rietveld 精修方法对于复杂结构的精修特别有用。

2.7　X 射线衍射方法

2.7.1　汤姆孙（Thomson）散射

晶体结构分析基于物质与 X 射线、电子或中子的衍射现象。X 射线与物质相互作用包含光子被散射和吸收两个过程。X 射线光子被物质中的电子散射后，其能量（波长）不发生改变的散射称为汤姆孙散射（Thomson scattering），发生改变（散射后 X 射线光子能量有损失，波长变长）的散射称为康普顿散射（Compton scattering）。部分 X 射线被靶材物质吸收后，会引起靶材温度升高或产生光电效应。

汤姆孙散射过程为相干散射（散射光与入射光之间存在一个固定的相位差 π），可用于晶体结构的测定，而康普顿散射过程中散射光与入射光之间没有固定的相位关系，为非相干散射。一束光强为 I_i 的无偏振 X 射线与电荷为 e，质量为 m 的自由电子发生汤姆孙散射，离散射中心距离为 r 处的散射光的光强为

$$I_{\mathrm{eTh}}=I_i\frac{e^4}{m^2r^2c^4}\frac{1+\cos^2 2\theta}{2} \tag{2.125}$$

其中，c 为光速，2θ 为 X 射线入射方向与散射方向的夹角，$P=(1+\cos^2 2\theta)/2$ 称为偏振因子（polarization factor）。

2.7.2　衍射原理

如图 2-5，O 和 O' 为两个散射中心，如果 X 射线平面波照射到它们，它们

将成为散射源，产生可以相互干涉的球面波。假定 X 射线束沿传播方向的单位矢量为 $\boldsymbol{S}_0$，则散射单位矢量为 $\boldsymbol{S}$ 时 O 和 O' 的相位差为

$$\delta = \frac{2\pi}{\lambda}(\boldsymbol{S} - \boldsymbol{S}_0) \cdot \boldsymbol{r} = 2\pi \boldsymbol{r}^* \cdot \boldsymbol{r} \tag{2.126}$$

其中：

$$\boldsymbol{r}^* = \lambda^{-1}(\boldsymbol{S} - \boldsymbol{S}_0) \tag{2.127}$$

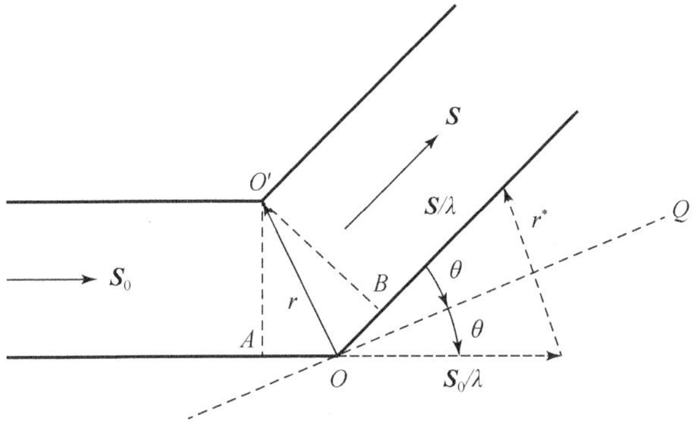

图 2-5　X 射线衍射过程示意图

O 和 O' 为两个散射中心，$\boldsymbol{S}_0$ 和 $\boldsymbol{S}$ 为单位矢量，因此 $AO = -\boldsymbol{r} \cdot \boldsymbol{S}_0$，$BO = \boldsymbol{r} \cdot \boldsymbol{S}$。

如果波长 λ 比 r 大得多，则散射波之间没有明显相位差，从而不会出现干涉现象。由于两原子键长距离通常在 1～4 Å 之间，因此使用可见光照射时将观察不到干涉效应。从图 2-5 容易看出 $\boldsymbol{r}^*$ 的模为

$$r^* = 2\sin\theta / \lambda \tag{2.128}$$

2θ 为入射 X 射线和观测方向的夹角。如果画出垂直于 $\boldsymbol{r}^*$ 且通过 O 和 O' 的平面，则干涉现象可以认为是这些平面的一种特殊反射。如果 O 点散射波的波幅定义为 A_O，假定其相位为 0，则 O' 的散射波可描述成 $A_{O'}\exp(2\pi i\boldsymbol{r}^* \cdot \boldsymbol{r})$。如果入射平面波方向上有 N 个散射中心，则总散射：

$$F(\boldsymbol{r}^*) = \sum_{j=1}^{N} A_j \exp(2\pi i\boldsymbol{r}^* \cdot \boldsymbol{r}_j) \tag{2.129}$$

其中 A_j 为第 j 个散射中心的散射波的波幅。

汤姆孙公式（2.125）在众多散射绝对值的计算过程中起到了关键作用，但如果将一个实体（比如原子）散射的强度 I 写成与一个电子汤姆孙散射强度 I_{eth} 的比值，即 $I / I_{\text{eth}} = f^2$，将更加方便，这里 f 为这个实体的散射因子（scattering factor）。反过来，也可以将 f^2 乘上 I_{eth} 获得实验观测到的强度。我们想象一种情形，在 O'

聚集了一定数目的电子，并产生汤姆孙散射，这样 $f_{O'}$ 就描述了多个电子的散射能力，根据上述约定，式（2.129）成为：

$$F(\boldsymbol{r}^*) = \sum_{j=1}^{N} f_j \exp(2\pi i \boldsymbol{r}^* \cdot \boldsymbol{r}_j) \tag{2.130}$$

如果散射中心是连续的，在 $\mathrm{d}\boldsymbol{r}$ 体积元中的电子数为 $\rho(\boldsymbol{r})\mathrm{d}\boldsymbol{r}$，其中 $\rho(\boldsymbol{r})$ 为电子密度，则 $\mathrm{d}\boldsymbol{r}$ 的散射波为 $\rho(\boldsymbol{r})\mathrm{d}\boldsymbol{r}\exp(2\pi i\boldsymbol{r}^* \cdot \boldsymbol{r})$，则总散射波幅为

$$F\left(\boldsymbol{r}^*\right) = \int_V \rho(\boldsymbol{r}) \exp\left(2\pi i \boldsymbol{r}^* \cdot \boldsymbol{r}\right) \mathrm{d}\boldsymbol{r} = \mathrm{T}[\rho(\boldsymbol{r})] \tag{2.131}$$

其中 T 表示傅里叶变换。

在晶体学中，$\boldsymbol{r}^*$ 为倒空间矢量。从方程式（2.131）可得出一个重要的结论：散射波的波幅可认为是散射中心密度的傅里叶变换。如果这些散射中心是电子，则散射幅度是电子密度的傅里叶变换。根据傅里叶变换理论：

$$\rho(\boldsymbol{r}) = \int_{V^*} F(\boldsymbol{r}^*) \exp(-2\pi i \boldsymbol{r}^* \cdot \boldsymbol{r}) \mathrm{d}\boldsymbol{r}^* = \mathrm{T}^{-1}[F(\boldsymbol{r}^*)] \tag{2.132}$$

因此散射波幅的信息明确地确定了 $\rho(\boldsymbol{r})$，这是 X 射线衍射方法可以用来测定晶体结构的根本原因。

2.7.3　电子散射因子

原子中的电子可表示为电子密度分布函数 $\rho_{\mathrm{e}}(\boldsymbol{r}) = |\psi(\boldsymbol{r})|^2$，其中 $\psi(\boldsymbol{r})$ 为满足薛定谔方程的波函数，体积元 $\mathrm{d}v$ 中含有 $\rho_{\mathrm{e}}\mathrm{d}v$ 个电子。根据傅里叶变换关系，电子散射因子为

$$f_{\mathrm{e}}(\boldsymbol{r}^*) = \int_S \rho_{\mathrm{e}}(\boldsymbol{r}) \exp(2\pi i \boldsymbol{r}^* \cdot \boldsymbol{r}) \mathrm{d}\boldsymbol{r} \tag{2.133}$$

其中 S 为电子密度非 0 的区域。假定 $\rho_{\mathrm{e}}(\boldsymbol{r})$ 具有球对称性（如 s 轨道电子的情况），则式（2.133）可写成：

$$f_{\mathrm{e}}(\boldsymbol{r}^*) = \int_0^\infty U_{\mathrm{e}}(r) \frac{\sin 2\pi r r^*}{2\pi r r^*} \mathrm{d}r \tag{2.134}$$

其中 $U_{\mathrm{e}}(r) = 4\pi r^2 \rho_{\mathrm{e}}(r)$ 为电子的径向分布，$r^* = 2\sin\theta / \lambda$。

量子力学计算表明相干散射和非相干散射同时存在，且相干散射强度 I_{coe} 和非相干散射强度 I_{incoe} 之和为汤姆孙散射强度 I_{eTh}，即 $I_{\mathrm{coe}} + I_{\mathrm{incoe}} = I_{\mathrm{eTh}}$。因此，原子中一个电子的康普顿散射强度为：$I_{\mathrm{incoe}} = I_{\mathrm{eTh}}(1 - f_{\mathrm{e}}^2)$，其中 I_{eTh} 由式（2.125）给出，康普顿散射强度与相干散射强度在同一量级上。

2.7.4　原子散射因子

假定 $\psi_1(\boldsymbol{r}), \cdots, \psi_Z(\boldsymbol{r})$ 分别为原子中 Z 个电子的波函数，则在体积元 $\mathrm{d}v$ 中找到

第 j 个电子的概率为 $\rho_{ej}\,\mathrm{d}v=\left|\psi_j(\boldsymbol{r})\right|^2\mathrm{d}v$。如果每个波函数 $\psi_j(\boldsymbol{r})$ 之间是相互独立的，则在体积元 dv 中找到任意一个电子的概率为 $\rho_{\mathrm{a}}(\boldsymbol{r})\mathrm{d}v=\left(\sum_{j=1}^{Z}\rho_{ej}\right)\mathrm{d}v$，$\rho_{\mathrm{a}}(\boldsymbol{r})$ 的傅里叶变换称为原子散射因子，用 f_{a} 表示。

一般来讲，$\rho_{\mathrm{a}}(\boldsymbol{r})$ 不具有球对称性，但在大多数晶体学应用中，化学键导致的偏离球对称性在一阶近似下可以忽略。假定 ρ_{a} 具有球对称性，并且不失一般性，假定原子的中心在原点，我们有

$$f_{\mathrm{a}}(r^*)=\int_0^{\infty}U_{\mathrm{a}}\frac{\sin(2\pi rr^*)}{2\pi rr^*}\mathrm{d}r=\sum_{j=1}^{Z}f_{ej} \tag{2.135}$$

其中 $U_{\mathrm{a}}(r)=4\pi r^2\rho_{\mathrm{a}}(r)$ 为原子的径向分布函数。通过 Hartree-Fock 方法（轻原子）和汤姆孙-费米近似（重原子）获得的 ρ_{a} 函数对于所有的中性原子和离子都有足够的准确性。高分辨率下的散射主要由芯电子贡献，而价电子主要对低分辨率的散射贡献，原子散射因子 f_{a} 可认为是芯电子（core electron）和价层电子（valence electron）的散射因子贡献之和，即：$f_{\mathrm{a}}=f_{\mathrm{core}}+f_{\mathrm{valence}}$，根据式（2.135），一个原子的相干散射强度可通过对所有电子的散射幅度求和后进行平方获得，即：$I_{\mathrm{eTh}}f_{\mathrm{a}}^2=I_{\mathrm{eTh}}\left(\sum_{j=1}^{Z}f_{ej}\right)^2$。

一个电子的康普顿散射与另一个电子的康普顿散射是非相干的，因此总的康普顿散射强度可通过对每个单电子的康普顿散射强度求和获得：$I_{\mathrm{eTh}}\sum_{j=1}^{Z}\left[1-\left(f_{ej}\right)^2\right]$，由于 $\sin\theta/\lambda=0$ 时，$f_{\mathrm{e}}=1$，在 X 射线入射方向没有康普顿散射，但在高角度的地方康普顿散射比较明显。当我们考虑晶体的衍射现象时，总衍射强度正比于每个原子相干散射幅度矢量和的平方，而总康普顿散射强度仍然为单个原子康普顿散射强度之和，由于晶体中通常含有大量的原子，因此一般康普顿散射可忽略。

2.7.5　温度因子

晶体中，原子受到各种类型的化学键作用，并以一种可让能量最小的方式排列。原子在最小能量位置（平衡位置）附近不停地振动，原子振动会对原子的电子密度以及散射造成影响。这里我们假定一个原子的振动独立于其他原子，但实际上这不完全正确，因为化学键相互作用使不同原子热振动之间产生关联。

由于散射实验的时间尺度远长于原子热振动，因此描述原子热振动只需了解原子相对平衡位置的时间平均分布情况。假定平衡位置在原点，$p(\boldsymbol{r}')$ 为在 $\boldsymbol{r}'$ 发现

一个原子的概率，$\rho_{\mathrm{a}}(\boldsymbol{r}-\boldsymbol{r}')$ 为原子中心位置在 $\boldsymbol{r}'$ 时 $\boldsymbol{r}$ 处的电子密度。则热振动原子的电子密度 $\rho_{\mathrm{at}}(\boldsymbol{r})$ 可写成：

$$\rho_{\mathrm{at}}(\boldsymbol{r})=\int_{S'}\rho_{\mathrm{a}}\left(\boldsymbol{r}-\boldsymbol{r}'\right)p\left(\boldsymbol{r}'\right)\mathrm{d}\boldsymbol{r}'=\rho_{\mathrm{a}}\left(\boldsymbol{r}'\right)*p\left(\boldsymbol{r}'\right) \tag{2.136}$$

注意这里存在一个刚性振动假设，即原子热振动时，电子密度紧随原子振动而不发生任何变形。

据上式可知，ρ_{at} 为两函数的卷积，式（2.136）的傅里叶变换可写成：

$$f_{\mathrm{at}}(\boldsymbol{r}^*)=f_{\mathrm{a}}(\boldsymbol{r}^*)q(\boldsymbol{r}^*) \tag{2.137}$$

其中 $q(\boldsymbol{r}^*)=\int_{S'}p(\boldsymbol{r}')\exp(2\pi i\boldsymbol{r}^*\cdot\boldsymbol{r}')\mathrm{d}\boldsymbol{r}'$ 为 $p(\boldsymbol{r}')$ 的傅里叶变换，称为 Debye-Waller 因子。$p(\boldsymbol{r}')$ 依赖于几个参数，与原子质量和化学键力呈反相关，与温度呈正相关。$p(\boldsymbol{r}')$ 一般是各向异性的。如果为各向同性，则原子的热振动拥有球对称性，并可使用参考任意坐标系的高斯函数来描述：

$$p\left(\boldsymbol{r}'\right)=p\left(r'\right)\simeq(2\pi)^{-1/2}U^{-1/2}\exp\left[-\left(r'^2/2U\right)\right] \tag{2.138}$$

其中 r' 的单位为 Å，$U=\langle r'^2\rangle$ 为原子相对平衡位置的平均平方位移，称为各向同性温度因子。相应的傅里叶变换为

$$\begin{aligned}q(r^*)&=\exp(-2\pi^2Ur^{*2})=\exp(-8\pi^2U\sin^2\theta/\lambda^2)\\&=\exp(-B\sin^2\theta/\lambda^2)\end{aligned} \tag{2.139}$$

其中：$B=8\pi^2U(\text{Å}^2)$ 为原子温度因子。

一般情况下，一个原子不会在各个方向的振动都相同，假定 $p(\boldsymbol{r}')$ 拥有三维高斯分布，等概率面将是一个椭球面。于是式（2.139）将被一个各向异性温度因子替代，表示倒空间中的一个热振动球，使用 6 个参数 U_{11}^*，U_{22}^*，U_{33}^*，U_{12}^*，U_{13}^*，U_{23}^* 来定义：

$$q(\boldsymbol{r}^*)=\exp\left[-2\pi^2\left(U_{11}^*x^{*2}+U_{22}^*y^{*2}+U_{33}^*z^{*2}+2U_{12}^*x^*y^*+2U_{13}^*x^*z^*+2U_{23}^*y^*z^*\right)\right] \tag{2.140}$$

这 6 个参数定义了热振动球相对晶体学轴的取向以及三根主轴的长度。为便于图形展示，分子中的原子经常以原子为中心的椭球呈现，周围的空间以概率为 0.5 的椭球包围。

2.7.6　分子或单胞散射因子

假定 $\rho_j(\boldsymbol{r})$ 为第 j 个原子的电子密度，该原子中心在原点、孤立且有热振动。如果原子在 $\boldsymbol{r}_j$ 处，则它的电子密度为 $\rho_j(\boldsymbol{r}-\boldsymbol{r}_j)$，如果我们忽略化学键导致的原子外围电子的重新分布，则包含 N 个原子的分子或单胞的电子密度为

$$\rho_{\mathrm{M}}(\boldsymbol{r})=\sum_{j=1}^{N}\rho_j\left(\boldsymbol{r}-\boldsymbol{r}_j\right) \tag{2.141}$$

其散射波幅为

$$\begin{aligned}F_{\mathrm{M}}\left(\boldsymbol{r}^*\right)&=\int_S\sum_{j=1}^{N}\rho_j\left(\boldsymbol{r}-\boldsymbol{r}_j\right)\exp\left(2\pi i\boldsymbol{r}^*\cdot\boldsymbol{r}\right)\mathrm{d}\boldsymbol{r}\\&=\sum_{j=1}^{N}\int_S\rho_j\left(\boldsymbol{R}_j\right)\exp\left[2\pi i\boldsymbol{r}^*\cdot\left(\boldsymbol{r}_j+\boldsymbol{R}_j\right)\right]\mathrm{d}\boldsymbol{R}_j\\&=\sum_{j=1}^{N}f_j\left(\boldsymbol{r}^*\right)\exp\left(2\pi i\boldsymbol{r}^*\cdot\boldsymbol{r}_j\right)\end{aligned} \tag{2.142}$$

其中 $f_j(\boldsymbol{r}^*)$ 为第 j 个原子的散射因子。式（2.141）忽略了外层电子的重新分布，这导致了 $F_{\mathrm{M}}(\boldsymbol{r}^*)$ 存在可忽略的误差，除非是对于小的 $\boldsymbol{r}^*$ 和轻原子。

式（2.141）定义的 $\rho_{\mathrm{M}}(\boldsymbol{r})$ 称为赝分子（promolecule）的电子密度，或者换句话说，赝分子是放置在分子几何位置的球形平均的自由原子的集合。如果研究因化学键导致的电子密度变化，则这个模型是不准确的。在实际分子中，电子密度是分子轨道 ψ_i（占据数为 n_i）的叠加：

$$\rho_{\text{molecule}}=\sum_i n_i\left|\psi_i\right|^2 \tag{2.143}$$

由于 ρ_{molecule} 可分解为原子的贡献，第 j 个原子可使用一组合适选择的基函数来表示，则：

$$\rho_{\text{molecule}}=\rho_{\text{promolecule}}+\Delta\rho \tag{2.144}$$

其中 $\Delta\rho$ 模拟了成键与分子环境，通过 $\Delta\rho$ 的傅里叶变换，可获得散射变化：

$$\Delta F=F_{\text{molecule}}-F_{\text{promolecule}} \tag{2.145}$$

由于芯电子的散射畸变可忽略，ΔF 主要反映了价电层的散射畸变，这属于电子结构晶体学的研究内容[1]。

2.7.7　晶体的衍射

2.7.7.1　晶体的结构因子

一个无限三维格子可使用晶格函数表示：

$$L(\boldsymbol{r})=\sum_{u,v,w=-\infty}^{+\infty}\delta(\boldsymbol{r}-\boldsymbol{r}_{u,v,w}) \tag{2.146}$$

其中 δ 为狄拉克 δ 函数，$\boldsymbol{r}_{u,v,w}=u\boldsymbol{a}+v\boldsymbol{b}+w\boldsymbol{c}$（$u$, v, w 为整数）为晶格矢。假定 $\rho_{\mathrm{M}}(\boldsymbol{r})$ 为无限三维晶体的一个单胞的电子密度，则整个晶体的电子密度分布函数

为 $L(\boldsymbol{r})$ 和 $\rho_{\mathrm{M}}(\boldsymbol{r})$ 的卷积，即：

$$\rho_{\infty}(\boldsymbol{r})=\rho_{\mathrm{M}}(\boldsymbol{r})*L(\boldsymbol{r}) \tag{2.147}$$

于是整个晶体的散射波幅为

$$\begin{aligned}F_{\infty}(\boldsymbol{r}^*)&=\mathrm{T}[\rho_{\mathrm{M}}(\boldsymbol{r})]\cdot\mathrm{T}[L(\boldsymbol{r})]\\&=F_{\mathrm{M}}(\boldsymbol{r}^*)\cdot\frac{1}{V}\sum_{h,k,l=-\infty}^{+\infty}\delta(\boldsymbol{r}^*-\boldsymbol{r}_H^*)\\&=\frac{1}{V}F_{\mathrm{M}}(\boldsymbol{H})\sum_{h,k,l=-\infty}^{+\infty}\delta(\boldsymbol{r}^*-\boldsymbol{r}_H^*)\end{aligned} \tag{2.148}$$

其中 V 为单胞体积，$\boldsymbol{r}_H^*=h\boldsymbol{a}^*+k\boldsymbol{b}^*+l\boldsymbol{c}^*$ 为倒格矢。

如果散射物体是非周期性的（原子、分子等），对于任意的 $\boldsymbol{r}^*$ 散射波幅 $F_{\mathrm{M}}(\boldsymbol{r}^*)$ 都是非 0 的。相反，如果散射物体是周期性的，只有当 $\boldsymbol{r}^*$ 为一倒格矢时才为非 0，即：

$$\boldsymbol{r}^*=\boldsymbol{r}_H^* \tag{2.149}$$

$F_{\infty}(\boldsymbol{r}^*)$ 函数还可以通过赝晶格来理解，它上面每个点与倒格点重合，但有一个特殊的权重 $F_{\mathrm{M}}(\boldsymbol{H})/V$，对于一个给定的格点，散射强度 I_H 为该权重平方的函数。

将方程（2.149）乘上 $\boldsymbol{a}$，$\boldsymbol{b}$，$\boldsymbol{c}$，并且引入式（2.127）中 $\boldsymbol{r}^*$ 的定义，有

$$\boldsymbol{a}\cdot(\boldsymbol{s}-\boldsymbol{s}_0)=h\lambda,\quad \boldsymbol{b}\cdot(\boldsymbol{s}-\boldsymbol{s}_0)=k\lambda,\quad \boldsymbol{c}\cdot(\boldsymbol{s}-\boldsymbol{s}_0)=l\lambda \tag{2.150}$$

式（2.150）称为劳厄条件，满足式（2.150）的方向 $\boldsymbol{s}$ 称为衍射方向。

晶体尺寸的有限性需要引入一个形状函数 $\varPhi(\boldsymbol{r})$，在晶体内 $\varPhi(\boldsymbol{r})=1$，晶体外 $\varPhi(\boldsymbol{r})=0$。在这种情况下，有

$$\rho_{\mathrm{cr}}=\rho_{\infty}(\boldsymbol{r})\varPhi(\boldsymbol{r}) \tag{2.151}$$

衍射波的波幅为

$$F(\boldsymbol{r}^*)=\mathrm{T}\left[\rho_{\infty}(\boldsymbol{r})\right]*\mathrm{T}[\varPhi(\boldsymbol{r})]=F_{\infty}(\boldsymbol{r}^*)*D(\boldsymbol{r}^*) \tag{2.152}$$

其中：$D(\boldsymbol{r}^*)=\int_S\varPhi(\boldsymbol{r})\exp(2\pi i\boldsymbol{r}^*\cdot\boldsymbol{r})\mathrm{d}\boldsymbol{r}=\int_{\varOmega}\exp(2\pi i\boldsymbol{r}^*\cdot\boldsymbol{r})\mathrm{d}\boldsymbol{r}$，$\varOmega$ 为晶体的体积。式（2.152）可进一步写成：

$$\begin{aligned}F(\boldsymbol{r}^*)&=\frac{1}{V}F_{\mathrm{M}}(\boldsymbol{H})\sum_{h,k,l=-\infty}^{+\infty}\delta(\boldsymbol{r}^*-\boldsymbol{r}_H^*)*D(\boldsymbol{r}^*)\\&=\frac{1}{V}F_{\mathrm{M}}(\boldsymbol{H})\sum_{h,k,l=-\infty}^{+\infty}D(\boldsymbol{r}^*-\boldsymbol{r}_H^*)\end{aligned} \tag{2.153}$$

通过比较式（2.153）和式（2.148）可知，从一个无限的晶体到有限晶体，对应每个倒格矢的点函数被一个分布函数 D 替代，它的非零值分布的形式和维度取决于晶体的形状和维度。分布函数 D 对于所有的倒格点都是相同的。

假定晶体为平行六面体，三根轴长分别为 A_1, A_2, A_3，则：

$$D(\boldsymbol{r}^*) = \int_{-A_1/2}^{A_1/2}\int_{-A_2/2}^{A_2/2}\int_{-A_3/2}^{A_3/2} \exp\left[2\pi i(x^*x + y^*y + z^*z)\right]\mathrm{d}x\mathrm{d}y\mathrm{d}z \tag{2.154}$$

将这个函数积分，有

$$D(\boldsymbol{r}^*) = \frac{\sin(\pi A_1 x^*)}{\pi x^*}\frac{\sin(\pi A_2 y^*)}{\pi y^*}\frac{\sin(\pi A_3 z^*)}{\pi z^*} \tag{2.155}$$

式（2.155）有几个推论：

（1）$D(\boldsymbol{r}^*)$ 最大值为 $A_1A_2A_3$，即晶体体积 Ω；

（2）主峰沿某个方向的宽度与晶体在这个方向的尺寸成反比。因此，由于晶体尺寸的有限性，倒格点实际上是一个尺寸为 A_i^{-1} 的区域。

当我们考虑晶体的衍射，$F_{\mathrm{M}}(\boldsymbol{H})$ 为 $\boldsymbol{H}$ 的结构因子：

$$F_{\boldsymbol{H}} = \sum_{j=1}^{N} f_j \exp(2\pi i \boldsymbol{r}_{\boldsymbol{H}}^* \cdot \boldsymbol{r}_j) \tag{2.156}$$

其中 N 为单胞中原子个数，上式可进一步写成：

$$F_{\boldsymbol{H}} = \sum_{j=1}^{N} f_j \exp(2\pi i \overline{\boldsymbol{H}}\boldsymbol{X}_j) = A_{\boldsymbol{H}} + iB_{\boldsymbol{H}} \tag{2.157}$$

其中：

$$A_{\boldsymbol{H}} = \sum_{j=1}^{N} f_j \cos 2\pi \overline{\boldsymbol{H}}\boldsymbol{X}_j,\quad B_{\boldsymbol{H}} = \sum_{j=1}^{N} f_j \sin 2\pi \overline{\boldsymbol{H}}\boldsymbol{X}_j \tag{2.158}$$

这里定义了对应倒格点 $\overline{\boldsymbol{H}} = (hkl)$ 的倒格子矢量 $\boldsymbol{r}_{\boldsymbol{H}}^*$，类似地，$\boldsymbol{r}_j$ 为第 j 个坐标矢量，对应坐标的转置 $\overline{\boldsymbol{X}}_j = [x_j\ y_j\ z_j]$。式（2.157）可以严格地写成：

$$F_{hkl} = \sum_{j=1}^{N} f_j \exp 2\pi i(hx_j + ky_j + lz_j)$$

或

$$F_{\boldsymbol{H}} = |F_{\boldsymbol{H}}|\exp(i\varphi_{\boldsymbol{H}}),\quad \varphi_{\boldsymbol{H}} = \arctan(B_{\boldsymbol{H}} / A_{\boldsymbol{H}}) \tag{2.159}$$

其中 $\varphi_{\boldsymbol{H}}$ 为结构因子 $F_{\boldsymbol{H}}$ 的相角。

考虑热振动，式（2.157）可写成：

$$F_{\boldsymbol{H}} = \sum_{j=1}^{N} f_{0j} \exp(2\pi i \overline{\boldsymbol{H}}\boldsymbol{X}_j - 8\pi^2 U_j \sin^2\theta / \lambda^2)$$

或

$$F_{\boldsymbol{H}} = \sum_{j=1}^{N} f_{0j} \exp(2\pi i \overline{\boldsymbol{H}}\boldsymbol{X}_j - 2\pi^2 \overline{\boldsymbol{H}}\boldsymbol{U}_j^*\boldsymbol{H}) \tag{2.160}$$

其中 f_{0j} 为第 j 个原子的静态结构因子。

2.7.7.2　Bragg 定律

一种简单获得衍射条件的方法是由 W. L. Bragg 在 1912 年提出的。他认为衍射是由于 X 射线束在属于同一族的不同晶格平面（物理上指的是这些平面上的原子）上同时反射的结果。如图 2-6 所示，假设入射线与指数为 h, k, l 的晶格平面族之间的夹角为 θ。在点 D 和点 B 处散射的波的光程差为 $AB+BC=2d\sin\theta$。如果这个路径差是 X 射线波长 λ 的整数倍，那么这两束波将发生最大增强干涉：

$$2d_H\sin\theta=n\lambda \tag{2.161}$$

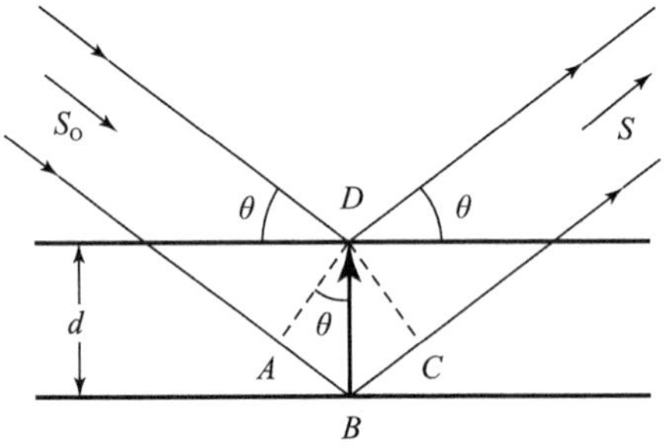

图 2-6　X 射线从 $\boldsymbol{H}\equiv(h, k, l)$ 的两个晶面反射示意图，d 为晶面间距

由于 X 射线能够穿透晶体，被大量的晶面反射，如果式（2.161）得不到满足，则反射波干涉相消，方程（2.161）称为 Bragg 方程，θ 为布拉格角，对于 $n=1, 2, \cdots$ 我们获得同一组晶面 $\boldsymbol{H}$ 的一阶、二阶和更高阶的衍射。也可以换个方式，一组虚晶面 $h'=nh, k'=nk, l'=nl$ 其晶面间距为 $d_{H'}=d_H/n$，方程（2.161）可写成：

$$2(d_H/n)\sin\theta=2d_{H'}\sin\theta=\lambda \tag{2.162}$$

这时 h', k', l' 不再必须是一个整数。

因此，实际上，$\boldsymbol{H}$ 晶面的 n 阶衍射可看成虚晶面 $\boldsymbol{H}'=n\boldsymbol{H}$ 的一阶衍射。

容易看出式（2.149）与式（2.162）是等价的，如果仅考虑式（2.149）的模，根据式（2.17）与式（2.128），有

$$r^*=2\sin\theta/\lambda=1/d_H \tag{2.163}$$

如图 2-7 所示，X 射线沿直径 IO 穿过一个半径为 $1/\lambda$ 的圆，将倒空间原点置为 O。当 $\boldsymbol{r}_H^*$ 在球的表面，则相应的直空间晶面平行于 IP 面，并与 X 射线呈 θ 角，存在关系：$OP=r_H^*=1/d_H=IO\sin\theta=2\sin\theta/\lambda$。

这与 Bragg 方程一致。因此发生衍射的条件是 $\boldsymbol{r}_H^*$ 在球面上，该球称为反射球或 Ewald 球。AP 为衍射线方向，与 X 射线呈 2θ 角，因此我们假定晶体在 A 处。

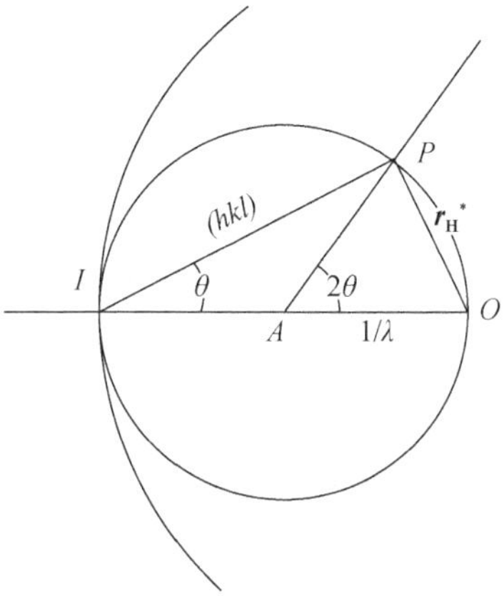

图 2-7　反射与极限球

对于 X 射线和中子射线，其波长 $\lambda \simeq (0.5 \sim 2)$ Å 与单胞尺寸 $\simeq 10$ Å 相近，相对倒格矢，Ewald 球将有明显的曲率。当 X 射线是单色的，且晶体随机取向，则没有倒格矢与 Ewald 球相切，除了（000）点，该点代表了 X 射线主要光束的散射方向，因此衍射实验技术的主要目的是将尽可能多的衍射点与 Ewald 球相切。电子衍射波长为 $\lambda \simeq 0.05$ Å，相对倒格矢，Ewald 球的曲率比较小，大量的格点可同时与 Ewald 球表面相切。如：属于某个倒格矢平面的点都经过 O。如果 $r_{\boldsymbol{H}}^* > 2/\lambda$（那么 $d_{\boldsymbol{H}} < \lambda/2$）我们将观察不到衍射点 $\boldsymbol{H}$ 。这个条件定义了所谓的极限球，即以 O 为圆心，以 $2/\lambda$ 为半径的球；只有在极限球内部的倒格点才有可能发生衍射。反之，如果 $\lambda > 2a_{\max}$，其中 $a_{\max}$ 为单胞最大轴长，则 Ewald 球直径将小于倒格矢的最小尺寸 $r_{\min}^*$，在这个条件下，将没有一个倒格点与 Ewald 球相切。这就是为什么我们使用可见光（波长 $\simeq 5000$ Å）时无法看到晶体对可见光的衍射现象。

2.7.7.3　倒空间中的对称性

尽管直空间中的晶体存在中心对称和非中心对称情况，但如果不考虑反常散射的话，倒空间中其衍射强度总是中心对称的。根据式（2.157）和式（2.158），有 $F_{\boldsymbol{H}} = A_{\boldsymbol{H}} + iB_{\boldsymbol{H}}$.和 $F_{-\boldsymbol{H}} = A_{\boldsymbol{H}} - iB_{\boldsymbol{H}}$，因此：

$$\varphi_{-\boldsymbol{H}} = -\varphi_{\boldsymbol{H}} \tag{2.164}$$

由于 I_{H} 与 $I_{-\boldsymbol{H}}$ 分别取决于 $|F_{\boldsymbol{H}}|^2$ 和 $|F_{-\boldsymbol{H}}|^2$，有

$$I_{\boldsymbol{H}} \propto (A_{\boldsymbol{H}} + iB_{\boldsymbol{H}})(A_{\boldsymbol{H}} - iB_{\boldsymbol{H}}) = A_{\boldsymbol{H}}^2 + B_{\boldsymbol{H}}^2 \tag{2.165}$$

$$I_{-\boldsymbol{H}} \propto (A_{\boldsymbol{H}} - iB_{\boldsymbol{H}})(A_{\boldsymbol{H}} + iB_{\boldsymbol{H}}) = A_{\boldsymbol{H}}^2 + B_{\boldsymbol{H}}^2 \tag{2.166}$$

从上述推导可知，倒空间中 $\boldsymbol{H}$ 和 $-\boldsymbol{H}$ 矢量的衍射强度是相等的，这就是

Friedel 规则。这些强度具有中心对称，因此也可以说，衍射本身产生了一个中心对称。

现考察倒空间中的对称操作的影响，假定直空间中存在一个对称操作 $\boldsymbol{C}=(\boldsymbol{R},\boldsymbol{T})$，因此通过 $\boldsymbol{X}_j'=\boldsymbol{R}\boldsymbol{X}_j+\boldsymbol{T}$ 关联的两个坐标 $\boldsymbol{r}_j$ 和 $\boldsymbol{r}_j'$ 是等效的。我们考虑 $\boldsymbol{C}$ 对倒空间产生了什么影响，由于

$$\begin{aligned}F_{\overline{\boldsymbol{H}}\boldsymbol{R}}\exp(2\pi i\overline{\boldsymbol{H}}\boldsymbol{T})&=\sum_{j=1}^{N}f_j\exp(2\pi i\overline{\boldsymbol{H}}\boldsymbol{R}\boldsymbol{X}_j)\cdot\exp(2\pi i\overline{\boldsymbol{H}}\boldsymbol{T})\\&=\sum_{j=1}^{N}f_j\exp 2\pi i\overline{\boldsymbol{H}}(\boldsymbol{R}\boldsymbol{X}_j+\boldsymbol{T})=F_{\boldsymbol{H}}\end{aligned}\tag{2.167}$$

所以有

$$F_{\overline{\boldsymbol{H}}\boldsymbol{R}}=F_{\boldsymbol{H}}\exp(-2\pi i\overline{\boldsymbol{H}}\boldsymbol{T})\tag{2.168}$$

将式（2.168）拆成两个关系式：

$$\left|F_{\overline{\boldsymbol{H}}\boldsymbol{R}}\right|=\left|F_{\boldsymbol{H}}\right|\tag{2.169}$$

$$\varphi_{\overline{\boldsymbol{H}}\boldsymbol{R}}=\varphi_{\boldsymbol{H}}-2\pi\overline{\boldsymbol{H}}\boldsymbol{T}\tag{2.170}$$

因此，从式（2.169）可以得到 $I_{\boldsymbol{H}}$ 和 $I_{\overline{\boldsymbol{H}}\boldsymbol{R}}$ 的强度相同，并且它们的相位满足式（2.170）。

不同 Laue 群具有的等效衍射点是不同的，详见表 2-11。

表 2-11 不同 Laue 群的等效衍射点

Laue 群	等效衍射点数目	等效衍射点
−1	2	*h*，*k*，*l*；−*h*，−*k*，−*l*
2/*m*	4	*h*，*k*，*l*；−*h*，−*k*，−*l*；−*h*，*k*，−*l*；*h*，−*k*，*l*
mmm	8	*h*，*k*，*l*；−*h*，−*k*，−*l*；−*h*，*k*，*l*；*h*，−*k*，−*l*；*h*，−*k*，*l*；−*h*，*k*，−*l*；*h*，*k*，−*l*；−*h*，−*k*，*l*
4/*m*	8	*h*，*k*，*l*；−*h*，−*k*，−*l*；−*k*，*h*，*l*；*k*，−*h*，*l*；−*h*，−*k*，*l*；*h*，*k*，−*l*；−*k*，*h*，−*l*；*k*，−*h*，−*l*
4/*mmm*	16	*h*，*k*，*l*；−*k*，*h*，*l*；−*h*，−*k*，*l*；*k*，−*h*，*l*；−*h*，−*k*，−*l*；*k*，−*h*，−*l*；*h*，*k*，−*l*；−*k*，*h*，−*l*；*k*，*h*，*l*；−*h*，*k*，*l*；−*k*，−*h*，*l*；*h*，−*k*，*l*；−*k*，−*h*，−*l*；*h*，−*k*，−*l*；*k*，*h*，−*l*；−*h*，*k*，−*l*
−3	6	*h*，*k*，*l*；−*h*，−*k*，−*l*；−*h*−*k*，*h*，*l*；*h*+*k*，*h*，*l*；*k*，−*h*−*k*，*l*；−*k*，*h*+*k*，−*l*
−3*m*	12	*h*，*k*，*l*；−*h*，−*k*，−*l*；−*h*−*k*，*h*，*l*；*h*+*k*，*h*，*l*；*k*，−*h*−*k*，*l*；−*k*，*h*+*k*，−*l*；*k*，*h*，−*l*；−*k*，−*h*，*l*；−*h*−*k*，*k*，−*l*；*h*+*k*，−*k*，*l*；*h*，−*h*−*k*，−*l*；−*h*，*h*+*k*，*l*
6/*m*	12	*h*，*k*，*l*；−*h*，−*k*，−*l*；−*h*，−*k*，*l*；*h*，*k*，−*l*；−*k*，*h*+*k*，*l*；*k*，−*h*−*k*，−*l*；*k*，−*h*−*k*，*l*；−*k*，*h*+*k*，−*l*；*h*+*k*，−*h*，*l*；−*h*−*k*，*h*，−*l*；−*h*−*k*，*h*，*l*；*h*+*k*，−*h*，−*l*

续表

Laue 群	等效衍射点数目	等效衍射点
$6/mmm$	24	h，k，l；−h，−k，−l；−k，h+k，l；k，−h−k，−l；−h−k，h，l；h+k，−k，−l；−h，−k，l；h，k，−l；k，−h−k，l；−k，h+k，−l；h+k，−h，l；−h−k，h，−l；k，h，l；−k，−h，−l；h+k，−k，l；−h−k，k，−l；h，−h−k，l；−h，h+k，−l；−k，−h，l；k，h，−l；−h−k，k，l；h+k，−k，−l；−h，h+k，l；h，−h−k，−l
$m\text{-}3$	24	h，k，l；−h，−k，−l；−h，k，l；h，−k，−l；h，−k，l；−h，k，−l；h，k，−l；−h，−k，l；l，h，k；−l，−h，−k；−l，h，k；l，−h，−k；l，−h，k；−l，h，−k；l，h，−k；−l，−h，k；k，l，h；−k，−l，−h；−k，l，h；k，−l，−h；k，−l，h；−k，l，−h；k，l，−h；−k，−l，h
$m\text{-}3m$	48	h，k，l；−h，k，l；h，−k，l；h，k，−l；−h，−k，−l；h，−k，−l；−h，k，−l；−h，−k，l；k，l，h；−k，l，h；k，−l，h；k，l，−h；−k，−l，−h；k，−l，−h；−k，l，−h；−k，−l，h；l，h，k；−l，h，k；l，−h，k；l，h，−k；−l，−h，−k；l，−h，−k；−l，h，−k；−l，−h，k；k，h，l；−k，h，l；k，−h，l；k，h，−l；−k，−h，−l；k，−h，−l；−k，h，−l；−k，−h，l；l，k，h；−l，k，h；l，−k，h；l，k，−h；−l，−k，−h；l，−k，−h；−l，k，−h；−l，−k，h；h，l，k；−h，l，k；h，−l，k；h，l，−k；−h，−l，−k；h，−l，−k；−h，l，−k；−h，−l，k

2.7.7.4　衍射强度

X 射线衍射（X-ray diffraction）的运动学理论和动力学理论是研究晶体与 X 射线相互作用的两种主要理论框架。运动学理论是一种简化的模型，用于描述 X 射线在晶体中产生的衍射现象。它假设 X 射线束在晶体中传播时不会显著减弱，即忽略了多重散射效应，仅考虑了单次散射的情况。这种理论主要计算在晶体内部不同晶面上散射的基本波之间的干涉。动力学理论是一种更复杂的模型，考虑了 X 射线在晶体内的多重散射效应。它不仅分析了单次散射，还包括了晶体内波场的整体行为，特别是入射波的衰减、衍射波之间的干涉以及与入射波的干涉等现象。

可以证明，对于足够小的穿过厚度，入射波并不会显著减弱，衍射波也还没有强到会与入射波产生显著的干涉效应，而吸收效应也可以忽略不计。在这种情况下（理论上，厚度小于 0.1～0.01mm），运动学理论是动力学理论的一个相当准确的近似。相关的方程式甚至对厚度为几十分之一毫米的晶体也是有效的，这是由于真实的晶体结构的缘故。Darwin[2,3]提出了一种真实晶体的简化模型。它可以理想化地被概括为由尺寸约为 0.001mm 的晶体块组成的马赛克结构，每个块之间的倾斜角度仅为几分之一分弧度量级：每个块之间被缺陷和裂缝分隔。波之间的干涉只发生在每个单独的块内，其尺寸满足运动学理论适用的理论条件。由于来自不同块的波之间的相干性丧失，整个晶体的衍射强度等于每个单独块衍射强度的总和。

因此，我们可以预期任何类型的缺陷，只要它通过晶格畸变、取代或原子从平衡位置的偏移扰乱晶体的周期性，就会对衍射强度产生一定的影响：其中之一就是导致衍射强度随 $\sin\theta/\lambda$ 的更快速统计下降。特别是，晶格畸变会引起晶胞尺寸的变化，从而改变倒易晶格点的形状和体积（间距 $d_{\boldsymbol{H}}$ 的变化会导致倒易晶格向量模 $r_{\boldsymbol{H}}^*$ 的变化，平面 $\boldsymbol{H}$ 的方向变化会导致 $\boldsymbol{r}_{\boldsymbol{H}}^*$ 方向的变化）。

根据这些讨论，实际有意义的量是积分强度而不是衍射峰的最大强度。通常用来测量衍射强度的实验装置会改变晶体的方向，以便使倒易晶格点逐渐穿过 Ewald 球，同时连续记录衍射束的强度。因此，在固定时间内测量的总衍射强度即为测量结果。同样，也可以通过在理想布拉格角周围适当的角度范围内对衍射强度进行积分来测量相同的总衍射强度。

根据式（2.125）和式（2.153），积分强度由下式给出：

$$I_{\boldsymbol{H}} = k_1 k_2 I_0 LPTE\left|F_{\boldsymbol{H}}\right|^2 \tag{2.171}$$

其中 I_0 为入射光强度，$k_1 = e^4/(m^2c^4)$ 考虑了式（2.125）中的基本常数，$k_2 = \lambda^3\Omega/V^2$ 为具体实验的常数（Ω 为晶体体积，V 为单胞体积），P 为偏振因子，T 为透过系数，与晶体吸收系数有关。L 为洛伦兹因子，取决于衍射技术，E 为消光系数，取决于晶体的马赛克结构。

晶体对 X 射线的反常散射会影响衍射强度的分布和衍射峰的位置，反常散射是指当入射 X 射线的波长接近晶体中某种元素的特征吸收边（如 K 边或 L 边）时，原子的散射因子会出现异常变化的现象。

在通常的 X 射线散射过程中，原子的散射因子 f_0 是一个实数，它表示原子散射 X 射线的能力。这个散射因子主要取决于原子的电子数，因此不同元素的散射因子是不同的。对于大多数情况，散射因子与入射 X 射线的波长无关。当入射 X 射线的波长接近某个元素的特征吸收边时，原子对 X 射线的响应发生变化。此时，原子的散射因子不再是一个单一的实数，而是具有实部和虚部的复数。这种现象被称为反常散射，反常散射因子 f 可以表示为

$$f = f_0 + \Delta f' + i\Delta f'' \tag{2.172}$$

其中，f_0 是正常的实数散射因子。$\Delta f'$ 是由于反常散射引起的实部修正，它随着 X 射线波长的变化而变化。$\Delta f''$ 是虚部修正，反映了 X 射线能量的吸收效应。

电子密度是结构因子 $F(\boldsymbol{r}^*)$ 的逆傅里叶变换：

$$\rho(\boldsymbol{r}) = \int_{S^*} F(\boldsymbol{r}^*)\exp(-2\pi i\boldsymbol{r}^*\cdot\boldsymbol{r})\mathrm{d}\boldsymbol{r}^* = \frac{1}{V}\sum_{h,k,l=-\infty}^{+\infty} F_{hkl}\exp[-2\pi i(hx+ky+lz)] \tag{2.173}$$

$\overline{\boldsymbol{X}} \equiv [x, y, z]$ 为 $\boldsymbol{r}$ 点的分数坐标，原子位置也就是 $\rho(\boldsymbol{r})$ 的最大极值点。在式（2.173）中，如果把 $\boldsymbol{H}$ 和 $-\boldsymbol{H}$ 的贡献加起来，则有

$$
\begin{aligned}
&F_H \exp(-2\pi i\overline{\boldsymbol{H}}\boldsymbol{X}) + F_{-H}\exp(2\pi i\overline{\mathrm{H}}\boldsymbol{X}) \\
&= (A_H + iB_H)\exp(-2\pi i\mathrm{HX}) + (A_H - iB_H)\exp(2\pi i\overline{\boldsymbol{H}}\boldsymbol{X}) \\
&= 2[A_H \cos 2\pi\overline{\boldsymbol{H}}\boldsymbol{X} + B_H \sin 2\pi\overline{\boldsymbol{H}}\boldsymbol{X}]
\end{aligned}
\tag{2.174}
$$

根据上式有

$$
\rho(\boldsymbol{r}) = \frac{2}{V}\sum_{h=0}^{+\infty}\sum_{k=-\infty}^{+\infty}\sum_{l=-\infty}^{+\infty}[A_{hkl}\cos 2\pi(hx+ky+lz) + B_{hkl}\sin 2\pi(hx+ky+lz)] \tag{2.175}
$$

式（2.175）的右边是实数且求和覆盖了一半的可得到的衍射点。

由于原子散射因子随着 $\sin\theta/\lambda$ 的增加而减少，衍射强度（因此也包括结构因子 $|F_{\boldsymbol{H}}|$）也随之减弱，并且在超过某个给定值 $(\sin\theta/\lambda)_{\max}=1/(2d_{\min})$ 时可以认为为零。因为在高 $\sin\theta/\lambda$ 值下的衍射提供了结构的细节（原子坐标的小的变化可以引起高角度结构因子的大的变化），所以 $d_{\min}$ 被用作衍射实验自然分辨率的衡量标准。$d_{\min}$ 取决于不同的因素，如：晶体的化学成分（重原子即使在较高的 $\sin\theta/\lambda$ 值下也是良好的散射体）、在实验条件下的化学稳定性（温度和压力）、所用辐射（当我们从电子过渡到 X 射线和中子时，分辨率提高）、实验温度。粗略地说，对于 X 射线，在无机晶体中可以达到 0.5 Å，在有机晶体中为 0.7～1.5 Å，在蛋白质晶体中为 1.0～3 Å。

由于自然分辨率的限制或人为引入的限制（例如为了节省数据收集时间和计算量），电子密度函数将受到级数截断误差的影响。这个效应可以通过下式计算 $\rho'(\boldsymbol{r})$ 来评估。

$$
F'(\boldsymbol{r}^*) = F(\boldsymbol{r}^*)\Phi(\boldsymbol{r}^*) \tag{2.176}
$$

通过引入形状函数 $\Phi(r^*)$ 来考虑级数截断效应，在可测到的衍射球内 $\Phi(r^*)=1$，在球外有 $\Phi(\boldsymbol{r}^*)=0$，根据傅里叶变换公式有

$$
\rho'(\boldsymbol{r}) = \mathrm{T}[F'(\boldsymbol{r}^*)] = \rho(\boldsymbol{r}) * \mathrm{T}[\Phi(\boldsymbol{r}^*)] \tag{2.177}
$$

仅根据从 X 射线衍射中直接获得的信息无法应用方程（2.177）。实际上，根据式（2.171），只能从衍射强度中获得结构因子的模 $|F_{\boldsymbol{H}}|$，因为相应的相位信息丢失了。这就是所谓的晶体学相位问题。如何仅从模量 $|F_{\boldsymbol{H}}|$ 中确定原子位置，虽然尚未找到这一问题的一般解决方案，但我们已经有一些成功的方法。

2.8　晶体结构解析

晶体结构解析的目的是从衍射数据获得单胞中原子的电子密度分布。从前述所知不可能通过一种直接和自动的方法达到这个目的，因为从实验上仅能测定结构因子的强度，而不是相位。因此，为了计算式（2.173）的电子密度，我们必须

推导出丢失的信息。我们将介绍解决相位的重要方法。

测试的强度正比于结构因子的平方，可表示为

$$\left|F_{\boldsymbol{H}}\right|^{2}=\sum_{j=1}^{N} f_{j}^{2}+2 \sum_{j>k=1}^{N} f_{j} f_{k} \cos 2\pi \boldsymbol{H} \cdot\left(\boldsymbol{r}_{j}-\boldsymbol{r}_{k}\right) \tag{2.178}$$

这些关系式的个数即为衍射点个数，f 与 $\boldsymbol{H}$ 为已知量，而原子位置矢量 $\boldsymbol{r}$ 未知。这些未知量是三角函数的变量，而且不可能通过任何解析方法获得这些非线性方程的解，即使这个关系式的个数超过了未知量的个数。需要注意的，与其他物理实验一样，强度仅取决于原子间的矢量，而与任意坐标系无关。理论上方程式（2.178）的解可能不是唯一的。确实，同样的强度集可能对应多组不同的位置矢量 $\boldsymbol{r}$。但是在化学上，由于必须满足空间化学的合理性，以至于极有可能只有一个解。

解析非线性方程需要获得一个初始的近似解，称为初始结构模型，然后这个模型可通过精修，直至与实验数据符合最好。在考虑使用不同方法去确定一个初始模型前，有必要建立一个准则允许我们定义正确度。从模型的 M 个原子位置矢量，可计算结构因子：

$$F_{\boldsymbol{H}}^{\mathrm{c}}=\sum_{m=1}^{M} f_{m} \exp\left(2\pi i \boldsymbol{H} \cdot \boldsymbol{r}_{m}\right) \tag{2.179}$$

从强度数据获得的$\left|F_{\boldsymbol{H}}^{\mathrm{c}}\right|$与$\left|F_{\boldsymbol{H}}^{\mathrm{o}}\right|$的符合度，将反映模型的正确性。最常用的是 R 指标：

$$R=\frac{\sum_{\boldsymbol{H}}\|F_{\boldsymbol{H}}^{\mathrm{o}}|-K| F_{\boldsymbol{H}}^{\mathrm{c}}\|}{\sum_{\boldsymbol{H}}\left|F_{\boldsymbol{H}}^{\mathrm{o}}\right|}=\frac{\sum_{\boldsymbol{H}} \Delta F_{\boldsymbol{H}}}{\sum_{\boldsymbol{H}}\left|F_{\boldsymbol{H}}^{\mathrm{o}}\right|} \tag{2.180}$$

其中 K 是将 $|F_{\boldsymbol{H}}^{\mathrm{c}}|$ 和 $|F_{\boldsymbol{H}}^{\mathrm{o}}|$ 转换到同一尺度的标度因子，即：$K=\Sigma_{\boldsymbol{H}}|F_{\boldsymbol{H}}^{\mathrm{o}}|/\Sigma_{\boldsymbol{H}}|F_{\boldsymbol{H}}^{\mathrm{c}}|$。

2.8.1　帕特森（Patterson）函数法

Patterson 提出了一种新的傅里叶（Fourier）级数，采用从实验的强度数据直接计算傅里叶变换。Patterson 函数不必用相角的值，它虽然不能直接得到原子的位置，但能得到原子间的矢量关系，并进一步通过原子间的矢量关系找出原子的位置。

Patterson 函数是通过结构因子的平方，即衍射强度的傅里叶逆变换来定义的。其数学表达式如下：

$$P(\boldsymbol{u})=\frac{1}{V}\sum_{H}|F(\boldsymbol{H})|^{2}\ \mathrm{e}^{-2\pi i\boldsymbol{H}\cdot\boldsymbol{u}} \tag{2.181}$$

其中：$\boldsymbol{u}$ 是三维实空间中的位置向量；$\boldsymbol{H}$ 是倒空间中的倒易晶格向量；$F(\boldsymbol{H})$ 是倒空间中的结构因子；$|F(\boldsymbol{H})|^2$ 对应的是衍射强度（即实验测量到的值）；V 是晶胞体积。

由于 $|F_{\boldsymbol{H}}|=|F_{-\boldsymbol{H}}|$，我们可得到：

$$P(\boldsymbol{u})=\frac{1}{V}\sum_{H}|F_{\boldsymbol{H}}|^{2}\cos 2\pi\boldsymbol{H}\cdot\boldsymbol{u} \tag{2.182}$$

根据上式有 $P(\boldsymbol{u})=P(-\boldsymbol{u})$，因此 Patterson 函数总是中心对称的，即使 $\rho(\boldsymbol{r})$ 不是中心对称。

Patterson 函数也可定义为电子密度 $\rho(\boldsymbol{r})$ 的自卷积，即：

$$P(\boldsymbol{u})=\rho(\boldsymbol{r})*\rho(-\boldsymbol{r})=\int_{v}\rho(\boldsymbol{r})\rho(\boldsymbol{r}+\boldsymbol{u})\mathrm{d}\boldsymbol{r} \tag{2.183}$$

Patterson 函数是晶体学中解决相位问题的有力工具，尤其在简单晶体结构和重原子定位中具有突出作用，由于后来发展了更为高效的直接法，Patterson 函数法目前已经使用不多。

2.8.2　直接法

直接法指的是那些通过数学关系试图直接从观测到的结构因子振幅中推导出相位的方法。直接法是晶体学中用于解决相位问题的一类重要方法。相位问题是 X 射线晶体学的核心挑战之一，因为在 X 射线衍射实验中，只能直接测量到衍射强度（振幅的平方），而无法获得结构因子的相位信息。而直接法通过数学推导和统计分析，在不直接测量相位的情况下，通过已知的衍射强度推导出相位，从而构建晶体的电子密度分布，进而确定原子位置。

从 1948 年以来许多科学家对直接法的结构分析方法和理论做出了巨大的贡献。特别是 Hauptman 和 Karle 的工作，他们创立了结构分析新的领域。直接法在小分子结构解析中取得了巨大成功，正因如此，Hauptman 和 Karle 因其在直接法方面的贡献获得 1985 年诺贝尔化学奖。

通常情况下，波的相位和振幅是相互独立的量，而为了理解在 X 射线衍射的情况下如何将这两个量联系起来，需要考虑电子密度函数的两个重要特性：

（1）正定性：在任何地方都大于等于 0，即 $\rho(\boldsymbol{r})\geqslant 0$；

（2）原子性：由分立的原子组成。

我们已经知道，$\rho(\boldsymbol{r})$ 的傅里叶变换是 $(1/V)F_{\boldsymbol{H}}$，对于相同原子的情况：

$$F_{\boldsymbol{H}} = f_{\boldsymbol{H}} \sum_{j=1}^{N} \exp(2\pi i \boldsymbol{H} \cdot \boldsymbol{r}_j) \tag{2.184}$$

我们也能定义对应于 $\rho^2(\boldsymbol{r})$ 的结构因子：

$$G_{\boldsymbol{H}} = g_{\boldsymbol{H}} \sum_{j=1}^{N} \exp(2\pi i \boldsymbol{H} \cdot \boldsymbol{r}_j) \tag{2.185}$$

其中 $g_{\boldsymbol{H}}$ 为原子“平方”的散射因子。$\rho^2(\boldsymbol{r})$ 的傅里叶变换为 $(1/V)G_{\boldsymbol{H}}$，由于卷积定理，它对应于 $(1/V)F_{\boldsymbol{H}} * (1/V)F_{\boldsymbol{H}}$，由于 $F_{\boldsymbol{H}}$ 是只定义在倒格矢上的离散函数，因此 $G_{\boldsymbol{H}}$ 可写成求和形式：

$$G_{\boldsymbol{H}} = \frac{1}{V} \sum_{\boldsymbol{K}} F_{\boldsymbol{K}} F_{\boldsymbol{H}-\boldsymbol{K}} \tag{2.186}$$

根据式（2.184）与式（2.185）的比值，我们有

$$F_{\boldsymbol{H}} = \left(f_{\boldsymbol{H}} / g_{\boldsymbol{H}}\right) G_{\boldsymbol{H}} = \theta_{\boldsymbol{H}} G_{\boldsymbol{H}} \tag{2.187}$$

式（2.186）变成了：

$$F_{\boldsymbol{H}} = \frac{\theta_{\boldsymbol{H}}}{V} \sum_{\boldsymbol{K}} F_{\boldsymbol{K}} F_{\boldsymbol{H}-\boldsymbol{K}} \tag{2.188}$$

这就是 Sayre 方程，对于中心和非心结构都有效。这个方程显示，任何衍射点 $\boldsymbol{H}$ 的结构因子可以计算为所有其指标之和为 $\boldsymbol{H}$ 的衍射对的结构因子的乘积和。乍一看，这似乎用处不大，因为计算一个单独的衍射需要知道许多其他衍射的结构因子及其相位信息。然而，必须记住的是，如果一对衍射点中有一个或两个的强度很弱，那么它们的贡献会很小，至少在开始时可以忽略。随着衍射强度的增加，它们的贡献重要性也会增加。结果是，如果一对衍射中的两个衍射都非常强，而待计算的衍射也很强，那么仅凭这种关系很可能就能很好地获得 $F_{\boldsymbol{H}}$ 的相位。在此基础上 Karle 和 Hauptman 将其发展成为一种可实际使用的方法，并且这种方法在现代结构解析中经常被用到。

将式（2.188）两边乘上 $F_{-\boldsymbol{H}}$，我们可获得：

$$\left|F_{\boldsymbol{H}}\right|^2 = \frac{\theta_{\boldsymbol{H}}}{V} \sum_{\boldsymbol{K}} \left|F_{\boldsymbol{H}} F_{\boldsymbol{K}} F_{\boldsymbol{H}-\boldsymbol{K}}\right| \exp\left[i\left(\varphi_{-\boldsymbol{H}} + \varphi_{\boldsymbol{K}} + \varphi_{\boldsymbol{H}-\boldsymbol{K}}\right)\right] \tag{2.189}$$

对于比较大的 $\left|F_{\boldsymbol{H}}\right|$ 值，左侧应该是大的正实数，因此右侧最大项也应该是正实数，如果 $\left|F_{\boldsymbol{H}}\right|$ 和 $\left|F_{\boldsymbol{H}-\boldsymbol{K}}\right|$ 也有大的值，则：

$$\Phi_{\boldsymbol{HK}} = \varphi_{-\boldsymbol{H}} + \varphi_{\boldsymbol{K}} + \varphi_{\boldsymbol{H}-\boldsymbol{K}} \simeq 0 \tag{2.190}$$

对于中心对称结构，有

$$S(-\boldsymbol{H}) S(\boldsymbol{K}) S(\boldsymbol{H}-\boldsymbol{K}) \simeq + \tag{2.191}$$

其中 $S(\boldsymbol{H})$ 表示衍射点 $\boldsymbol{H}$ 的符号，$\simeq$ 表示大概相等。关系式（2.190）和（2.191）以概率形式表达，表明需要使用概率方法来估计其可靠性。总体而言，使用概率

技术来获得相位和振幅之间的关系，已被证明是直接方法在实际应用中最重要的途径。

前面已提到，直接法的目的是直接从结构因子振幅中获得相位，振幅一般与所选取的坐标系无关，但相位一般与坐标系有关。从衍射点的振幅，我们仅能获得与坐标原点选择无关的单个相位或相位的线性组合。因为它们的值只依赖于结构，称为结构不变量（structure invariant），最具有普适性的结构不变量为结构因子乘积[4,5]：

$$F_{H_1}F_{H_2}\cdots F_{H_m}=\left|F_{H_1}F_{H_2}\cdots F_{H_m}\right|\exp\left[i\left(\varphi_{H_1}+\varphi_{H_2}+\cdots+\varphi_{H_m}\right)\right] \tag{2.192}$$

其中倒格矢之和为 0，即 $\boldsymbol{H}_1+\boldsymbol{H}_2+\cdots+\boldsymbol{H}_m=0$

最简单的结构不变量有

（1）$F_{000}=\sum_{j=1}^{N}Z_j$ 给出了单胞中的电子数，它的相位总是 0；

（2）$F_{\boldsymbol{H}}F_{-\boldsymbol{H}}=\left|F_{\boldsymbol{H}}\right|^2$ 没有包含任何的相位信息；

（3）$F_{-\boldsymbol{H}}F_{\boldsymbol{K}}F_{\boldsymbol{H}-\boldsymbol{K}}$，其相位为 $\varphi_{-\boldsymbol{H}}+\varphi_{\boldsymbol{K}}+\varphi_{\boldsymbol{H}-\boldsymbol{K}}$，称为三重不变量；

（4）$F_{-\boldsymbol{H}}F_{\boldsymbol{K}}F_{\boldsymbol{L}}F_{\boldsymbol{H}-\boldsymbol{K}-\boldsymbol{L}}$，其相位为 $\varphi_{-\boldsymbol{H}}+\varphi_{\boldsymbol{K}}+\varphi_{\boldsymbol{L}}+\varphi_{\boldsymbol{H}-\boldsymbol{K}-\boldsymbol{L}}$，称为四重不变量；

结构半不变量（S.S.）是单个相位或相位的线性组合，它们在原点移动的情况下保持不变，前提是原点的位置仅限于晶胞中具有相同点群对称性的那些点（即所谓的“允许原点”）。结构半不变量的一个基本性质是它可以通过添加一个或多个对称等价的相位对转化为结构不变量。例如，在具有对称操作符 $\boldsymbol{C}\equiv(\boldsymbol{R},\boldsymbol{T})$ 的空间群中，某个相位 $\varphi_{\boldsymbol{X}}$ 是一个结构半不变量，如果能找到一个衍射点，使得：

$$\psi=\varphi_{\boldsymbol{X}}-\varphi_{\boldsymbol{H}}+\varphi_{\boldsymbol{HR}} \tag{2.193}$$

是一个结构不变量，即：$\boldsymbol{X}-\boldsymbol{H}+\boldsymbol{HR}=0$。

根据式（2.170），式（2.193）可以写成：

$$\psi=\varphi_{\boldsymbol{X}}-2\pi\boldsymbol{H}\cdot\boldsymbol{T} \tag{2.194}$$

ψ 与原点的选择无关，而 $\varphi_{\boldsymbol{X}}$ 和 $\boldsymbol{T}$ 则依赖于原点的选择；然而，这种依赖关系使得公式（2.194）成立。因此，如果我们将原点移动到那些保持向量 $\boldsymbol{T}$ 不变的点（即具有相同点群对称性的点），$\varphi_{\boldsymbol{X}}$ 的值不会发生变化。

直接法应用于结构解析通常包括以下几个步骤：①初始相位估计：首先，通过统计方法或猜测，推导出部分衍射点的相位。这一步可能基于结构不变量或半不变量，也可能使用已知的结构模型作为参考。②相位扩展：利用初始相位，通过式（2.190）和式（2.191）等关系式推导出更多的相位信息。相位扩展是直接法的关键步骤，通过相位关系逐步完善相位集。③傅里叶合成：一旦获得了足够的相位信息，就可以结合衍射强度数据进行傅里叶逆变换，生成电子密度图，这个图可以提供原子在晶胞中的分布信息。④迭代修正：通过对电子密度图的分析，修正相位猜测，并进行迭代计算，直到电子密度图清晰显示出原子位置。

2.8.3 电荷翻转法

电荷翻转法（charge flipping）是一种用于解决晶体学中相位问题的直接法。电荷翻转方法通过迭代算法和优化过程，旨在从已知的振幅信息中推导出相位，重建晶体的电子密度分布[9,10]，其算法原理如下所述。

电子密度 ρ 在一个包含 $N_{\text{pix}} = N_1 \times N_2 \times N_3$ 像素的网格上进行取样，评估每个像素 $i = 1, \cdots, N_{\text{pix}}$ 上的密度值 ρ_i。$\left|F^{obs}(\boldsymbol{H})\right|$ 是实验上观察到的结构因子振幅。算法从第 0 个周期开始，通过为所有实验振幅分配随机初始相位 $\varphi_{\text{rand}}(\boldsymbol{H})$，并将所有未观察到的振幅设为零，即：

$$F^{(0)}(\boldsymbol{H}) = \begin{cases} \left|F^{\text{obs}}(\boldsymbol{H})\right| \exp\left(i\varphi_{\text{rand}}(\boldsymbol{H})\right), & \text{如果 } \left|F^{\text{obs}}(\boldsymbol{H})\right| \text{ 已知} \\ 0, & \text{其他} \end{cases} \tag{2.195}$$

迭代循环按如下步骤进行：

（1）对 $F^{(n)}$ 计算逆傅里叶变换，获得电子密度 $\rho^{(n)}$；

（2）修改后的密度 $g^{(n)}$ 通过将所有密度值低于某个正阈值 δ 的像素的密度翻转，并保持其余像素不变来获得，即：

$$g_i^{(n)} = \begin{cases} \rho_i^{(n)}, & \text{如果 } \rho_i^{(n)} > \delta \\ -\rho_i^{(n)}, & \text{如果 } \rho_i^{(n)} \leqslant \delta \end{cases} \tag{2.196}$$

对 $g^{(n)}$ 计算傅里叶变换，获得临时结构因子 $G^{(n)}(\boldsymbol{H}) = \left|G^{(n)}(\boldsymbol{H})\right| \exp\left(i\varphi_G(\boldsymbol{H})\right)$。

（3）新的结构因子 $F^{(n+1)}$ 是通过将实验振幅与相位 φ_G 结合来获得的，并将所有未测量的结构因子设为零，即：

$$F^{(n+1)}(\boldsymbol{H}) = \begin{cases} \left|F^{\text{obs}}(\boldsymbol{H})\right| \exp\left(i\varphi_G(\boldsymbol{H})\right), & \text{如果 } \left|F^{\text{obs}}(\boldsymbol{H})\right| \text{ 已知且值大} \\ \left|G^{(n)}(\boldsymbol{H})\right| \exp\left(i\left(\varphi_G(\boldsymbol{H}) + \pi/2\right)\right), & \text{如果 } \left|F^{\text{obs}}(\boldsymbol{H})\right| \text{ 已知且值小} \\ 0, & \text{其他} \end{cases} \tag{2.197}$$

在标准算法中，未将任何衍射视为弱衍射，但在改进的算法中（有时称为“半π”变体），衍射根据其振幅排序，并将一定比例的最小振幅视为弱衍射。然后，这些修改后的结构因子进入下一个迭代周期。迭代的第 0 周期中，将结构因子 $F(0)$ 设为零，并在后续周期中允许其自由变化。δ是电荷翻转算法中唯一的可调参数。它的值应小于最大密度，但要大于由傅里叶级数截断误差引起的典型振幅。实际上，δ的值要通过反复试验确定。电荷翻转法的一个重要方面是所有操作都在具有对称性 $P1$ 的整个晶胞内进行。因此，结构的原点没有固定，结构可以在晶胞中的任何地方出现。

迭代过程可以通过观察振幅$\left|G^{(n)}(\boldsymbol{H})\right|$相对于$\left|F^{\text{obs}}(\boldsymbol{H})\right|$的 R 值来监控。在迭代的初始周期中，R 值较大，而收敛开始的标志是 R 值的急剧下降。如果 R 值停止下降并围绕一个常数值波动，说明迭代已经收敛。最终的 R 值通常比成功结构精修的典型值大，通常为 20%～30%。然而，R 值并不作为结构重构质量的衡量标准，只是用来指示收敛。

电荷翻转法可直接应用于非公度调制和复合晶体结构的解析。根据嵌入超空间中的非周期晶体结构的方法，3D 密度被替换为在 3+d 维超空间中的密度，该密度使用一个具有 $N_{\text{pix}} = N_1 \times N_2 \times \cdots \times N_{3+d}$ 像素的 3+d 维网格进行采样，其中 d 是独立调制向量的数量。结构因子由 3+d 个整数索引表示，它们代表超空间密度的傅里叶变换系数。

2.8.4 结构补全与精修

通过 Patterson 方法、直接法和电荷翻转法获得的结构模型通常是不完整的（即并非所有的原子都已被定位），而且在所有情况下，它们仅仅只是实际结构的一个粗略的一阶近似。可以假设$\left|F_{\boldsymbol{H}}^{\text{c}}\right|$的 $\phi_{\boldsymbol{H}}^{\text{c}}$ 是 $F_{\boldsymbol{H}}$ 真实相位的一个良好近似值，并使用观测到的振幅（结构中的所有原子都会贡献）和相应计算的相位 $\phi_{\boldsymbol{H}}^{\text{c}}$ 来计算电子密度图。该图不仅会揭示重原子，还会显示结构中的其他原子。在最理想的情况下，结构可能通过第一次电子密度图就能完成，但通常需要通过所谓的傅里叶合成循环方法进行多次循环操作。每个循环都需要根据已知原子的坐标计算结构因子，然后用这些相位计算新的电子密度图。如果初始模型正确，每个循环都会揭示新的原子，直到结构完成。如果 50%～60%的电子密度已经被足够准确地定位，那么完成整个结构是相对容易的。傅里叶循环不仅用于当初始模型由一个或多个重原子组成时，定位轻原子的问题。同样的方法也可以用于在所有原子的重量大致相同时完成分子片段的定位。

另一种方便的补全和精修结构模型的方法是差分傅里叶合成法（difference Fourier synthesis method）。根据方程式（2.179），使用$\left|F_{\boldsymbol{H}}^{\text{c}}\right|$作为傅里叶级数的系数，有

$$\rho_{\text{c}}(\boldsymbol{r}) = \frac{1}{V}\sum_{\boldsymbol{H}} F_{\boldsymbol{H}}^{\text{c}} \exp(-2\pi i \boldsymbol{H} \cdot \boldsymbol{r}) \tag{2.198}$$

式（2.198）显示在模型中的原子位置将有最大的峰，如果使用 $F_{\boldsymbol{H}}^{\text{o}} = \left|F_{\boldsymbol{H}}^{\text{o}}\right| \exp(\mathrm{i}\varphi_{\text{true}})$ 作为傅里叶系数时，有

$$\rho_{\mathrm{o}}(\boldsymbol{r})=\frac{1}{V}\sum_{\boldsymbol{H}}F_{\boldsymbol{H}}^{\mathrm{o}}\exp(-2\pi i\boldsymbol{H}\cdot\boldsymbol{r}) \tag{2.199}$$

上式代表了真实的结构，为了看清初始结构与真实结构有多少偏差，计算差分项：

$$\Delta\rho(\boldsymbol{r})=\rho_{\mathrm{o}}(\boldsymbol{r})-\rho_{\mathrm{c}}(\boldsymbol{r})=\frac{1}{V}\sum_{\boldsymbol{H}}\left(F_{\boldsymbol{H}}^{\mathrm{o}}-F_{\boldsymbol{H}}^{\mathrm{c}}\right)\exp(-2\pi i\boldsymbol{H}\cdot\boldsymbol{r}) \tag{2.200}$$

但是φ_{true}的值是不知道的，我们必须要假定$\varphi_{\mathrm{true}}\approx\varphi_{\boldsymbol{H}}^{\mathrm{c}}$，方程（2.200）变为：

$$\Delta\rho(\boldsymbol{r})=\frac{1}{V}\sum_{\boldsymbol{H}}\left(\left|F_{\boldsymbol{H}}^{\mathrm{o}}\right|-\left|F_{\boldsymbol{H}}^{\mathrm{c}}\right|\right)\exp\left(-2\pi i\boldsymbol{H}\cdot\boldsymbol{r}+i\varphi_{\boldsymbol{H}}^{\mathrm{c}}\right) \tag{2.201}$$

如果模型中缺少一个原子，那么在该位置，$\rho_{\mathrm{c}}(\boldsymbol{r})$将为零，而$\rho_{\mathrm{o}}(\boldsymbol{r})$将显示一个最大值。差异合成图也将在相同位置显示一个峰值，但在模型原子的位置（如果这些位置是正确的），$\rho_{\mathrm{o}}(\boldsymbol{r})\approx\rho_{\mathrm{c}}(\boldsymbol{r})$，因此几乎为零。

差分傅里叶图的一个重要特性是它们几乎不受级数截断误差的影响。事实上，由于观测到的衍射点数目有限，通过式（2.198）和式（2.199）计算的傅里叶图会在每个峰周围显示一些波纹，波纹的大小随着峰值高度的增加而增加。因此，靠近重原子的轻原子可能会被这些波纹遮盖。由于两级数方程（2.198）和（2.199）中的项数相同，截断误差也将大致相同，并会在差分方程（2.201）中相互抵消。

参 考 文 献

[1] Theo Hahn. International Tables for Crystallography Volume A: Space-Group Symmetry. Berlin: Springer, 2006, 185.

[2] Sands D E. Vectors and tensors in crystallography. Addison-Wesley, Reading, 1982.

[3] Cooley J W, Tukey J W. An algorithm for the machine calculation of complex Fourier series. Mathematics of Computation, 1965, 19: 297.

[4] 姜小明, 郭国聪. 电子结构晶体学. 北京: 科学出版社, 2022.

[5] Darwin C G. The theory of X-ray reflexion. XXXIV. Philosophical Magazine, 1914, 27: 315.

[6] Darwin C G. The reflexion of X-rays from imperfect crystals. XCII. Philosophical Magazine, 1922, 43: 800.

[7] Hauptman H, Karle J. The solution of the phase problem. I. The centrosymmetric crystal, ACA Monograph, No. 3. New York: Polycrystal Book Service, 1953.

[8] Hauptman H, Karle J. Structure invariants and seminvariants for noncentrosymmetric space groups. Acta Crystallographica, 1956, 9: 45.

[9] Oszlányi G, Sütö A. *Ab initio* structure solution by charge flipping. Acta Cryst. A, 2004, 60: 134-141.

[10] Oszlányi G, Sütö A. *Ab intitio* structure solution by charge flipping. ii. use of weak reflections. Acta Cryst. A, 2005, 61: 147-152.

第3章 调制结构

3.1 引　　言

严格序缺陷结构（perfectly ordered defect structure）是一类在晶体中存在着有规律、周期性排列的缺陷结构。尽管这些缺陷打破了晶体的完美无缺状态，但它们依然保持了严格的有序性和周期性，因此被称为严格序缺陷结构。这类缺陷结构具有以下特征：①周期性排列：缺陷以一定的周期在晶体中重复出现，维持了晶体的整体有序性。例如，某些固溶体中，掺杂原子可能形成有序的阵列。②保持一定的对称性：尽管有缺陷存在，但材料的整体晶体对称性仍然保留。这意味着缺陷的引入并未破坏晶体的宏观对称性。③热力学稳定性：严格序缺陷结构通常具有较高的热力学稳定性，这与缺陷的有序排列有关。它们可能通过特定的合成条件（如温度、压力）形成并被稳定下来。严格序缺陷结构是一类高度有序、周期性排列的缺陷结构，其研究对于理解材料的微观结构及其对宏观性能的影响至关重要。通过深入研究这类结构，科学家可以设计和开发出具有优越性能的新型材料，在多个高技术领域中发挥关键作用。

调制结构（modulated structure）是一类重要的严格序缺陷结构，也称为非周期性结构（aperiodic structure），其中晶体的基本结构被周期性或准周期性地调制[1-4]。这种调制通常表现为晶体中原子、离子或分子的排列方式发生规律性的变化，超出了基本晶格参数的范围。调制结构形成的原因有多种，晶格缺陷是其中的一种，如在某些材料中，缺陷（如空位、间隙原子、置换原子等）会有规律地排列，形成调制结构。在某些复杂材料中，缺陷的局部化效应可以导致电子结构或自旋结构发生周期性变化。

重要的是，缺陷可以引起调制结构，但并不是所有调制结构都由缺陷引起。晶体内部的相互作用力也是调制结构形成的关键因素。当晶体中的原子之间存在多种相互作用（如库仑力、范德瓦耳斯力、电子-声子相互作用等）时，如果这些作用力之间存在竞争或不平衡，原子排列就会偏离基本的周期性，系统可能通过调制形成具有更低能量的调制结构。总之，调制结构是一类复杂且广泛存在于材料中的现象，其形成机制涉及缺陷、相互作用力的竞争、相变、电荷或自旋密度波、应力应变等多种因素。通过研究调制结构，可以深入理解材料的微观结构及其对宏观性质的影响。这为开发新材料、优化现有材料性能提供了理论基础和技术支持。本章讲述了调制缺陷结构的理论与分析方法。

3.2 三维空间中描述调制结构

3.2.1 非周期性序

3.2.1.1 周期性结构

周期性晶体的原子结构可以完全采用 3 个基矢的平移对称性和晶胞中的原子来描述，相对于单胞原点的原子 $\boldsymbol{u}$ 的位置为

$$\boldsymbol{x}^0(\mu) = x_1^0(\mu)\boldsymbol{a}_1 + x_2^0(\mu)\boldsymbol{a}_2 + x_3^0(\mu)\boldsymbol{a}_3 \tag{3.1}$$

其中 $(x_1^0(\mu), x_2^0(\mu), x_3^0(\mu))$ 是相对于基矢 $\{\boldsymbol{a}_1, \boldsymbol{a}_2, \boldsymbol{a}_3\}$ 的相对坐标。因此，单胞中所有可能的位置都可以用在 0 和 1 之间的坐标来描述，$0 \leqslant x_i^0(\mu) < 1$ $(i=1, 2, 3)$，平移对称性使用晶格 $\Lambda = \{\boldsymbol{a}_1, \boldsymbol{a}_2, \boldsymbol{a}_3\}$ 来描述，晶格矢量：

$$\boldsymbol{L} = l_1\boldsymbol{a}_1 + l_2\boldsymbol{a}_2 + l_3\boldsymbol{a}_3 \tag{3.2}$$

其中 l_i $(i=1, 2, 3)$ 为整数。平移对称性暗示了等效原子的坐标相差一个晶格矢量，因此，这些原子的坐标 $(\bar{x}_1, \bar{x}_2, \bar{x}_3)$ 可以写成：

$$\bar{\boldsymbol{x}} = \boldsymbol{L} + \boldsymbol{x}^0(\mu) \tag{3.3}$$

即一个无限晶体的原子结构可以通过对一个单胞中所有原子 $\mu = 1, \cdots, N$ 的晶格矢量变化 L 获得。为了便于展示调制结构的理论，这里使用下标 $i = 1, 2, 3$ 来表示三个空间方向。相应地，$\{\boldsymbol{a}_1, \boldsymbol{a}_2, \boldsymbol{a}_3\}$, (x_1, x_2, x_3) 和 $(h_1h_2h_3)$ 分别与常用符号 $\{\boldsymbol{a}, \boldsymbol{b}, \boldsymbol{c}\}$，$(x, y, z)$ 和 (hkl) 相对应。

3.2.1.2 调制结构

晶态物质被定义为有长程序的物质，周期性是一种典型的长程序。除了平移对称性导致的周期性长程序外，长程序也可以通过其他方式获得，形成非公度调制晶体、非公度复合晶体和准晶。

调制结构可以从平移对称性的结构中获得。考虑在晶胞原点处有一个原子的周期性结构。通过将原子沿着 $\pm\boldsymbol{a}_2$ 方向交替地移动相等的距离，可以形成一个对应于 $\boldsymbol{a}_2$ 轴加倍的二倍超晶格。显然，新结构具有长程有序性和平移对称性，晶胞的体积是原晶胞的两倍。超晶格可以描述为一个公度调制结构，原子的位移通过一个周期性函数（调制函数）的值来获得，该函数的周期等于超晶格的周期，即

在本例中等于 $2\boldsymbol{a}_2$。现在，可以考虑一个其周期与任何晶格平移的整数倍不匹配的调制波，形成的结构称为非公度调制结构。由于这种不匹配性，无论采用多大的超胞，所得结构都不具有平移对称性。然而，只要调制波的形状和振幅已知，长程有序性仍然得以保留。

原始晶格中原子的位移可以有任何方向和幅度，因此需要 3 个独立的调制函数来描述一个原子的位置偏移，原子 μ 的调制函数因此是一个矢量函数，含有 3 个分量 $(u_1^\mu, u_2^\mu, u_3^\mu)$，分别对应三个基矢 $\{\boldsymbol{a}_1, \boldsymbol{a}_2, \boldsymbol{a}_3\}$。

调制函数是波函数，它们可以使用一个波矢 $\boldsymbol{q}$ 来描述，$\boldsymbol{q}$ 描述了波的方向和波长。$\boldsymbol{q}$ 的成分参照基础结构倒格子基矢，$\Lambda^* = \{\boldsymbol{a}_1^*, \boldsymbol{a}_2^*, \boldsymbol{a}_3^*\}$，即：

$$\boldsymbol{q} = \sigma_1 \boldsymbol{a}_1^* + \sigma_2 \boldsymbol{a}_2^* + \sigma_3 \boldsymbol{a}_3^* \tag{3.4}$$

如果 $\sigma_i (i=1, 2, 3)$ 中有一个、两个或三个是无理数，则为非公度。如果可以用单一的调制波矢来描述，而不管非 0 或无理数的数目，则称为一维调制。调制波函数 $\boldsymbol{u}(\bar{x}_4)$ 是相位 $\bar{x}_4$ 的周期函数：

$$\bar{x}_4 = t + \boldsymbol{q} \cdot \bar{\boldsymbol{x}} \tag{3.5}$$

$\boldsymbol{q}$ 和 $\bar{\boldsymbol{x}}$ 分别为倒空间和直空间中的坐标，$\boldsymbol{q} \cdot \bar{\boldsymbol{x}}$ 为 $\boldsymbol{q}$ 和 $\bar{\boldsymbol{x}}$ 的标量积：

$$\boldsymbol{q} \cdot \bar{\boldsymbol{x}} = \sigma_1 \bar{x}_1 + \sigma_2 \bar{x}_2 + \sigma_3 \bar{x}_3 \tag{3.6}$$

t 为实数，代表了调制波的初始相位，它在非周期性晶体的超空间分析中扮演重要的角色。但现在可以设置为任意值，如 $t=0$。对调制函数唯一的限制是它们是周期函数：

$$\boldsymbol{u}^\mu (\bar{x}_4 + 1) = \boldsymbol{u}^\mu (\bar{x}_4) \tag{3.7}$$

基础结构中原子 u 的位置 $\bar{\boldsymbol{x}}$ 的偏移量：

$$\boldsymbol{u}^\mu (\bar{x}_4) = u_1^\mu (\bar{x}_4) \boldsymbol{a}_1 + u_2^\mu (\bar{x}_4) \boldsymbol{a}_2 + u_3^\mu (\bar{x}_4) \boldsymbol{a}_3 \tag{3.8}$$

L 单胞中 u 原子的位置 $\boldsymbol{x}$ 为基础位置与调制函数之和：

$$\boldsymbol{x} = \bar{\boldsymbol{x}} + \boldsymbol{u}^\mu (\bar{x}_4) \tag{3.9}$$

所有的周期函数都可写成傅里叶级数形式：

$$u_i^\mu (\bar{x}_4) = \sum_{n=1}^{\infty} A_i^n (\mu) \sin(2\pi n \bar{x}_4) + B_i^n (\mu) \cos(2\pi n \bar{x}_4) \tag{3.10}$$

傅里叶系数（幅度）$\boldsymbol{A}^n (\mu) = [A_1^n (\mu), A_2^n (\mu), A_3^n (\mu)]$ 和 $\boldsymbol{B}^n (\mu) = [B_1^n (\mu), B_2^n (\mu), B_3^n (\mu)]$ 定义了原子 μ 的调制函数，它们是调制结构分析中需要确定的结构参数。方程（3.10）显示了任意形式的调制函数都需要无穷个参数，但实验上通常只需确定一阶 $(n=1)$ 或少数几阶的傅里叶系数。

调制不仅仅限制为位移性调制，在有原子部分占据的结构中，空位有序可能会导致非公度调制结构，一个例子是 $Fe_{1-x}S$[5]中有 x 部分的 Fe 位置是空的，这些空位序利用调制波描述了 Fe 位置的占据概率。调制波矢为 $\boldsymbol{q}=(0, 0, 2x)$，是公度还是非公度取决于 x 的具体值。当 $x=1/8$ 时，其结构为一个四倍的超晶格。

不同原子共占一个位置的调制可以以与空位序同样的方式来定义，系统性的占位概率的改变，从一个单胞到下一个单胞可能会导致非公度调制结构或超晶格，这取决于调制波的周期。另外，原子位移参数（ADPs）也可能会调制，这经常与位移或占据调制同时发生。

3.2.1.3　非公度复合结构

非公度复合结构基于两个相互穿插的周期性晶格，但相互之间是非公度的。它们的构造规则很容易通过层状化合物来展示。如石墨、NbS_2 可看出是层状结构的堆叠，每层都有几个原子层那么厚，在每层里面，原子因强的化学键形成一个网络，然而层与层之间通过弱的范德瓦耳斯力结合。两个平行于层的晶格周期主要由强键确定，第三个晶格周期为堆叠方向的重复距离。相应地，许多层状化合物都有平移对称性的晶体结构。

层状化合物的一个变体是两种化学组成完全不同的层的穿插堆叠，如失配层状化合物 $[LaS]_{1.14}[NbS_2]$[6]，其中 NbS_2 层与 LaS 层交叠，并且拥有一个结构相当于两原子厚片的岩盐结构。NbS_2 有近似的三维平移对称性，空的区域被 LaS 占据，后者形成了一个近似三维平移对称结构。在堆叠方向，NbS_2 和 LaS 格子共用一个周期，包含了一个 NbS_2 层和一个 LaS 层。然而，平行于层的方向，NbS_2 和 LaS 有它们自己的晶格常数，因为它们由层内的强化学键决定。NbS_2 化合物的一个晶胞参数几乎等于岩盐 LaS 的晶胞参数。在复合结构 $[LaS]_{1.14}[NbS_2]$ 中，这两个格子参数严格相同，这是独立层的小畸变导致的。因此，$[LaS]_{1.14}[NbS_2]$ 中的两个子格子共用两个晶胞参数，然而在第三个方向，它们呈非公度关系，即面内的一个方向非公度，面内的另一个方向和垂直于面的方向上 LaS 和 NbS_2 参数是相同的。

构造非公度复合结构晶体的另一种方式是共线原子的排列，每个原子链都在链方向上有它们自己的周期，如 $[Sr]_{1+x}[TiS_3]$ $(x\approx 0.1)$[7,8]，而在垂直于链方向的两个独立的方向上两个子系统 Sr 和 TiS_3 是相同的。第三个构造规则是框架化合物，里面的孔道被原子列填充，填充的周期性与框架结构的周期性不同。由于框架和填充原子占据不同的空间，垂直于链或隧道方向的周期对于两个子系统是相同的。比如尿素/烷烃穿插化合物[9]和成分为 $Eu_{1-p}Cr_2Se_{4-p}$ $(p=0.284)$ 的无机物 $[Cr_7Se_{12}][Eu_3CrSe_3]_{0.4050}[Eu_3Se]_{0.5447}$[10]，第一个子系统 Cr_7Se_{12} 由 $CrSe_6$ 八面体共棱和共面形成的一个框架，六角形的隧道由 Eu_3CrSe_3 列填充，三角形的隧道填充了

Eu_3Se 框架、六角形列和三角形列在隧道方向都有它们自己的周期性，$Eu_{1-p}Cr_2Se_{4-p}$ 是少数几个已知有三个子系统的复合晶体之一。

描述复合结构时，可以为每个原子指定基础结构坐标 $\boldsymbol{x}^0(\mu)$ 和调制函数 $\boldsymbol{u}^{\mu}(\overline{x}_4)$ 或者它们的傅里叶系数 $A^n(\mu)$ 和 $B^n(\mu)$，这些坐标参考了子系统的基础结构。为了区别不同的子系统，需要引入另外的参数 $\nu=1, 2, \cdots$ 分别对应不同的子系统。子系统 ν 近似的平移对称性可通过晶格表征：

$$\Lambda_\nu=\{\boldsymbol{a}_{\nu 1}, \boldsymbol{a}_{\nu 2}, \boldsymbol{a}_{\nu 3}\} \tag{3.11}$$

子系统 ν 的调制波矢为

$$\boldsymbol{q}_\nu=\sigma_1^\nu \boldsymbol{a}_{\nu 1}^*+\sigma_2^\nu \boldsymbol{a}_{\nu 2}^*+\sigma_3^\nu \boldsymbol{a}_{\nu 3}^* \tag{3.12}$$

并且 ν 子系统调制函数的参数可表示为

$$\overline{x}_{\nu 4}=t_\nu+\boldsymbol{q}_\nu \cdot \overline{\boldsymbol{x}} \tag{3.13}$$

不同子系统的参数不是独立的。t_1, t_2 之间的关系以及 $\boldsymbol{q}_1$ 和 $\boldsymbol{q}_2$ 之间的关系可从 3.4 节超空间描述中推导出来。

3.2.1.4 准晶

准晶（quasicrystal）是一类在结构上介于晶体和非晶体之间的物质。它们具有长程有序性，但没有传统晶体的平移对称性。传统晶体的原子排列具有周期性，即可以通过简单的平移操作将晶格从一个位置移到另一个位置，保持相同的结构。但准晶体不同，它们的原子排列虽然有序，却不具备周期性。准晶体中最显著的特性之一是其可以表现出通常只有在非周期性结构中才会出现的对称性，特别是五重、八重、十重和十二重旋转对称性，这些对称性在传统晶体中是被禁止的。

准晶体最早由Shechtman通过电子显微镜观察铝-锰合金的衍射图案时发现[11]。这种合金表现出十重对称性，这在传统晶体学中是不允许的。Shechtman 的发现最初受到质疑，因为它违背了晶体学的基本原则。然而，随着更多实验的验证，准晶体的存在逐渐被接受，Shechtman 也因此获得了 2011 年的诺贝尔化学奖。

准晶体的结构主要通过数学上的镶嵌理论来解释，最著名的是 Penrose 镶嵌。Penrose 镶嵌使用了两种形状的菱形来铺满平面，且铺设过程中遵循特定的规则，使得结构有序但不具有周期性。这种镶嵌理论后来被用来描述准晶体的原子排列。可以通过使用两种不同的原型瓦片在平面上获得准周期镶嵌。在最简单的形式中，它们是等边菱形，夹角是(360/10)°的倍数，瘦菱形的边缘夹角为 36°，而胖菱形的夹角为 72°，可以拼成如图 3-1（a）所示的二维准晶体[12]。

Penrose 镶嵌在多个方面显示出晶体特性[13,14]。它的边缘仅出现在五种不同的方向上，代表隐藏的五重旋转对称性。平移对称性被局部同构性取代：Penrose 镶嵌中的任意有限区域都会在其直径两倍的距离内重复。如果在 Penrose 镶嵌的顶点处放置具有散射能力的“原子”，其傅里叶变换可形成布拉格衍射图 3-1（b）[15,16]。衍射的清晰度表明了镶嵌的长程有序性，而衍射图案的十重点对称性（镶嵌对称性加上反演对称性）代表了镶嵌的隐藏五重对称性。Penrose 镶嵌中有序性利用了黄金比例 $\tau=\frac{1}{2}+\frac{1}{2}\sqrt{5}$，即胖菱形的面积是瘦菱形面积的 τ 倍，而在镶嵌中胖菱形的数量是瘦菱形数量的 τ 倍。准晶体还可以通过高维空间的周期结构投影到三维空间来解释。例如，许多准晶体的结构可以看作是五维或六维空间中周期性晶体的投影。通过这种方法，可以更好地理解准晶体中复杂的几何排列以及它们的长程有序性。

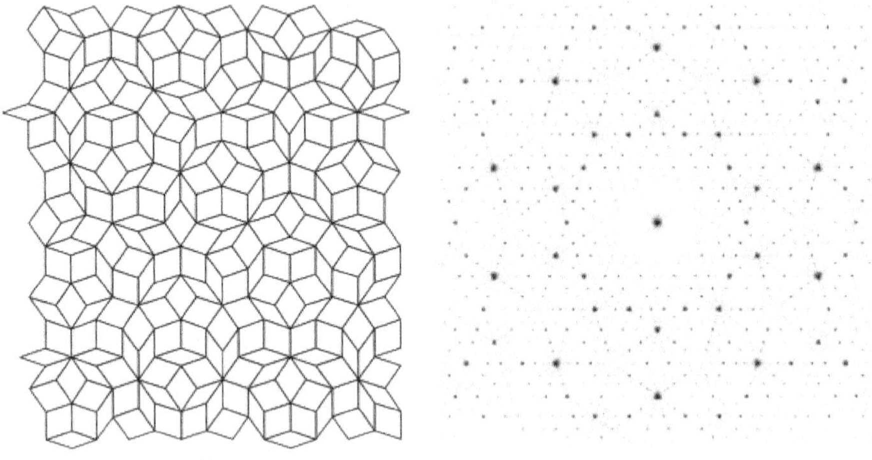

(a)　　(b)

图 3-1　（a）二维 Penrose 镶嵌；（b）Penrose 镶嵌的衍射图[16]

准晶体的原子结构可以通过用原子替代 Penrose 镶嵌来构建。两个镶嵌单元都可以独立地填充原子，但需要注意的是，所有八个顶点必须具有相同的原子，通过堆叠准周期平面可以获得三维结构，从而形成在两个维度上呈现准周期性、在第三个方向上呈现周期性的晶体。已知的大多数具有五重对称性原子平面的结构都拥有十重对称性点群的三维结构。这是通过交替堆叠五重对称平面及其旋转 36°的相同平面实现的。在这些十重准晶体中，周期性方向至少包含两层原子。任何 n 重旋转对称性（n 为整数）的平面镶嵌都是可能的，相应的轴向准晶体可以通过堆叠准周期平面来制造。它们在堆叠方向上具有平移对称性。实验上，已发现八重对称性（八角准晶体）、十重对称性（十角准晶体）和十二重对称性（十二角准晶体）的轴向准晶体[17]。

已发现许多化合物是二十面体点群的准晶体，即它们的衍射图案具有二十面体点对称性。二十面体点群包含指向二十面体顶点的六条五重旋转轴。因此，不存在唯一的旋转轴，二十面体准晶体在空间的所有方向上都是准晶体结构。二十面体空间镶嵌可以用 Penrose 镶嵌的推广来获得，此时使用的是长菱形体和扁菱形体作为两种原型构造单元瓦片[18]。

已知的准晶体许多都是金属间化合物，通常由两种或多种金属元素组成，例如铝-锰、铝-铜-铁等。这些化合物的原子通常排列成簇，每个原子簇通过特定的方式重叠，形成具有准周期性的结构。准晶体在物理性质上与传统晶体和非晶体都有所不同。例如，它们的导电性通常较差，因为准晶体中的原子排列虽然有序，但由于缺乏平移对称性，电子难以像在金属晶体中那样自由移动。此外，准晶体的热导率也较低，这使得它们在高温下表现出优异的热稳定性。准晶体还具有很高的硬度和低的摩擦系数，这使得它们在某些应用中非常有用。

3.2.2 周期性晶体的衍射

非周期晶体以布拉格衍射的形式散射 X 射线。布拉格衍射的形状和强度在周期性晶体和非周期性晶体中是类似的，它们反映了在任何类型的晶体材料中都存在着完美长程有序性。周期性晶体的平移对称性表现在它们的衍射中，任何 Bragg 反射的散射矢量 $\boldsymbol{S}$ 都可以由倒空间晶格矢量 $\boldsymbol{G}$ 来表示：

$$\boldsymbol{G} = h_1 \boldsymbol{a}_1^* + h_2 \boldsymbol{a}_2^* + h_3 \boldsymbol{a}_3^* \tag{3.14}$$

其中 h_1, h_2 和 h_3 为整数，散射矢量 $\boldsymbol{S}$ 定义为散射线 $\boldsymbol{k}$ 与入射线 $\boldsymbol{k}_0$ 的差，与波长 λ 和散射角 2θ 有关：

$$|\boldsymbol{S}| = S = 2\frac{\sin(\theta)}{\lambda} \tag{3.15}$$

S 表示散射矢量的长度，倒空间格矢 $\boldsymbol{G}$ 给出了周期性晶体最大衍射斑点的散射矢量。$\boldsymbol{S} \neq \boldsymbol{G}$ 的散射是由于 Bragg 峰存在半高宽，晶体的不完美性和热振动，以及晶体没有平移对称性。

在一级近似下，散射波的幅度 $E(\boldsymbol{S})$ 正比于电子密度的傅里叶变换：

$$E(\boldsymbol{S}) = \int \rho(\boldsymbol{x}) \exp[2\pi i \boldsymbol{S} \cdot \boldsymbol{x}] \mathrm{d}\boldsymbol{x} \tag{3.16}$$

其积分延伸至所有空间。电子密度分布 $\rho(\boldsymbol{x})$ 以单位体积内的电子数来衡量，定义为 $\rho(\boldsymbol{x})\mathrm{d}\boldsymbol{x}$，即空间中 $\boldsymbol{x}$ 处，无穷小体积 $\mathrm{d}\boldsymbol{x}$ 内的电子数，方程（3.16）定义了单个电子的散射（Thomson 散射）。由于所有物质，不管固体、液体或气体，都由原子构成，式（3.16）的一个好的近似是将电子密度写成原子电子密度之和的形式 $\rho_j(\boldsymbol{x})$：

$$\rho(\boldsymbol{x}) = \sum_{j=1}^{N_{\text{vol}}} \rho_j[\boldsymbol{x} - \boldsymbol{x}(j)] \tag{3.17}$$

其中 $\boldsymbol{x}(j)$ 为 j 原子的坐标，并且求和遍历了衍射物质中的所有原子 N_{vol}，将式（3.17）代入式（3.16），整理后有：

$$E(\boldsymbol{S}) = \sum_{j=1}^{N_{\text{vol}}} f_j(\boldsymbol{S}) \exp[2\pi i \boldsymbol{S} \cdot \boldsymbol{x}(j)] \tag{3.18}$$

其中 $f_j(\boldsymbol{S})$ 为原子散射因子，即原子电子密度的傅里叶变换：

$$f_j(\boldsymbol{S}) = \int \rho_j(\boldsymbol{x}) \exp[2\pi i \boldsymbol{S} \cdot \boldsymbol{x}] \mathrm{d}\boldsymbol{x} \tag{3.19}$$

式（3.17）和式（3.18）为独立原子近似。

原子的电子密度 $\rho_j(\boldsymbol{x})$ 包含一个以坐标系原点为中心的单一峰值。这个峰值的半高宽（FWHM）大约为 1 Å，且在 $|x|$ 较大时 $\rho_j(\boldsymbol{x})$ 指数级地趋向于零。方程（3.17）中的参数将这一峰值移动到原子 j 的位置 $\boldsymbol{x}(j)$。尽管不同的原子具有不同的位置，$\rho_j(\boldsymbol{x})$ 的不同函数数量却仅限于化学元素的数量。对于自由原子，$\rho_j(\boldsymbol{x})$ 是球对称的，因此原子散射因子仅是散射向量长度的函数［式（3.15）］。通过转换为球坐标，并注意到球对称函数仅依赖于 $r = |\boldsymbol{x}|$，原子散射因子的表达式（3.19）可以简化为

$$f_j(S) = \int_0^{\infty} \rho_j(r) \frac{\sin[2\pi S r]}{S} 2r \, \mathrm{d}r \tag{3.20}$$

所有元素的 $f(S)$ 已列表于《国际晶体学表》的 C 卷。

需要考虑的基本量是强度 $I(S)$，而不是散射辐射的振幅，因为可以测量的是强度，而振幅是不可测量的。散射的强度和幅度关系：

$$I(\boldsymbol{S}) = |E(\boldsymbol{S})|^2 = E(\boldsymbol{S}) E(\boldsymbol{S})^* \tag{3.21}$$

其中 E^* 为 E 的复共轭，将散射波的表达式（3.16）或（3.18）代入，有

$$I(\boldsymbol{S}) = \int \left(\int \rho(\boldsymbol{y}) \rho(\boldsymbol{x} + \boldsymbol{y}) \mathrm{d}\boldsymbol{y} \right) \exp[2\pi i \boldsymbol{S} \cdot \boldsymbol{x}] \mathrm{d}\boldsymbol{x} \tag{3.22}$$

$$= \sum_{j=1}^{N_{\text{vol}}} \sum_{j'=1}^{N_{\text{vol}}} f_j(\boldsymbol{S}) f_{j'}(\boldsymbol{S}) \exp[2\pi i \boldsymbol{S} \cdot (\boldsymbol{x}[j] - \boldsymbol{x}[j'])] \tag{3.23}$$

式（3.22）用到了傅里叶变换的卷积定理，即两函数卷积的傅里叶变换等于每个函数傅里叶变换的乘积：

$$F(I) = \int \rho(\boldsymbol{y}) \rho(\boldsymbol{x} + \boldsymbol{y}) \mathrm{d}\boldsymbol{y} \tag{3.24}$$

在 $\boldsymbol{y}$ 上的积分定义了 Patterson 函数或对关联函数［第 2 章式（2.183）］。如果原子的位置信息是精确已知的，比如对于完美的周期性和非周期性结构，强度可

以通过先计算散射幅度［式（3.18）］，然后应用式（3.21）获得。然而，在实际晶体中，原子的位置 $\boldsymbol{x}(j;t)$ 受热振动的影响是时间依赖的。强度可以通过对瞬时散射强度［式（3.22）和式（3.23）］进行时间平均 $\langle\cdots\rangle_t$ 来获得：

$$I(\boldsymbol{S})=\sum_{j=1}^{N_{\text{vol}}}\sum_{j'=1}^{N_{\text{vol}}}f_j(\boldsymbol{S})f_{j'}(\boldsymbol{S})\left\langle\exp\left[2\pi i\boldsymbol{S}\cdot(\boldsymbol{x}[j;t]-\boldsymbol{x}[j';t])\right]\right\rangle_t \tag{3.25}$$

忽略热振动和无序的情况下，周期性晶体的散射可以通过将方程（3.3）中的原子位置设置为晶格周期位置来计算：

$$\boldsymbol{x}(j)=\boldsymbol{L}+\boldsymbol{x}^0(\mu) \tag{3.26}$$

N_{vol} 个 j 原子可以使用单胞中 N 个原子来描述，单胞数 $N_{\text{cell}}=N_{\text{vol}}/N$，采用式（3.26），散射幅度［式（3.18）］为

$$E(\boldsymbol{S})=F(\boldsymbol{S})\sum_{\boldsymbol{L}}^{N_{\text{cell}}}\exp[2\pi i\boldsymbol{S}\cdot\boldsymbol{L}] \tag{3.27}$$

根据第 2 章，结构因子 $F(\boldsymbol{S})$ 定义为一个单胞的散射幅度：

$$F(\boldsymbol{S})=\sum_{\mu=1}^{N}f_\mu(\boldsymbol{S})\exp\left[2\pi i\boldsymbol{S}\cdot\boldsymbol{x}^0(\mu)\right] \tag{3.28}$$

体积为 V 的晶体的形状函数 $\sigma_V(\boldsymbol{x})$ 定义为

$$\sigma_V(\boldsymbol{x})=\begin{cases}1, & \boldsymbol{x}\text{在晶体内}\\ 0, & \boldsymbol{x}\text{在晶体外}\end{cases} \tag{3.29}$$

晶体的电子密度可以写成一个无限晶体的电子密度与形状函数的乘积：

$$\rho(\boldsymbol{x})=\rho_\infty(\boldsymbol{x})\sigma_V(\boldsymbol{x}) \tag{3.30}$$

应用傅里叶变换的卷积定理，式（3.16）的散射幅度为

$$E(\boldsymbol{S})=\int\hat{\rho}_\infty(\boldsymbol{S}')\hat{\sigma}_V(\boldsymbol{S}-\boldsymbol{S}')\,\mathrm{d}\boldsymbol{S}' \tag{3.31}$$

无限晶体电子密度 $\hat{\rho}_\infty(\boldsymbol{S})$ 的傅里叶变换可通过将式(3.27)求和加到无穷获得：

$$\hat{\rho}_\infty(\boldsymbol{S})=F(\boldsymbol{S})\sum_{\boldsymbol{L}}\exp[2\pi i\boldsymbol{S}\cdot\boldsymbol{L}]=F(\boldsymbol{S})\sum_{\boldsymbol{G}}\delta(\boldsymbol{S}-\boldsymbol{G}) \tag{3.32}$$

其中第二项求和覆盖所有倒格子矢量 $\boldsymbol{G}$。函数 $\delta(\boldsymbol{S})$ 定义为除了 $x=a$ 的地方都满足 $\delta(x-a)=0$，并且对于具有良好性质的函数 $f(x)$，有

$$\int_{-\infty}^{\infty}f(x)\,\delta(x-a)\,\mathrm{d}x=f(a) \tag{3.33}$$

在推导式（3.32）过程中，使用到性质：

$$\sum_{m=-\infty}^{\infty}\exp[2\pi ism]=\sum_{m=-\infty}^{\infty}\delta(s-m) \tag{3.34}$$

根据式（3.31）和式（3.32），有限晶体的散射幅度：

$$E(\boldsymbol{S}) = F(\boldsymbol{S})\sum_{\boldsymbol{G}} \hat{\sigma}_V(\boldsymbol{S}-\boldsymbol{G}) \tag{3.35}$$

形状函数的傅里叶变换标记为 $\hat{\sigma}_V(\boldsymbol{S})$。由于 $\sigma_V(\boldsymbol{x})$ 是一个宽峰函数，其傅里叶变换峰很尖，最大值 $\hat{\sigma}_V(0)=V$，宽度为 $1/V^{1/3}$。$\hat{\sigma}_V(\boldsymbol{S})$ 的准确形状依赖于晶体的性质，但对于典型的晶体尺寸，$\hat{\sigma}_V(\boldsymbol{S})$ 比倒格子点间距要窄得多，在大散射体积极限下，$\hat{\sigma}_V(\boldsymbol{S})$ 与 $\delta(\boldsymbol{S})$ 相关：

$$\delta(\boldsymbol{S}) = \lim_{V\to\infty} \hat{\sigma}_V(\boldsymbol{S}) = \lim_{V\to\infty} \frac{1}{V}[\hat{\sigma}_V(\boldsymbol{S})]^2 \tag{3.36}$$

对于一个足够大的晶体，对于相同的 $\boldsymbol{S}$，如果 $\boldsymbol{G}$ 和 $\boldsymbol{G}'$ 是不同的倒格子矢量，函数 $\hat{\sigma}_V(\boldsymbol{S}-\boldsymbol{G})$ 和 $\hat{\sigma}_V(\boldsymbol{S}-\boldsymbol{G}')$ 将不可能同时非 0。应用这些性质，一个有限晶体的散射强度为

$$I(\boldsymbol{S}) = \sum_{G} |F(\boldsymbol{G})|^2\, [\hat{\sigma}_V(\boldsymbol{S}-\boldsymbol{G})]^2 \tag{3.37}$$

方程（3.37）描述了倒空间中 Bragg 衍射点的散射强度。峰宽为 $1/V^{1/3}$ 量级，从式（3.36）可看出，散射强度正比于散射体积 V。

3.2.3 调制晶体的衍射

非周期性晶体的 X 射线散射是以 Bragg 衍射的形式，不同于周期性晶体，散射矢量不是倒格子矢量形式，但是它们能被整数指标化，对于调制矢量为 $\boldsymbol{q}$ 的调制晶体，Bragg 衍射的散射矢量为

$$\boldsymbol{H} = h_1\boldsymbol{a}_1^* + h_2\boldsymbol{a}_2^* + h_3\boldsymbol{a}_3^* + h_4\boldsymbol{a}_4^* \tag{3.38}$$

其中 $\boldsymbol{a}_4^*=\boldsymbol{q}$，并且 $h_1,\cdots,h_4$ 为整数，特别对于调制晶体，四个衍射指标经常标记为

$$(h_1\, h_2\, h_3\, h_4) = (h\,k\,l\,m) \tag{3.39}$$

于是，调制结构的 Bragg 峰的散射矢量为

$$\boldsymbol{H} = \boldsymbol{G} + m\boldsymbol{q} \tag{3.40}$$

方程（3.40）显示基础结构 $\boldsymbol{G}$ 的 Bragg 峰被一系列等距离的卫星点包围，与主衍射点的距离为 $\pm m\boldsymbol{q}$，如果调制非常小，卫星点 $(m\neq 0)$ 将比主衍射点弱得多。卫星点的强度随着阶 $|m|$ 的增加而减小，通常只有一阶和二阶卫星点能被观测到。对于三斜、单斜、正交和四方对称性中的二维或高维调制，卫星点的阶定义为卫星点指标的绝对值之和：

$$m = \sum_{j=1}^{d} |m_j| = \sum_{j=1}^{d} |h_{3+j}| \tag{3.41}$$

调制晶体结构的弹性散射计算的起点是式（3.18）的独立原子近似的散射波

的表达式。周期性晶体的原子位置现在为

$$\boldsymbol{x}(j)=\boldsymbol{L}+\boldsymbol{x}^{0}(\mu)+\boldsymbol{u}^{\mu}(\overline{x}_{4}) \tag{3.42}$$

其中 $\mu=1,\ \cdots,N$ 遍历了基础结构单胞中的所有原子，$\boldsymbol{L}$ 为基础结构的晶格矢量。上式代入式（3.18）得到了散射波：

$$E(\boldsymbol{S})=\sum_{\boldsymbol{L}}^{N_{\text{cell}}}\sum_{\mu=1}^{N}f_{\mu}(\boldsymbol{S})\exp\left[2\pi i\boldsymbol{S}\cdot(\boldsymbol{L}+\boldsymbol{x}^{0}(\mu)+\boldsymbol{u}^{\mu}[\hat{x}_{4}])\right] \tag{3.43}$$

无法直接将对 $\boldsymbol{L}$ 和 μ 的求和分离出来，因为调制函数的自变量也依赖于 $\boldsymbol{L}$ 和 μ，根据式（3.5），有

$$\overline{x}_{4}=t+\boldsymbol{q}\cdot\left[\boldsymbol{L}+\boldsymbol{x}^{0}(\mu)\right] \tag{3.44}$$

为了从调制函数的参数中移去 $\boldsymbol{L}$ 和 μ，引入一个额外的积分，应用 δ 函数的如下性质：

$$\begin{aligned}\mathcal{F}(x)&=\int_{-\infty}^{\infty}\delta(x-\tau)\,\mathcal{F}(\tau)\,\mathrm{d}\tau\\&=\int_{0}^{1}\sum_{m=-\infty}^{\infty}\delta(x-\tau-m)\,\mathcal{F}(\tau+m)\,\mathrm{d}\tau\end{aligned} \tag{3.45}$$

$\mathcal{F}(x)$ 为任意的复值函数，如果 $\mathcal{F}(x)$ 是周期为 1 的周期函数，m 可以从变量中去掉，并且求和指标 m 只发生在 δ 函数上，应用式（3.34）的 δ 函数性质，有

$$\begin{aligned}\mathcal{F}(x)&=\int_{0}^{1}\left(\sum_{m=-\infty}^{\infty}\exp[-2\pi im(x-\tau)]\right)\mathcal{F}(\tau)\,\mathrm{d}\tau\\&=\sum_{m=-\infty}^{\infty}\left(\int_{0}^{1}\exp[2\pi im\tau]\,\mathcal{F}(\tau)\,\mathrm{d}\tau\right)\exp[-2\pi imx]\end{aligned} \tag{3.46}$$

定义 $\mathcal{F}(x)=\exp[2\pi i\boldsymbol{S}\cdot\boldsymbol{u}^{\mu}(\overline{x}_{4})]$（注意 $\mathcal{F}$ 不是结构因子 F）和 $x=\overline{x}_{4}-t=\boldsymbol{q}\cdot[\boldsymbol{L}+\boldsymbol{x}^{0}(\mu)]$，散射幅度［方程（3.43）］为

$$\begin{aligned}E(\boldsymbol{S})=\sum_{\boldsymbol{L}}^{N_{\text{cell}}}\sum_{\mu=1}^{N}\sum_{m=-\infty}^{\infty}\int_{0}^{1}f_{\mu}(\boldsymbol{S})\exp\left[2\pi i\boldsymbol{S}\cdot(\boldsymbol{L}+\boldsymbol{x}^{0}[\mu])\right]\exp[2\pi im\tau]\\\times\exp[2\pi i\boldsymbol{S}\cdot\boldsymbol{u}^{\mu}(t+\tau)]\exp\left[-2\pi im\boldsymbol{q}\cdot(\boldsymbol{L}+\boldsymbol{x}^{0}[\mu])\right]\mathrm{d}\tau\end{aligned} \tag{3.47}$$

由于 τ 上的积分严格覆盖了调制函数的一个周期，t 可以从变量中去掉，重新整理项得到：

$$\begin{aligned}E(\boldsymbol{S})=\sum_{m=-\infty}^{\infty}\sum_{\mu=1}^{N}f_{\mu}(\mathrm{S})\int_{0}^{1}\exp[2\pi i\boldsymbol{S}\cdot\boldsymbol{u}^{\mu}(\tau)]\exp[2\pi im\tau]\,\mathrm{d}\tau\\\times\exp\left[2\pi i(\boldsymbol{S}-m\boldsymbol{q})\cdot\boldsymbol{x}^{0}(\mu)\right]\left(\sum_{\boldsymbol{L}}^{N_{\text{cell}}}\exp[2\pi i(\boldsymbol{S}-m\boldsymbol{q})\cdot\boldsymbol{L}]\right)\end{aligned} \tag{3.48}$$

假设一个无限的晶体，对 $\boldsymbol{L}$ 的求和可转移到基础结构倒空间格矢 $\boldsymbol{G}$ 的求和上，这类似于式（3.32），同时考虑晶体的形状函数 $\sigma_V(\boldsymbol{x})$，根据式（3.31），可获得一个有限调制晶体的散射幅度：

$$E(\boldsymbol{S})=\sum_{\boldsymbol{G}}\sum_{m=-\infty}^{\infty}F(\boldsymbol{S};m)\,\hat{\sigma}_V[\boldsymbol{S}-(\boldsymbol{G}+m\boldsymbol{q})] \tag{3.49}$$

其中 $F(\boldsymbol{S};m)$ 为调制晶体的结构因子，求和仅包含了基础结构单胞中的原子：

$$F(\boldsymbol{S};m)=\sum_{\mu=1}^{N}f_{\mu}(\boldsymbol{S})g_{\mu}(\boldsymbol{S};m)\exp\{2\pi i(\boldsymbol{S}-m\boldsymbol{q})\cdot\boldsymbol{x}^0(\mu)\} \tag{3.50}$$

其中：

$$g_{\mu}(\boldsymbol{S};m)=\int_0^1\exp[2\pi i\boldsymbol{S}\cdot\boldsymbol{u}^{\mu}(\tau)]\exp[2\pi i m\tau]\,\mathrm{d}\tau \tag{3.51}$$

衍射强度对调制的依赖体现在函数 $g_{\mu}(\boldsymbol{S};m)$ 中。这个函数可以看作是修正原子散射因子的附加因子。根据方程（3.51），可以容易推导出 $|g_{\mu}(\boldsymbol{S};m)|$ 始终小于 1。在调制函数的幅度趋于零的情况下，对于主衍射点 $(m=0)$，$g_{\mu}(\boldsymbol{S};m)=1$，而对于卫星点 $(m\neq 0)$，$g_{\mu}(\boldsymbol{S};m)=1$。一个重要的性质是，当 $|m|$ 较大时，$g_{\mu}(\boldsymbol{S};m)$ 趋于 0，这源于 $\boldsymbol{u}^{\mu}(\bar{x}_4)$ 的 n 阶谐波的幅度在 n 较大时趋于零，以及式（3.51）中存在振荡因子 $\exp[2\pi i m\tau]$。结构因子和附加的原子散射因子 g_{μ} 独立地依赖于散射向量 $\boldsymbol{S}$ 和卫星衍射指标 m。

散射强度［式（3.21）］定义为散射幅度［式（3.49）］的平方，即：

$$I(\boldsymbol{S})=\sum_{\boldsymbol{G}}\sum_{m=-\infty}^{\infty}|F(\boldsymbol{S};m)|^2\left|\hat{\sigma}_V[\boldsymbol{S}-(\boldsymbol{G}+m\boldsymbol{q})]\right|^2 \tag{3.52}$$

方程（3.52）描述了布拉格衍射，其散射向量根据方程（3.38）和（3.40）用四个整数进行标记。主衍射和卫星衍射的宽度与同尺寸周期性晶体的布拉格衍射宽度相同，并且完全由晶体的形状函数决定。由于 $\boldsymbol{G}$ 和 $\boldsymbol{q}$ 之间的不相容性，方程（3.52）预测了卫星衍射的存在，其散射向量可以任意接近主衍射的散射向量。

3.3 多余一个调制矢量

独立调制波的数量没有限制。每个调制波都由其独特的调制波矢量 $\boldsymbol{q}^j\,(j=1,\ \cdots,\ d)$ 及其分量来描述：

$$\boldsymbol{q}^j=\boldsymbol{\sigma}_{j1}\boldsymbol{a}_1^*+\boldsymbol{\sigma}_{j2}\boldsymbol{a}_2^*+\boldsymbol{\sigma}_{j3}\boldsymbol{a}_3^* \tag{3.53}$$

其中 $\boldsymbol{\sigma}$ 是一个 $d\times 3$ 的矩阵，包含调制波矢的分量。独立调制波的数量 d 可以通过最少需要的调制波矢数量来确定，这个数量是实现衍射图案整数指标化所必需的。

相应地，Bragg 衍射的散射矢量为

$$\begin{aligned}\boldsymbol{H} &= h_1\,\boldsymbol{a}_1^* + \cdots + h_{3+d}\,\boldsymbol{a}_{3+d}^* \\ &= h\,\boldsymbol{a}^* + k\,\boldsymbol{b}^* + l\,\boldsymbol{c}^* + m_1\,\boldsymbol{q}^1 + \cdots + m_d\,\boldsymbol{q}^d\end{aligned} \tag{3.54}$$

其中衍射指标 $(h_1 \cdots h_{3+d})$ 标记为 $(h\,k\,l\,m_1 \ldots m_d)$，并且 $\boldsymbol{a}_{3+j}^* = \boldsymbol{q}^j (j=1,\ \cdots,\ d)$。一个调制结构的衍射谱可指标化为 d 个调制矢量，称为 d 维调制结构。

d 维调制结构的调制函数为变量 $\overline{x}_{3+j}$ $(j=1,\ \cdots,\ d)$ 的周期函数，后者可仿照式（3.5）中 $\overline{x}_4$ 进行定义：

$$\overline{x}_{3+j} = t_j + \boldsymbol{q}^j \cdot \overline{\boldsymbol{x}} \tag{3.55}$$

由于 $\boldsymbol{q}^j$ 相对基础格子是非公度的，而且相互之间也是这样，不同波矢的初始相位 t_j $(j=1,\ \cdots,\ d)$ 可以独立地赋予任意初始值。对于真正独立的波矢，调制函数可通过引入 d 个 $\boldsymbol{u}^{\mu_j}(\overline{x}_{3+j})$［式（3.8）］。然而，波矢之间的相互调制情况时常发生，而且也包含两个或多个变量 $\overline{x}_{3+j}$ 的混合项。这一特征可以从调制函数的傅里叶展开中看出，它不仅仅是类似于方程（3.10）形式的 d 个函数的和，还涉及混合的高次谐波系数：

$$\begin{aligned}u_i^{\mu}(\overline{x}_4,\cdots,\overline{x}_{3+d}) = \sum_{n_1=0}^{\infty} \cdots \sum_{n_d=0}^{\infty} & A_i^{n_1\cdots n_d}(\mu)\sin[2\pi(n_1\overline{x}_4 + \cdots + n_d\overline{x}_{3+d})] \\ & + B_i^{n\cdots n_d}(\mu)\cos[2\pi(n_1\overline{x}_4 + \ldots + n_d\overline{x}_{3+d})]\end{aligned} \tag{3.56}$$

对于 $i=1,\ 2,\ 3$，所有 n_j 等于零的项均被排除在求和之外，因为它表示了相对基础结构位置 $x_i^0(\mu)$ 的偏移。傅里叶系数 $A_I^{n_1\cdots n_d}(\mu)$ 和 $B_i^{n\cdots n_d}(\mu)$ $(i=1,2,3)$ 定义了原子 μ 的调制函数。

3.4 调制结构的超空间描述

前面章节已经讲述，调制结构可使用周期性基础结构单胞中的原子位置以及这些原子位置的调制进行严格描述，这种数学描述是直接的，但这种简单的方式无法解决一些问题。第一个问题是对称性，大多数周期性晶体除了具有平移对称性外，还具备点对称性。目前尚不清楚基础结构的点对称性如何扩展到调制函数，或非公度调制结构是否具有对称性。了解调制函数傅里叶振幅之间的对称关系[方程（3.10）］对成功的结构分析至关重要。任何丢失的对称性都会导致完全关联的参数，结构精修也将会失败。对称性也是理解材料物理性质的核心问题。这包括弹性性质的各向异性及其他张量性质、量子态之间的简并性（对光谱学有深远影响），以及非线性光学性质相关的反演对称性的问题。另一个问题是结构解析，经典的晶体学方法对于非周期性晶体是不适用的，因为直接法、Patterson 法和许多近来的方法都建立在晶体结构的平移对称性基础之上。第三，非公度调制化合物的晶体化学分析是很难的，因为非公度性显示了配位多面体的无穷多不同形状。与此相关的问题是如何解释晶体结构，如晶格能的计算，其经典的方法都依赖于三维周期性。这些问题的一个好的解决方案是超空间方法。超空间是四维空间，前三个坐标轴代表了三维空间，第四个坐标轴为调制函数的坐标（即相位）。

3.4.1　倒易超空间

超空间描述应被视为对非公度晶体结构进行定量分析和可视化的辅助工具，而无需赋予其物理意义。然而，超空间的概念确实牢固地植根于对非周期性晶体的研究。特别是，超空间的建立基于这样一个事实，即非公度调制晶体的衍射图案由布拉格衍射组成，并且这些衍射可以用四个整数 $(h_1h_2h_3h_4)$ 进行指标化，根据式（3.38）：

$$\boldsymbol{H} = h_1\boldsymbol{a}_1^* + h_2\boldsymbol{a}_2^* + h_3\boldsymbol{a}_3^* + h_4\boldsymbol{a}_4^* \tag{3.57}$$

其中 $\boldsymbol{H}$ 为散射矢量，对应 Bragg 衍射的最大值，前 3 个基矢定义了一个倒格子：

$$\Lambda^* = \{\boldsymbol{a}_1^*,\ \boldsymbol{a}_2^*,\ \boldsymbol{a}_3^*\} = \{\boldsymbol{a}^*,\ \boldsymbol{b}^*,\ \boldsymbol{c}^*\} \tag{3.58}$$

三维空间中独立矢量最多有 3 个，第四个基矢可以用 Λ^* 来描述，根据式(3.4)：

$$\boldsymbol{a}_4^* = \sigma_1\boldsymbol{a}_1^* + \sigma_2\boldsymbol{a}_2^* + \sigma_3\boldsymbol{a}_3^* \tag{3.59}$$

非公度性在数学上定义为至少有一个无理数成分 $\sigma_i\,(i=1,\ 2,\ 3)$，对于基组：

$$M = \{\boldsymbol{a}_1^*,\ \boldsymbol{a}_2^*,\ \boldsymbol{a}_3^*,\ \boldsymbol{a}_4^*\} \tag{3.60}$$

所有点 $(h_1h_2h_3h_4)$ 是不同的，而且 $(h_1h_2h_3h_4)$ 指标化是单一的。

如果 $\boldsymbol{a}_4^*$ 与倒格子 Λ^* 非公度，则方程（3.57）中的点形成了一个稠密集合。如 $\boldsymbol{a}_4^*$ 的坐标为 $\sigma=(\sigma_1,\ 0,\ 0)$，且 $\sigma_1 = 1/\sqrt{7}$ 是一个无理数，则任何与 $\boldsymbol{a}_1^*$ 平行的倒易格子线都被方程（3.57）形式的点稠密填充。这可以通过计算散射向量的三维指标［式（3.57）和式（3.59)］来轻松验证：

$$\boldsymbol{H} = \left(h_1 + \sigma_1 h_4\right)\boldsymbol{a}_1^* + h_2\boldsymbol{a}_2^* + h_3\boldsymbol{a}_3^* \tag{3.61}$$

如果允许任意大的 h_1 和 h_4，方程（3.61）中的任意点都可以通过其他点 $(h_1h_2h_3h_4)$ 以任意精度近似。虽然所有指数组合 $(h_1h_2h_3h_4)$ 定义了倒易空间中的不同点，但任何实验的有限分辨率都会阻止在分辨率边界内区分某点与其无数邻近点。然而，当 $|h_4|$ 超过某个上限 $h_4^{\max}$ 时，布拉格衍射的强度为零。通常 $h_4^{\max}$ 是一个小数，范围在 $1 < h_4^{\max} < 10$ 之间，具有有限强度的衍射不会形成稠密集。因此，衍射实验可以获得唯一的指标化。方程（3.57）的唯一指标化的特点是定义超空

间的关键属性。调制波矢量的分量是有理数还是无理数是次要的，因为实验无法区分无理数和与其近似的有理数。

超空间的概念基于这样一个思想：四维空间中的四个独立向量定义一个晶格。三维空间中的四个倒易基向量$\boldsymbol{a}_k^*(k=1, \cdots, 4)$［方程（3.60）］被视为四维空间中四个倒易基向量$\boldsymbol{a}_{sk}^*$的投影。布拉格衍射$(h_1 h_2 h_3 h_4)$可以与四维空间中由相同指标给出的倒易晶格点［式（3.57）］相对应。

$$\boldsymbol{H}_s = h_1 \boldsymbol{a}_{s1}^* + h_2 \boldsymbol{a}_{s2}^* + h_3 \boldsymbol{a}_{s3}^* + h_4 \boldsymbol{a}_{s4}^* \tag{3.62}$$

通过将$\boldsymbol{a}_i^*$指定为$\boldsymbol{a}_{si}^*$，其中$i=1, 2, 3$，可以实现三维空间在四维空间中的嵌入，同时引入一条与物理空间垂直的第四个坐标轴$\boldsymbol{b}$。基向量$\boldsymbol{b}$是无量纲的，长度可以任意选择，这里我们选择$b=1$。倒易基向量$\boldsymbol{b}^*$与$\boldsymbol{b}$平行，其长度由$\boldsymbol{b}^*\boldsymbol{b}=1$定义。由于$\boldsymbol{b}^*$与物理空间垂直，向量 $\boldsymbol{a}_{si}^*(i=1, 2, 3)$沿$\boldsymbol{b}^*$的分量为零，而$\boldsymbol{a}_{s4}^*=(\boldsymbol{a}_4^*, \boldsymbol{b}^*)$。超空间中的倒易晶格（即倒超空间）$\Sigma^*$定义为（图3-2）：

$$\Sigma^*: \begin{cases} \boldsymbol{a}_{si}^* = (\boldsymbol{a}_i^*, 0), \quad i=1, 2, 3 \\ \boldsymbol{a}_{s4}^* = (\boldsymbol{a}_4^*, \boldsymbol{b}^*) \end{cases} \tag{3.63}$$

由于空间维度的独立性，直空间和倒空间格矢的关系为

$$\boldsymbol{a}_{sk}^* \cdot \boldsymbol{a}_{sk'} = \delta_{kk'} \tag{3.64}$$

$k=k'$时$\delta_{kk'}=1$，其他情况为0。基于这个定义，与倒空间Σ^*相对应的直空间为

$$\Sigma: \begin{cases} \boldsymbol{a}_{si} = (\boldsymbol{a}_i, -\sigma_i \boldsymbol{b}), \quad i=1, 2, 3 \\ \boldsymbol{a}_{s4} = (0, \boldsymbol{b}) \end{cases} \tag{3.65}$$

其中：

$$\Lambda = \{\boldsymbol{a}_1, \boldsymbol{a}_2, \boldsymbol{a}_3\} = \{\boldsymbol{a}, \boldsymbol{b}, \boldsymbol{c}\} \tag{3.66}$$

为与三维倒空间Λ^*对应的直空间。

直超空间Σ中的坐标使用一个额外的下标s来表示：

$$\boldsymbol{x}_s = x_{s1}\boldsymbol{a}_{s1} + x_{s2}\boldsymbol{a}_{s2} + x_{s3}\boldsymbol{a}_{s3} + x_{s4}\boldsymbol{a}_{s4} \tag{3.67}$$

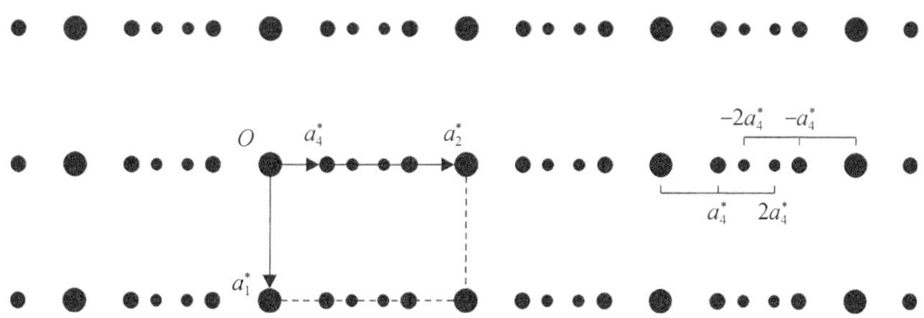

(a)

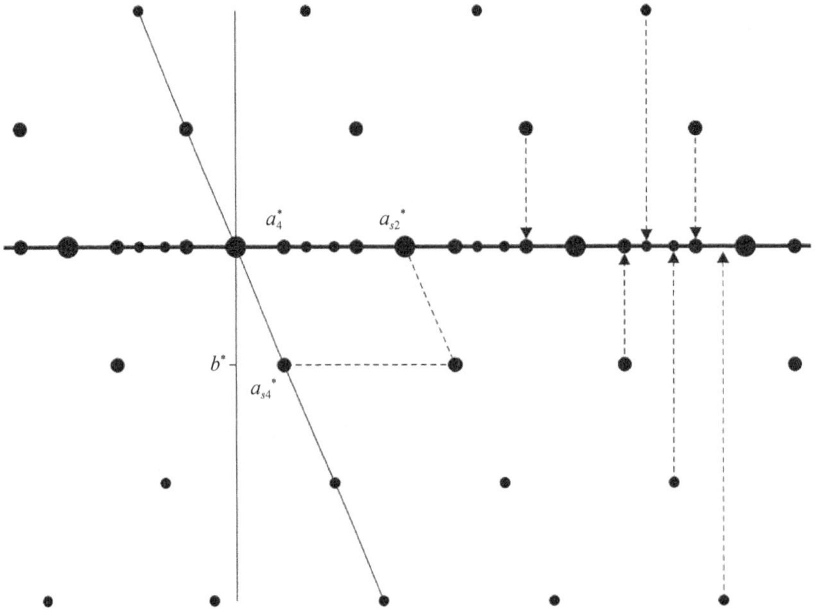

图 3-2　（a）一维非公度调制晶体的倒空间截面 $(h_1\ h_2\ 0)$；（b）倒超空间截面 $(0\ h_2\ 0\ h_4)$，描述了倒超晶格点在物理空间中的布拉格点的投影（水平粗线）[1]（Oxford Publishing Limited 许可使用）

由于 Σ 定义在三维周期性基础结构中，拥有一维调制，这个超空间记为 3+1 维超空间。

将 $F(h_1 h_2 h_3 h_4)$ 赋予到每个拥有相同指标的 $(h_1 h_2 h_3 h_4)$ 倒超格点。这里允许定义一个广义的电子密度 $\rho_s(\boldsymbol{x}_s)$，为超空间结构因子的傅里叶变换：

$$\rho_s(\boldsymbol{x}_s) = \frac{1}{V}\sum_{\boldsymbol{H}_s} F(h_1\ h_2\ h_3\ h_4)\exp[-2\pi i\ \boldsymbol{H}_s \cdot \boldsymbol{x}_s] \tag{3.68}$$

其中求和扩展到超空间中的所有倒格子矢量。

广义电子密度为超空间坐标 x_{sk} $(k=1,\ 2,\ 3,\ 4)$ 的周期性函数，周期性由格子 Σ 来定义，方程（3.68）可以和三维物理空间的电子密度 $\rho(\boldsymbol{x})$ 进行对比，通过物理空间同样的结构因子的傅里叶逆变换获得：

$$\rho(\boldsymbol{x}) = \frac{1}{V}\sum_{\boldsymbol{H}} F(h_1\ h_2\ h_3\ h_4)\exp[-2\pi i\boldsymbol{H} \cdot \boldsymbol{x}] \tag{3.69}$$

其中求和扩展到物理空间中的所有倒格矢描述的 Bragg 衍射峰。$\boldsymbol{H}$ 为 $\boldsymbol{H}_s$ 到物理空间中的投影，应用傅里叶变换的性质，$\rho(\boldsymbol{x})$ 为获得为 $\rho_s(\boldsymbol{x}_s)$ 的物理空间截面，

图 3-3 显示这个截面缺乏平移对称性，与方程（3.69）一致。物理空间与超空间的关系如图 3-4。

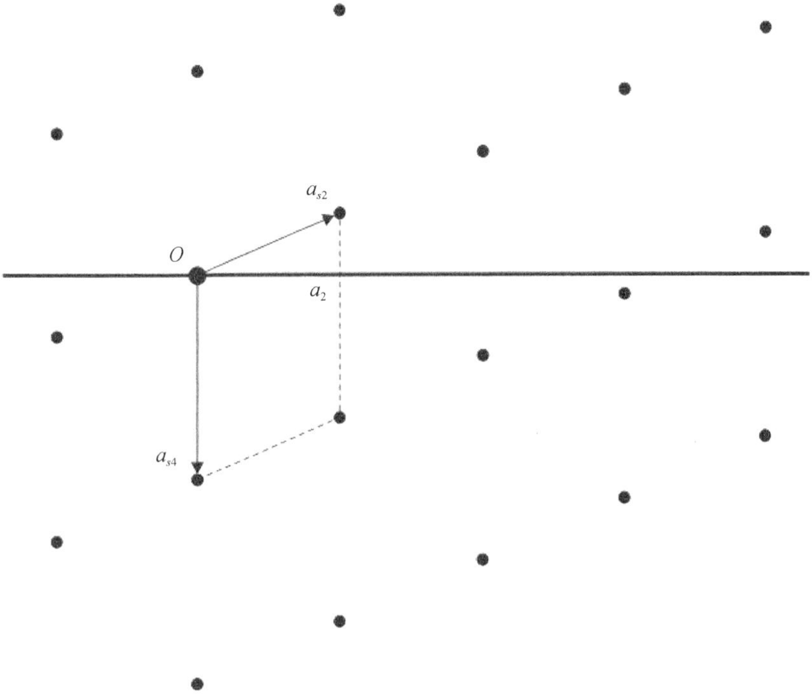

图 3-3 对应于图 3-2 中倒易晶格 Σ^* 的直晶格 Σ，物理空间用水平粗线表示[1]

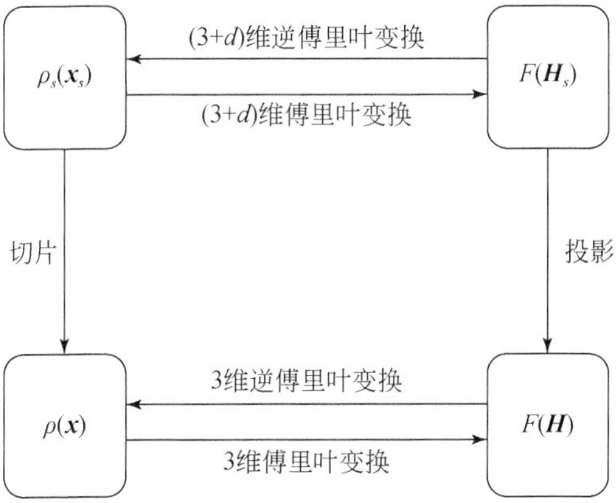

图 3-4 3 维与（3+d）维超空间中的电子密度与结构因子的傅里叶变换关系

3.4.2　直超空间

3.4.2.1　直超空间的构造

考虑一个正交晶系的晶体，调制波矢量 $\sigma=(0,\sigma_2,0)$ 与 a_2 平行。沿 a_2 方向的一行原子与调制函数可以相互叠加，使调制波在基础结构位置 $\overline{x}_2$ 处的值为原子位移的纵向分量 $u_2(\overline{x}_4)$，从而得到调制结构中的位置 x_2［图 3-5（a），（b）］。在物理空间中，以原子的基础结构位置作为旋转轴，将调制波旋转 90°可以获得一个原子在超空间中的等效表示。将这种过程应用于坐标系原点处的原子（原子编号 0），得到

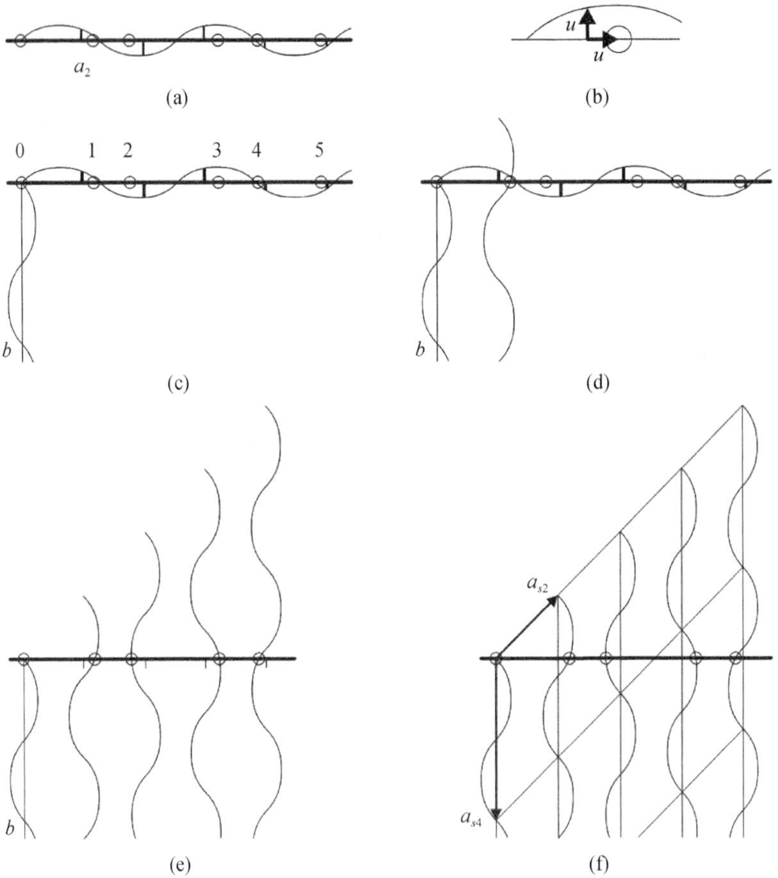

图 3-5　（a）叠加在一排原子上的调制波；（b）由调制波在基本结构位置的值导出的原子位移；（c）围绕原子 0 的旋转；（d）围绕原子 1 的旋转；（e）所有原子的旋转调制波。竖线表示原子的基础结构位置；（f）与（e）相同，网格线突出了超空间中的平移对称性[1]（Oxford Publishing Limited 许可使用）

一条与物理空间垂直的调制函数弦［图 3-5（c）］。旋转后的弦定义了 3+1 维超空间中的第四个坐标轴，调制周期为 b。围绕原子 1 旋转调制波，也将得到一条弦，这条弦再次垂直于物理空间［图 3-5（d）］。这条弦与物理空间的交点恰好是物理空间中该原子的位置。原子的位移与该原子在基础结构位置处调制波的值相等。将调制波围绕所有原子的基础结构位置进行旋转复制，会得到一组全等的调制函数弦，就平均值而言，这些弦与超空间的第四轴共线［图 3-5（e）］。每根弦与物理空间的交点正好是该原子用于旋转该弦的旋转轴位置（x_2）。这些弦的集合构成了晶体结构的超空间等效表示，因为它们与物理空间的交点精确地还原了调制结构。

超空间中第四根轴上的平移对称性来自调制的周期性，即：

$$\boldsymbol{a}_{s4} = (0,\ \boldsymbol{b}) \tag{3.70}$$

基础结构的基本平移不能得到超空间的平移对称性。然而，注意到坐标为 $\bar{\boldsymbol{x}} = (0, j, 0)$ 的原子，其 $\bar{x}_4$ 为

$$\bar{x}_4(j) = \sigma_2 \bar{x}_2(j) = \sigma_2 j \tag{3.71}$$

每个 a_2 的平移对应于调制相位增加 σ_2，它反映了弦簇在超空间中拥有平移对称性，平移 a_2 耦合了沿 $\boldsymbol{b}$ 方向 $-\sigma_2$ 的平移，因此定义了超空间中的一根基矢：

$$\boldsymbol{a}_{s2} = (\boldsymbol{a}_2,\ -\sigma_2 \boldsymbol{b}) \tag{3.72}$$

晶格平面 $(\boldsymbol{a}_1,\ \boldsymbol{a}_3)$ 垂直于调制矢量方向，因此这个平面代表了调制结构的平移对称性，并且在超空间中相应的基矢为

$$\begin{aligned} \boldsymbol{a}_{s1} &= (\boldsymbol{a}_1, 0) \\ \boldsymbol{a}_{s3} &= (\boldsymbol{a}_3, 0) \end{aligned} \tag{3.73}$$

由于该例子中 $\sigma_1 = \sigma_3 = 0$，方程（3.70），（3.72）和（3.73）代表了直超空间基矢。

至此已在超空间中建立了一组拥有晶格对称性的调制函数弦，并在与物理空间的交点上显示了调制晶体中原子的位置，这样调制结构的所有信息都包含在了超空间格子的一个单胞中。尽管物理空间中一个原子的位置是一个点，而超空间中等价表示是一根弦，并沿第四根超空间轴 $\boldsymbol{a}_{s4}$ 延伸一个周期。超空间中的原子在所有单胞中以式（3.65）的形式平移。实际原子的超空间等价表示为将实际原子放在弦的不同部分，一个真实的原子在超空间中可以通过弦上不同位置的点来表示，这样弦与物理空间的交点就产生了一个真实的原子。

原子在超空间中的等价表示可以从超空间格子开始，后者完全由物理空间的基础格子的平移对称性和调制矢量来定义［式（3.65）］。除了上述的通过将调制函数弦旋转 90°的方法构造超空间外，也可通过在 $\boldsymbol{a}_{s2}$ 方向平移原子的方法构造超空

间。如图 3-6 所示，在超空间中将原子 1 平移 $-\boldsymbol{a}_{s2}$ 到第一个超空间单胞，但在一个不是物理空间的位置，这个原子到第四根轴的距离等于原子 1 偏移基础格子平衡位置的幅度。将原子 2 平移 $-2\boldsymbol{a}_{s2}$ 到第一个超空间单胞［图 3-6（b）］，并对物理空间中的所有原子都实施这个过程，每次都采用一个合适的晶格平移将他们都平移到超空间的第一个单胞［图 3-6（c）］。对于一个非公度调制，物理空间中的每个原子都可以平移到第一个单胞的不同位置，平移后的原子填充了弦，长度为 $\boldsymbol{a}_{s4}$ 的原子弦是物理空间中原子的一个等价表示［图 3-6（d）］。接着，将超空间中晶格平移操作应用到这根弦会得到调制晶体的一个广义的电子密度［图 3-6（e）］，由于每根平

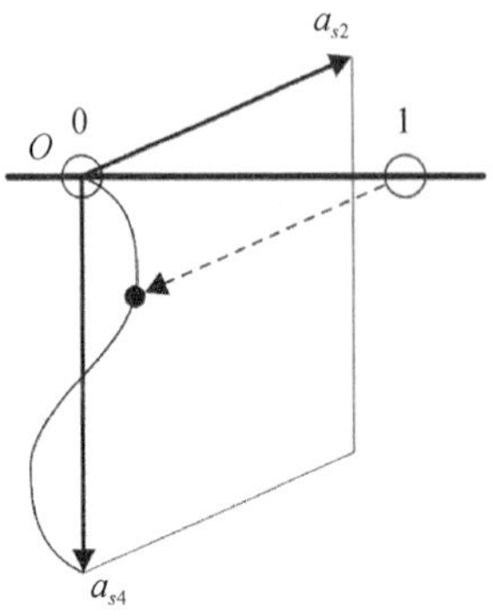

(a)

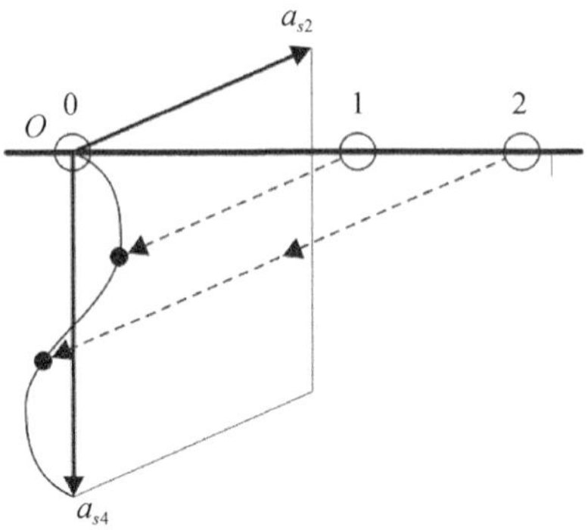

(b)

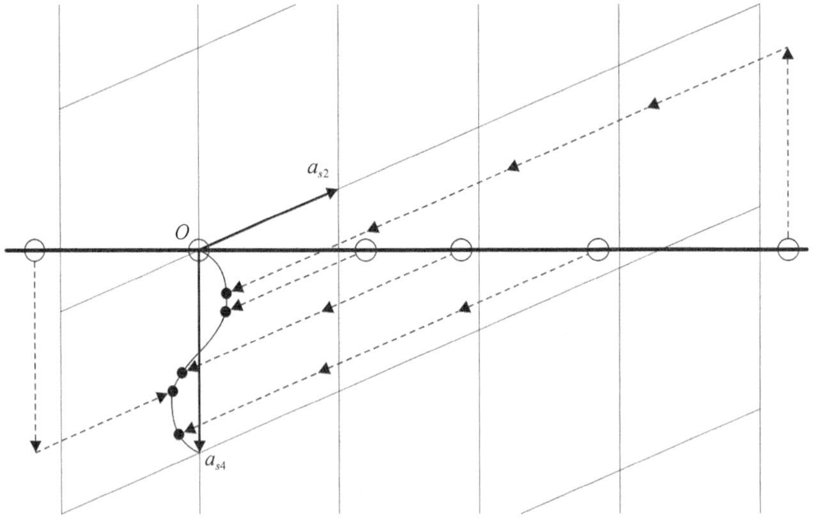

(c)

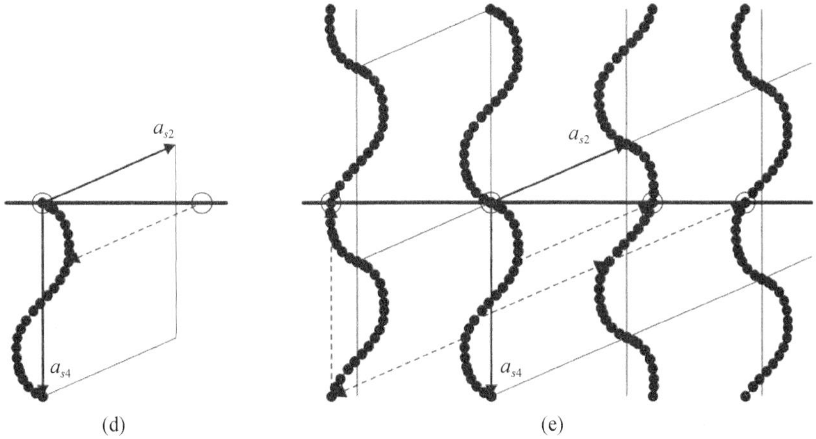

图 3-6 将物理空间中的原子通过在超空间中的平移得到广义电子密度。(a)将原子 1 平移到第一个超空间单胞;(b)将原子 2 平移;(c)将多个原子平移;(d)将多个原子进行平移后的结果;(e)第一个单胞中的原子弦被平移到超空间中的其他单胞中。网格线突出了超空间晶格。圆圈表示物理空间中的原子,实心点是通过从物理空间中的原子平移而得到的超空间中的原子[1](Oxford Publishing Limited 许可使用)

移后的原子弦在调制结构的原子位置都与物理空间有交点,这种通过 $\boldsymbol{a}_{s2}$ 方向平移的方法获得的原子弦与通过原子弦旋转 90°的方法相同。

3.4.2.2 超空间坐标

超空间坐标 $(x_{s1}, x_{s2}, x_{s3}, x_{s4})$ 是相对超空间基矢 Σ 的相对坐标［式(3.67)］,相对 Σ 的物理空间的取向完全被基础格子与调制波矢确定,这两者都在物理空间中定义［式(3.65)和图 3-7(a)］,通过这种简单的几何关系,超空间中的点坐标为

$$\begin{aligned} x_{si} &= x_i, \qquad i=1,2,3 \\ x_{s4} &= \boldsymbol{q}\cdot\boldsymbol{x} \end{aligned} \tag{3.74}$$

其中 $\boldsymbol{x}=(x_1, x_2, x_3)$ 为物理空间中相对基础格子 $\varLambda$ 的坐标。物理空间外的点的坐标可通过增加这个点与物理空间距离 $\boldsymbol{q}\cdot\boldsymbol{x}$ 来获得,这个距离用参数 t 来标记[图 3-7(b)]:

$$x_{s4} = t + \boldsymbol{q}\cdot\boldsymbol{x} \tag{3.75}$$

所有与物理空间相同距离的点形成了一个三维空间,并且与第四个坐标轴相交在 $\boldsymbol{x}_s=(0, 0, 0, t)$, $t=0$ 时为物理空间。

利用这些定义,基础结构中原子 j［式(3.3)］在超空间中的坐标为

$$\begin{aligned} \overline{x}_{si}(j) &= \overline{x}_i(j) = l_i + x_i^0(\mu), \quad i=1,\ 2,\ 3 \\ \overline{x}_{s4}(j) &= \overline{x}_4(j) = t + \boldsymbol{q}\cdot\overline{\boldsymbol{x}}(j) \end{aligned} \tag{3.76}$$

如方程（3.26）定义的，j 表示了 $\boldsymbol{L}$ 基础格子单胞中原子 μ 。注意第四个超空间坐标等于调制函数的变量 $\overline{x}_4$ ，在方程（3.5）中已被定义过，调制结构中 j 原子位置的超空间坐标为［方程（3.9）和图 3-7（b）］：

$$\begin{aligned} x_{si}(j) &= x_i(j) = \overline{x}_{si}(j) + u_i^{\mu}(\overline{x}_{s4}), \quad i=1,\ 2,\ 3 \\ x_{s4}(j) &= \overline{x}_{s4}(j) + \boldsymbol{q}\cdot\boldsymbol{u}^{\mu}(\overline{x}_{s4}) \end{aligned} \tag{3.77}$$

其中 $\overline{x}_{s4}$ 代替了调制函数中的变量 $\overline{x}_4$ 。

一个超空间原子定义为方程（3.77）中 $0\leqslant t<1$ 范围内的 $\boldsymbol{x}_s(j)$ 的集合。$\boldsymbol{x}_s=(x_{s1}, x_{s2}, x_{s3}, t+\boldsymbol{q}\cdot\overline{\boldsymbol{x}})$ 处的广义电子密度即为超空间 t 截面 $\boldsymbol{x}_s(j)$ 处物理空间上的电子密度：

$$\rho_{sj}(\boldsymbol{x}_s) = \rho_j\left[x_{s1}-x_{s1}(j),\ x_{s2}-x_{s2}(j),\ x_{s3}-x_{s3}(j)\right] \tag{3.78}$$

其中利用了 $\boldsymbol{a}_i$ 为 $\boldsymbol{a}_{si}$ 在物理空间 $x_i = x_{si}$ $(i=1,\ 2,\ 3)$ 上的投影的性质。需要强调的是，为了使用方程（3.78）获得 $\boldsymbol{x}_s$ 处的电子密度，$\boldsymbol{x}_s$ 和 $\boldsymbol{x}_s(j)$ 必须选在单一的 t 截面。

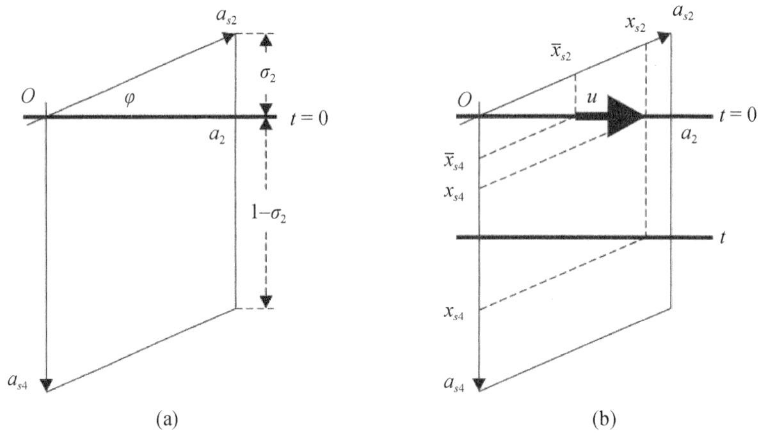

图 3-7　（a）超空间中直格子单胞；（b）基础结构和调制结构的超空间坐标[1]

3.4.3　原子间距 t 图

垂直于超空间第四个轴 $\boldsymbol{a}_{s4}$ 的截面为一个三维子空间，并可将第四个超空间坐标分解成 t 与 $\boldsymbol{q}\cdot\boldsymbol{x}$ 的和，超空间的一个截面可以定义为

$$t = 常数 \tag{3.79}$$

三维子空间会在第四个轴上与第一个单胞的不同t点相交，并且有$0\leqslant t<1$。超空间晶体结构的平移对称性决定了不同t截面的子空间是相互等价的，如果它们在超空间中相隔一个超空间晶格平移的话。比如，t 截面与其平移$\boldsymbol{a}_{s2}$［图 3-8（a）］后形成的截面是相互等价的，平移后的t'截面定义为

$$t' = t - \boldsymbol{q} \cdot \boldsymbol{L} \tag{3.80}$$

其中$\boldsymbol{L}$为超空间晶格平移量，在这个例子中等于$\boldsymbol{a}_{s2}$。对于非公度晶体，任何t截面都可以平移到t=0截面（图 3-6）。因此任意 t 截面都等价于物理空间。每个垂直于$\boldsymbol{a}_{s4}$的超空间截面都可以描述调制晶体结构而且它们是等价的。

由于不同t的截面具有等价性，因此广义的晶体结构和电荷密度可被解释为物理空间结构和电荷密度的无穷个备份。在物理空间的t拷贝中调制矢量的相位相对于$t=0$移动了t，这个相位的偏移源于晶格的平移$\boldsymbol{L}$，即$t=\boldsymbol{q}\cdot\boldsymbol{L}$（对 1 取余）。

超空间的平移构造过程显示了t截面中一个原子相对基础结构的偏移等于t=0截面中的某个位置的原子偏移。这是整个晶体结构的一个性质，因此在 t 截面相邻原子的相对位移等于物理空间某个位置相邻原子的相对位移［图 3-8（a）］，非公度性决定了基础结构中不同单胞中的原子间距是不同的。比起研究无穷多个距离值，分析距离对物理截面 t 的依赖性将更方便。由于超空间的周期性，所有信息都包含在$0\leqslant t<1$［图 3-8（b）］周期内。

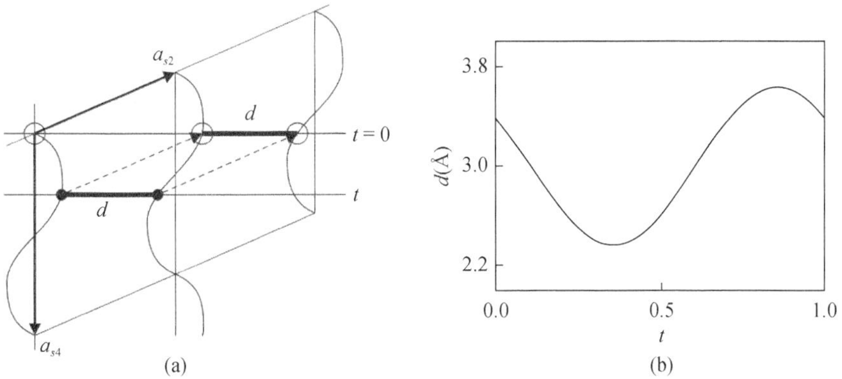

图 3-8　（a）截面t的第一个单元胞中的原子间距离等于截面　$t=0$中的原子间距离。（b）（a）中坐标为$\bar{x}_2=0$和$\bar{x}_2=1$的两原子间距离的t图。基础结构中的原子距离为$a_2=3.0°$ Å[1]

调制结构中两原子间距可以根据物理空间中的坐标［式（3.9）］来计算。连接原子 0 和 1 的矢量为

$$\begin{aligned}\Delta\boldsymbol{x} &= \boldsymbol{x}(1)-\boldsymbol{x}(0)\\ &=[\bar{\boldsymbol{x}}(1)-\bar{\boldsymbol{x}}(0)]+\{\boldsymbol{u}^1[t+\boldsymbol{q}\cdot\bar{\boldsymbol{x}}(1)]-\boldsymbol{u}^0[t+\boldsymbol{q}\bar{\boldsymbol{x}}(0)]\}\end{aligned} \tag{3.81}$$

距离$\Delta \boldsymbol{x}$是t的函数。方程（3.81）显示原子间距包含了基础结构中两原子的距离$\left|\overline{\boldsymbol{x}}(1)-\overline{\boldsymbol{x}}(0)\right|$和偏移量，调制结构中距离的偏移量$(|\Delta x|-|\overline{x}(1)-\overline{x}(0)|)$不等于$(\boldsymbol{u}^1[\overline{x}_{s4}(1)]-\boldsymbol{u}^0[\overline{x}_{s4}(0)])$，因为$(\boldsymbol{u}^1[\overline{x}_{s4}(1)]-\boldsymbol{u}^0[\overline{x}_{s4}(0)])$与$[\overline{\boldsymbol{x}}(1)-\overline{\boldsymbol{x}}(0)]$是不平行的。因此在$t$上平均的平均距离$|\Delta \boldsymbol{x}|$不等于基础结构中的距离，尽管在许多化合物中这两个值几乎相等。

超空间中两点之间的距离由其超空间坐标决定。将原子坐标［方程（3.74）］代入超空间中距离的一般表达式，可以发现方程（3.81）不容易得出。然而，超空间中任意两点之间的距离是没有意义的量，因为结果将取决于第四轴$\boldsymbol{a}_{s4}$的长度，而该长度是可以任意选择的。只有当计算晶体性质时，所涉及的原子位于同一个物理空间截面中时，结果才有意义。在物理空间截面内的距离，超空间坐标经过变换到如下定义的参考坐标系后，计算起来才最为简单：

$$\Sigma_r:\begin{cases}\boldsymbol{a}_{rsi}=(\boldsymbol{a}_i,\ 0),\quad i=1,\ 2,\ 3\\ \boldsymbol{a}_{rs4}=(0,\ \boldsymbol{b})\end{cases} \tag{3.82}$$

该参考坐标系中的坐标与超空间和物理空间坐标间的关系为

$$\begin{aligned}&x_{rsi}(j)=x_{si}(j)=x_i(j)\\&x_{rs4}(j)=t\end{aligned} \tag{3.83}$$

与$\boldsymbol{a}_{si}$不同，$\boldsymbol{a}_{rsi}$ $(i=1,\ 2,\ 3)$矢量没有描述晶体的平移对称性，但它们垂直于$\boldsymbol{a}_{rs4}$。后一个性质有助于计算超空间中两点之间的距离。根据斜边的平方等于直角边平方之和，弦上原子 0 和 1 的两点间距d为

$$d=\left(|\Delta \boldsymbol{x}|^2+\left([x_{rs4}(1)-x_{rs4}(0)]a_{rs4}\right)^2\right)^{1/2} \tag{3.84}$$

我们感兴趣的情况是，两个点都位于同一个物理空间截面中，这时$x_{rs4}(1)=x_{rs4}(0)=t$，方程（3.84）中的第二项为零。超空间中的距离表达式可以简化为物理空间中的距离表达式(3.81)。超空间的不同物理空间截面通过不同的t值表示，这种t的变化直接对应于物理空间中调制波初始相位的变化。像图 3-8(b)那样的图被称为t图。调制结构中的许多量都可用来绘制t图，包括调制函数的分量、位移的大小、原子位点的占据概率、磁矩的方向、原子间的距离、键角、扭转角和原子团的取向等等。t图提供了调制结构中某一量随调制波相位变化的简明表示。然而，t图最重要的性质是可以直接比较不同量的数值。在某个t值下，原子簇内的距离和角度定义了这个簇在物理空间中的几何结构。不同的t值则提供了该簇几何结构的变化，反映了它在基本结构的不同单元胞中的情况。

考虑第一个基础晶格单胞中的一组原子，这些原子位于第一个超空间单胞t=0处的物理空间切片位置。对于不同的t值（比如t_0），这些原子会出现在第一个超空间单胞$t=t_0$位置，这等效于$t=0$物理空间中的某个基础晶格单胞。对于接近t_0

的 t 值，在物理空间 $t=0$ 中会存在某个基础晶格单胞，该单胞远离由 t_0 定义的超空间晶胞。然而，无论 t 的值如何变化，原始的原子集总是会出现在 $t=0$ 物理空间的某个单胞中。因此，第一个基础晶格单胞中从某个中心原子到其所有邻近原子的距离可以表示为不同 t 的物理空间中某个单胞的原子之间的距离。这些距离为 t 的函数（$0\leqslant t<1$），据此可获得中心原子的第一配位壳层在物理空间中的变化情况。

3.4.4 结构因子

前面（在 3.2.3 节中）的讨论已经表明了调制晶体以布拉格反射的形式发生衍射。结构因子是根据调制结构中原子的位置信息计算出来的，而没有参考超空间[公式（3.50）和（3.51）]。广义电子密度 $\rho_s(\boldsymbol{x}_s)$ 被定义为超空间中结构因子的逆傅里叶变换［公式（3.68）]。因此，调制晶体的结构因子是超空间中一个晶胞内广义电子密度的傅里叶变换。后者可以表示为原子电子密度的总和［公式（3.78）]：

$$\rho_s(\boldsymbol{x}_s)=\sum_{\mu=1}^{N}\rho_\mu\left[x_{s1}-x_{s1}(\mu),\ x_{s2}-x_{s2}(\mu),\ x_{s3}-x_{s3}(\mu)\right] \tag{3.85}$$

其中 $\boldsymbol{x}_s(\mu)$ 对应方程（3.77）在 $0\leqslant t<1$ 范围内的点集 $\boldsymbol{x}_s(j)$ 。方程（3.85）仅对 $\boldsymbol{x}_s$ 和 $\boldsymbol{x}_s(\mu)$ 都属于同一 t 截面有效。

独立原子近似下，广义电子密度的傅里叶变换为

$$\begin{aligned}F(\boldsymbol{S}_s)&=\int_{\text{cell}}\rho_s(\boldsymbol{x}_s)\exp[2\pi i\boldsymbol{S}_s\cdot\boldsymbol{x}_s]\mathrm{d}\boldsymbol{x}_s\\&=\sum_{\mu=1}^{N}\int\rho_\mu\left[x_{s1}-x_{s1}(\mu),\ x_{s2}-x_{s2}(\mu),\ x_{s3}-x_{s3}(\mu)\right]\\&\quad\times\exp[2\pi i\boldsymbol{S}_s\cdot\boldsymbol{x}_s]\mathrm{d}\boldsymbol{x}_s\end{aligned} \tag{3.86}$$

该积分可以在转换到坐标系 Σ_r 之后进行计算［式（3.82)］。截面 t 中点的第四个坐标为 $x_{rs4}=x_{rs4}(\mu)=t$ 。散射矢量 $\boldsymbol{S}_s=(S_1,\ S_2,\ S_3,\ S_4)$ 由倒易晶格 Σ^* 的分量来定义，

$$\boldsymbol{S}_s\cdot[\boldsymbol{x}_{rs}-\boldsymbol{x}_{rs}(\mu)]=\sum_{i=1}^{3}(S_i+S_4\sigma_i)[x_{rsi}-x_{rsi}(\mu)]=\boldsymbol{S}\cdot[\boldsymbol{x}-\boldsymbol{x}(\mu)] \tag{3.87}$$

$$\boldsymbol{S}\cdot\boldsymbol{x}_{rs}(\mu)=\boldsymbol{S}\cdot\boldsymbol{x}(\mu)+S_4t \tag{3.88}$$

式（3.88）参考了式（3.83），其中 $\boldsymbol{S}$ 和 $\boldsymbol{x}$ 为物理空间中的矢量。对于第一个单胞有 $\overline{\boldsymbol{x}}(\mu)=\boldsymbol{x}^0(\mu)$ ，结构因子为

$$\begin{aligned}F(\boldsymbol{S}_s)&=\sum_{\mu=1}^{N}f_\mu(\boldsymbol{S})\exp\left[2\pi i\boldsymbol{S}\cdot\boldsymbol{x}^0(\mu)\right]\\&\quad\times\int_0^1\exp\left[2\pi i(\boldsymbol{S}\cdot u^\mu[t+\boldsymbol{q}\cdot\boldsymbol{x}^0(\mu)]+S_4t)\right]\mathrm{d}t\end{aligned} \tag{3.89}$$

通过变量替换 $\tau = t + \boldsymbol{q} \cdot \boldsymbol{x}^0(\boldsymbol{\mu})$ 可以移除积分中的基础格子坐标变量，并利用调制函数的周期性，可以得到：

$$F(\boldsymbol{S}_s) = \sum_{\mu=1}^{N} f_\mu(\boldsymbol{S}) g_\mu(\boldsymbol{S}_s) \exp\left[2\pi i(\boldsymbol{S} - S_4\boldsymbol{q}) \cdot \boldsymbol{x}^0(\mu)\right] \tag{3.90}$$

其中：

$$g_\mu(\boldsymbol{S}_s) = \int_0^1 \exp[2\pi i(\boldsymbol{S} \cdot \boldsymbol{u}^\mu[\tau] + S_4\tau)] \mathrm{d}\tau \tag{3.91}$$

这个表达式与从物理空间推导出的结构因子［式（3.50）和式（3.51）］一致，指出非公度调制结构的衍射可以从超空间电子密度的傅里叶变换获得。布拉格衍射是由超空间中的晶格周期性产生的，这是三维周期性晶体布拉格衍射的简单推广。

3.4.5　调制晶体的对称性

3.4.5.1　衍射对称性

衍射是一种物理性质，适用于 Neumann 原理：材料的物理性质的对称性包括晶体点群，但可能还包含更多的对称性。对非周期晶体衍射的实验观察表明，衍射具有真正的旋转对称性，这与周期性晶体衍射的旋转对称性完全类似。由于衍射发生在物理空间中，其对称性由三维点群决定。根据 Neumann 原理，非周期晶体结构的任何旋转对称性或隐藏的旋转对称性都基于三维点群。准晶体是一种具有非晶体学点群对称性的非周期晶体，其衍射图案中显示出这种特性。非晶体学点群很容易列举出来，主要包括两个二十面体点群和 n/mmm 单轴群（n 为整数），这些群及其子群的定义与 $4/mmm$ 和 $6/mmm$ 晶体学点群完全类似。非公度调制晶体的衍射图案包含了可按三维基础晶格进行指标化的主衍射点，衍射的点群对称性必须与这些主衍射点的点群对称性一致。后者定义了基础结构的倒易晶格，其点群对称性为 32 个晶体学点群之一。因此，非公度晶体的衍射对称性由 32 个晶体学点群之一决定。一个直接的结果是，基础晶格属于三维空间中 14 个布拉维格子之一，并且对晶格参数有相应的限制。

对称操作 $\boldsymbol{R}$ 能将主衍射点相互转换。因此，$\boldsymbol{R}$ 操作符也能将卫星衍射转换到其他卫星衍射上。这意味着对于一维调制有 $\boldsymbol{R}: \boldsymbol{q} \to \pm\boldsymbol{q}$，满足如下关系：

$$\boldsymbol{\sigma}\boldsymbol{R}^{-1} - \epsilon^{-1}\boldsymbol{\sigma} = \boldsymbol{O} \tag{3.92}$$

其中，$\epsilon = \pm 1$，1×3 的矩阵 $\boldsymbol{\sigma}$ 为调制波矢 $\boldsymbol{q}$（σ_1, σ_2, σ_3），$\boldsymbol{O}$ 为 1×3 的 $\boldsymbol{O}$ 矩阵，$\boldsymbol{R}$ 代表了物理空间的一个旋转，用 3×3 的矩阵表示。$\boldsymbol{R}^{-1}$ 为 $\boldsymbol{R}$ 的逆，矩阵 $\boldsymbol{R}$ 通过对原子坐标的转换来定义：

$$\begin{pmatrix} \bar{x}_1' \\ \bar{x}_2' \\ \bar{x}_3' \end{pmatrix} = \boldsymbol{R} \begin{pmatrix} \bar{x}_1 \\ \bar{x}_2 \\ \bar{x}_3 \end{pmatrix} \tag{3.93}$$

方程（3.92）定义了三维空间中七种晶系所允许的一维调制波矢（见表3-1）。例如，考虑原始正交的基础格子。晶格对称性由垂直于坐标轴的三个镜面生成。将方程（3.92）应用于垂直于 $\boldsymbol{a}_1(m_x)$ 的镜面对称 $\boldsymbol{R}$，并取 $\epsilon=1$，得到以下结果：

$$(-\sigma_1, \sigma_2, \sigma_3)-(0, 0, \sigma_3)=(0, 0, 0) \Rightarrow (-2\sigma_1, 0, 0)=(0, 0, 0)$$

表3-1 允许的非公度一维调制波矢。特征轴是 a_3，菱面体晶格采用六方晶系设置

晶系	调制波矢	晶系	调制波矢
三斜	$(\sigma_1,\sigma_2,\sigma_3)$	四方	$(0, 0, \sigma_3)$
单斜	$(\sigma_1,\sigma_2,0)$	三方	$(0, 0, \sigma_3)$
	$(0, 0, \sigma_3)$	六方	$(0, 0, \sigma_3)$
正交	$(\sigma_1, 0, 0)$	立方	无
	$(0, \sigma_2, 0)$		
	$(0, 0, \sigma_3)$		

由此可知 $\sigma_1=0$，将 $\epsilon=1$ 同时应用到三个镜面，m_x，m_y 和 m_z，可得 $\sigma_1=\sigma_2=\sigma_3=0$，即任何一个调制结构都不允许有这种对称性。对于 $\epsilon=-1$ 和 $\boldsymbol{R}=m_z$，有

$$(\sigma_1, \sigma_2, -\sigma_3)-(-\sigma_1, -\sigma_2, -\sigma_3)=(0, 0, 0) \Rightarrow (2\sigma_1, 2\sigma_2, 0)=(0, 0, 0)$$

由上可得：$\sigma_1=\sigma_2=0$，组合对称操作 $(\boldsymbol{R}, \epsilon)=(m_x, 1)$，$(m_y, 1)$ 和 $(m_z, \bar{1})$ 可以得到 $\sigma_1=\sigma_2=0$，因此在正交晶系中，允许的非公度调制波矢为 $(0,0,\sigma_3)$。类似地，对于 $\epsilon=-1$，m_x 和 $\epsilon=-1$，m_y 可以分别获得调制矢量 $(\sigma_1,0,0)$ 和 $(0,\sigma_2,0)$。允许的非公度调制波矢，即公式（3.92）的解，取决于点群。对于立方点群，不存在解，且一维调制与立方对称性不兼容（见表3-1）。ϵ 为 ±1 对应 $\boldsymbol{R}$ 在调制波矢上的操作为 $\pm\boldsymbol{q}$，对于三维 $\boldsymbol{R}$，ϵ 的值通过 σ 来确定，因此 $(\boldsymbol{R}, \epsilon)$ 定义了超空间的旋转对称性。

卫星衍射点被对称操作转换到其他卫星衍射点的条件可以通过增加额外的倒格子平移项 $\boldsymbol{m}^*$ 来满足，即对于一维调制有 $\boldsymbol{R}:\boldsymbol{q} \rightarrow \boldsymbol{G} \pm \boldsymbol{q}$，其中 $\boldsymbol{G}$ 是基础结构的倒易晶格矢量。公式（3.92）被 R, ϵ 和 $\boldsymbol{q}$ 之间的更一般的关系所取代：

$$\sigma R^{-1} - \epsilon^{-1}\sigma = \boldsymbol{m}^* \tag{3.94}$$

$\boldsymbol{m}^*$ 为基础结构倒格子矢量 (m_1^*, m_2^*, m_3^*)，如图 3-9 展示了正交格子的一维 $\boldsymbol{m}^*$ 非 0 以及为 0 的情况。

根据方程（3.92），应用镜面对称到 $\boldsymbol{q}=(0, 0, \sigma_3)$ 给出 $m_x:\boldsymbol{q}\rightarrow\boldsymbol{q}\ (\epsilon=1)$，并且 $m_z:\boldsymbol{q}\rightarrow-\boldsymbol{q}\ (\epsilon=-1)$。然而，如果 $\boldsymbol{q}=(\sigma_1, 0, \sigma_3)$ 有两个非 0 成分，$m_x:\boldsymbol{q}\rightarrow\boldsymbol{q}'$ 和 $m_z:\boldsymbol{q}\rightarrow-\boldsymbol{q}'$，如图 3-9（b）所示，一维调制的条件将会被打破，因为 $\boldsymbol{q}'\neq\pm\boldsymbol{q}$。对于 $\sigma_1=\dfrac{1}{2}$ 的特殊情况，可通过引入倒格子平移项 $\boldsymbol{m}^*$ 来满足方程（3.94），导致 $\boldsymbol{q}'=(-\boldsymbol{a}_1^*+\boldsymbol{q})$。因此，$\boldsymbol{q}=\left(\dfrac{1}{2}, 0, \sigma_3\right)$ 可以满足方程（3.94），此时对于 $\boldsymbol{R}=m_x$，$\boldsymbol{m}^*=(\bar{1}, 0, 0)$，以及对于 $\boldsymbol{R}=m_z$，$\boldsymbol{m}^*=(1, 0, 0)$。

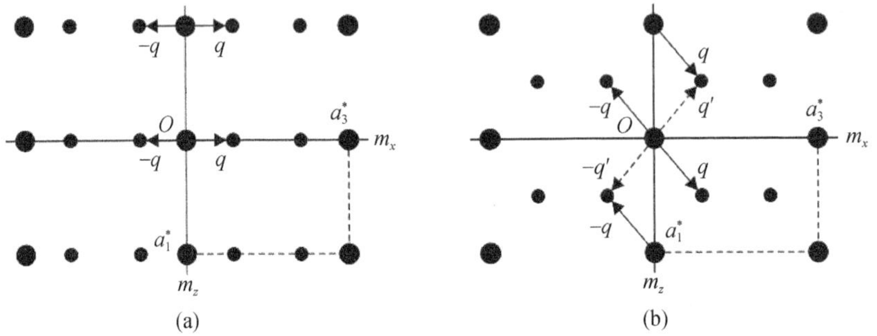

图 3-9　正交晶体的一维调制衍射图案。（a）$\boldsymbol{q}=(0, 0, \sigma_3)$；（b）$\boldsymbol{q}=\left(\dfrac{1}{2}, 0, \sigma_3\right)$。$m_x$ 和 m_z 分别是垂直于 $\boldsymbol{a}_1$ 和 $\boldsymbol{a}_3$ 的镜面[1]

调制波可分解为有理数部分 $\boldsymbol{q}_r$ 和无理数部分 $\boldsymbol{q}_i$ 之和，即：

$$\boldsymbol{q}=\boldsymbol{q}_r+\boldsymbol{q}_i \tag{3.95}$$

比如：对于 $\boldsymbol{q}=\left(\dfrac{1}{2}, 0, \sigma_3\right)$，有理数部分 $\boldsymbol{q}_r=\left(\dfrac{1}{2}, 0, 0\right)$ 和无理数部分 $\boldsymbol{q}_i=(0, 0, \sigma_3)$，对于一个给定的组合 $(\boldsymbol{R}, \epsilon)$，如果 $\boldsymbol{q}$ 是方程（3.94）的解，那么对于同样的 $(\boldsymbol{R}, \epsilon)$，$\boldsymbol{q}_i$ 也是方程（3.92）的解，方程（3.92）给出 $\boldsymbol{q}$ 的无理数部分。方程（3.94）的非 0 倒格矢对应 $\boldsymbol{q}$ 的有理数部分，并且在无理数的部分用 0 来代替。

对于中心晶格，会出现一些复杂情况。使用常规的中心晶胞时，某些倒易点表现为消光，不能在公式(3.94)中作为矢量 $\boldsymbol{m}^*$。例如，在 C 中心晶格中，当 $h_1+h_2=$

奇数时，衍射 $(h_1h_2h_3)$ 为消光，并且倒格矢 $\boldsymbol{a}_1^*$ 是被禁止的。因此，$\boldsymbol{q}=\left(\frac{1}{2},\ 0,\ \sigma_3\right)$ 与 C 中心正交格子不兼容。反之，出现具有该波矢的调制意味着基础晶格的 C 中心消失。另一方面，中心格子允许公式（3.94）存在额外解。对于 $\boldsymbol{m}^*=-2\boldsymbol{a}_1^*, \boldsymbol{R}=m_x$ 和 $\boldsymbol{m}^*=2\boldsymbol{a}_1^*, \boldsymbol{R}=m_z$，$\boldsymbol{q}=(1,\ 0,\ \sigma_3)$ 是 C 中心正交晶格中可能的一维调制波矢。这不是原始格子中的一个新解，因为另一种调制波矢的选择 $(\boldsymbol{q}-\boldsymbol{a}_1^*)=(0,\ 0,\ \sigma_3)$ 同样可以很好地指标化卫星衍射（图 3-10）。但在 C 中心晶格中，倒易矢量 $\boldsymbol{a}_1^*$ 是消光的，因此此时 $(\boldsymbol{q}-\boldsymbol{a}_1^*)$ 不等同于 $\boldsymbol{q}$。对于 $\boldsymbol{q}=(0,\ 0,\ \sigma_3)$，卫星衍射点排列在基础晶格倒易点形成的倒易晶格线上［图 3-10（c）］；而对于 $\boldsymbol{q}=(1,\ 0,\ \sigma_3)$，卫星衍射排列在基础晶格消光倒易点形成的倒易晶格线上［图 3-10（d）］。

另外除了表 3-1 和表 3-2 中列的一些允许的一维调制波矢外，还存在一维整数比调制波矢，见表 3-3。

表 3-2　允许的具有非零有理数部分 q_r 的非公度一维调制波矢，特征轴为 a_3。符号 *P*、*A*、*B*、*C*、*F*、*I* 和 *R* 表示三维晶格的中心类型

三维布拉维晶格	调制波矢		
单斜 *P*	$\left(\sigma_1, \sigma_2, \frac{1}{2}\right)$	$\left(\frac{1}{2}, 0, \sigma_3\right)$	
单斜 *B*	$\left(0, \frac{1}{2}, \sigma_3\right)$		
单斜 *A*	$\left(\frac{1}{2}, 0, \sigma_3\right)$		
正交 *P*	$\left(\sigma_1, 0, \frac{1}{2}\right)$	$\left(\sigma_1, \frac{1}{2}, 0\right)$	$\left(\sigma_1, \frac{1}{2}, \frac{1}{2}\right)$
	$\left(\frac{1}{2}, \sigma_2, 0\right)$	$\left(0, \sigma_2, \frac{1}{2}\right)$	$\left(\frac{1}{2}, \sigma_2, \frac{1}{2}\right)$
	$\left(0, \frac{1}{2}, \sigma_3\right)$	$\left(\frac{1}{2}, 0, \sigma_3\right)$	$\left(\frac{1}{2}, \frac{1}{2}, \sigma_3\right)$
正交 *C*	$(1, 0, \sigma_3)$	$(0, 1, \sigma_3)$	
正交 *A*	$\left(\frac{1}{2}, 0, \sigma_3\right)$		
正交 *B*	$\left(0, \frac{1}{2}, \sigma_3\right)$		
正交 *F*	$(1, 0, \sigma_3)$	$(0, 1, \sigma_3)$	
四方 *P*	$\left(\frac{1}{2}, \frac{1}{2}, \sigma_3\right)$		
三方 *P*	$\left(\frac{1}{3}, \frac{1}{3}, \sigma_3\right)$		

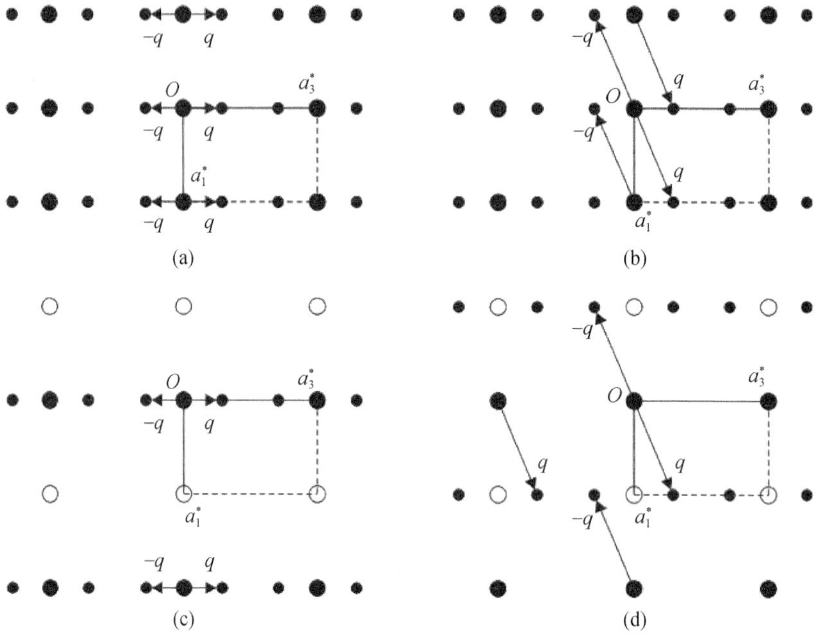

图 3-10　具有一维调制的正交晶系倒易 $h_2 = 0$ 平面。（a）原始晶格，$\boldsymbol{q} = (0, 0, \sigma_3)$；（b）相同的原始晶格，使用另一种卫星点的指标化方式 $\boldsymbol{q} = (1, 0, \sigma_3)$；（c）$C$ 中心格子，$\boldsymbol{q} = (0, 0, \sigma_3)$；（d）$C$ 中心格子，$\boldsymbol{q} = (1, 0, \sigma_3)$。实心圆代表主衍射点和卫星衍射点。空心圆代表消光衍射[1]（Oxford Publishing Limited 许可使用）

表 3-3　允许的一维有理调制波矢 $\boldsymbol{q}_i = (0, 0, 0)$。特征轴为 $\boldsymbol{a}_3$，符号 $\boldsymbol{P}$ 和 $\boldsymbol{I}$ 表示三维晶格的中心类型

三维布拉维晶格	调制波矢	三维布拉维晶格	调制波矢
正交 I	$\left(\frac{1}{2}, \frac{1}{2}, \frac{1}{2}\right)$	立方 I	$\left(\frac{1}{2}, \frac{1}{2}, 0\right)$
四方 I	$\left(\frac{1}{2}, \frac{1}{2}, \frac{1}{2}\right)$	立方 I	(1, 0, 0)
六方 P	$\left(\frac{1}{3}, \frac{1}{3}, \frac{1}{2}\right)$	立方 I	(0, 1, 0)
六方 P	$\left(\frac{1}{3}, \frac{1}{3}, 0\right)$	立方 I	(0, 0, 1)
立方 P	$\left(\frac{1}{2}, \frac{1}{2}, 0\right)$		

3.4.5.2 超空间中的对称操作

在三维周期性结构中，平移操作 $\boldsymbol{v}$ 经通过相对于基矢 $\boldsymbol{\Lambda}=\{\boldsymbol{a}_1, \boldsymbol{a}_2, \boldsymbol{a}_3\}$ 的坐标 (v_1, v_2, v_3) 来定义。直空间中点 $\boldsymbol{x}$ 上的对称操作 $\{\boldsymbol{R}\,|\,\boldsymbol{v}\}$ 定义为

$$\{\boldsymbol{R}\,|\,\boldsymbol{v}\}: \boldsymbol{x} \to \boldsymbol{x}' = \boldsymbol{R}\boldsymbol{x} + \boldsymbol{v} \tag{3.96}$$

同样的矩阵 $\boldsymbol{R}$ 在倒格矢 $\boldsymbol{S}\ (S_1, S_2, S_3)$ 上的操作为

$$\{\boldsymbol{R}\,|\,\boldsymbol{v}\}: \boldsymbol{S} \to \boldsymbol{S}' = \boldsymbol{S}\boldsymbol{R}^{-1} \tag{3.97}$$

$\boldsymbol{R}^{-1}$ 为 $\boldsymbol{R}$ 的逆，$\{\boldsymbol{R}\,|\,\boldsymbol{v}\}$ 的逆为

$$\{\boldsymbol{R}\,|\,\boldsymbol{v}\}^{-1} = \{\boldsymbol{R}^{-1}\,|\,-\boldsymbol{R}^{-1}\boldsymbol{v}\} \tag{3.98}$$

在（3+1）维超空间中，倒易晶格 $\boldsymbol{\Sigma}^*$ 是通过将用于物理空间中指标化的四个倒易基矢 $\boldsymbol{M}$ 与超空间中四个倒易基矢在物理空间上的投影联系起来获得的。这样，一组指标 $(h_1\ h_2\ h_3\ h_4)$ 可以同时表示物理空间中的倒易矢量［公式（3.57）］和超空间中的倒易晶格矢量［公式（3.62）］。$\boldsymbol{a}_i^*$ 和 $\boldsymbol{a}_{si}^*$ 之间的一一映射关系［公式（3.63）］决定了 $\boldsymbol{M}$ 的旋转对称性必须也是 $\boldsymbol{\Sigma}^*$ 的旋转对称性。

$\boldsymbol{M}$ 的旋转对称性由一个三维点群给出，基础倒易晶格的三个基矢量在旋转 $\boldsymbol{R}$ 作用下的转换为

$$\begin{pmatrix} \boldsymbol{a}_1'^* \\ \boldsymbol{a}_2^* \\ \boldsymbol{a}_3'^* \end{pmatrix} = \boldsymbol{R} \begin{pmatrix} \boldsymbol{a}_1^* \\ \boldsymbol{a}_2^* \\ \boldsymbol{a}_3^* \end{pmatrix} \tag{3.99}$$

其中 $\boldsymbol{R}$ 为 3×3 矩阵，$\boldsymbol{R}$ 在第四个基矢 $\boldsymbol{q}=\boldsymbol{a}_4^*$ 上的操作：

$$\boldsymbol{R}: \boldsymbol{q} \to \boldsymbol{n}^* + \epsilon\boldsymbol{q} \tag{3.100}$$

其中 $\epsilon = \pm 1$，于是可以构建 4×4 矩阵 $\boldsymbol{R}_s$ 来定义 4 个倒格基矢 $\boldsymbol{M}$ 在 $\boldsymbol{R}$ 下的转换：

$$\begin{pmatrix} \boldsymbol{a}_1'^* \\ \boldsymbol{a}_2'^* \\ \boldsymbol{a}_3'^* \\ \boldsymbol{a}_4'^* \end{pmatrix} = \boldsymbol{R}_s \begin{pmatrix} \boldsymbol{a}_1^* \\ \boldsymbol{a}_2^* \\ \boldsymbol{a}_3^* \\ \boldsymbol{a}_4^* \end{pmatrix} \tag{3.101}$$

其中：

$$\boldsymbol{R}_s = \begin{pmatrix} & 0 \\ \boldsymbol{R} & 0 \\ & 0 \\ \boldsymbol{n}^* & \epsilon \end{pmatrix} \tag{3.102}$$

$\boldsymbol{n}^*$ 为倒格子矢量的 1×3 整数分量 (n_1^*, n_2^*, n_3^*)，$\boldsymbol{R}_s$ 的逆：

$$(\boldsymbol{R}_s)^{-1} = \begin{pmatrix} & \boldsymbol{R}^{-1} & & 0 \\ & & & 0 \\ & & & 0 \\ -\left(\epsilon^{-1}\boldsymbol{n}^*\boldsymbol{R}^{-1}\right) & & & \epsilon^{-1} \end{pmatrix} = \begin{pmatrix} & 0 \\ \boldsymbol{R}^{-1} & 0 \\ & 0 \\ \boldsymbol{m}^* & \epsilon^{-1} \end{pmatrix} \tag{3.103}$$

方程（3.103）给出了 $\boldsymbol{n}^*$ 和 $\boldsymbol{m}^*$ 的关系：

$$\boldsymbol{m}^* = -(\epsilon^{-1}\boldsymbol{n}^*\boldsymbol{R}^{-1}) \Leftrightarrow \boldsymbol{n}^* = -(\epsilon\boldsymbol{m}^*\boldsymbol{R}) \tag{3.104}$$

结合式（3.94），可以获得类似于 $\boldsymbol{m}^*$ 的一个 $\boldsymbol{n}^*$ 需要满足的等价条件：

$$\boldsymbol{\sigma R} - \epsilon\boldsymbol{\sigma} = \boldsymbol{n}^* \tag{3.105}$$

$\boldsymbol{M}$ 和 $\boldsymbol{\Sigma}^*$ 之间的关系显示了 4×4 矩阵 $\boldsymbol{R}_s$ 定义了超空间倒格子基矢的转换：

$$\begin{pmatrix} \boldsymbol{a}'^*_{s1} \\ \boldsymbol{a}'^*_{s2} \\ \boldsymbol{a}'^*_{s3} \\ \boldsymbol{a}'^*_{s4} \end{pmatrix} = \boldsymbol{R}_s \begin{pmatrix} \boldsymbol{a}^*_{s1} \\ \boldsymbol{a}^*_{s2} \\ \boldsymbol{a}^*_{s3} \\ \boldsymbol{a}^*_{s4} \end{pmatrix} \tag{3.106}$$

矩阵 $\boldsymbol{R}_s$ 可以理解为一个点群操作的矩阵表示：

$$\boldsymbol{R}_s = (\boldsymbol{R}, \epsilon) \tag{3.107}$$

在超空间中，$\boldsymbol{R}$ 和 ϵ 唯一确定了 $\boldsymbol{n}^*$ 。

超空间中的“衍射”图样通过将布拉格衍射 $\boldsymbol{H}$ 的散射强度 $I(h_1, \cdots, h_{3+d})$ 指认给超空间中的倒易晶格矢量 $\boldsymbol{H}_s$，$\boldsymbol{H}_s$ 具有与 $\boldsymbol{H}$ 相同的分量。由这一构造可立即得出，物理空间中调制晶体的衍射图样的点群对称性通过旋转操作 $\boldsymbol{R}$ 和 $\boldsymbol{R}_s$ 之间的一一对应关系定义了超空间中“衍射”图样的点群对称性。与物理空间中周期性晶体的衍射和对称性分析完全类似，超空间中衍射强度的点群对称性意味着广义电子密度的对称性由四维空间群给出。与周期性晶体类似，衍射强度可能显示反演对称性 $\boldsymbol{R}_s = (i, \overline{1})$，而结构本身却是非中心的。除了这种模糊性外，超空间衍射图样的每个点群对称元素 $\boldsymbol{R}_s$ 对应于超空间中的操作 $\{\boldsymbol{R}_s \mid \boldsymbol{v}_s\}$，该操作可能具有或不具有非零的平移部分：

$$\boldsymbol{v}_s = (v_{s1}, v_{s2}, v_{s3}, v_{s4}) \tag{3.108}$$

$\{\boldsymbol{R}_s \mid \boldsymbol{v}_s\}$ 将直超空间坐标 $\boldsymbol{X}_s$ 转换到 $\boldsymbol{X}'_s$：

$$\begin{pmatrix} x'_{s1} \\ x'_{s2} \\ x'_{s3} \\ x'_{s4} \end{pmatrix} = \boldsymbol{R}_s \begin{pmatrix} x_{s1} \\ x_{s2} \\ x_{s3} \\ x_{s4} \end{pmatrix} + \begin{pmatrix} v_{s1} \\ v_{s2} \\ v_{s3} \\ v_{s4} \end{pmatrix} \tag{3.109}$$

其中 $\boldsymbol{R}_s$ 与式（3.106）中的 $\boldsymbol{R}_s$ 相同。在坐标 $(x_{s1}, x_{s2}, x_{s3}, x_{s4})$ 上的操作可采用记号

$\{\boldsymbol{R}_s \mid \boldsymbol{v}_s\}$ 表示。

广义电子密度的对称性 $\{\boldsymbol{R}_s \mid \boldsymbol{v}_s\}$ 暗含了物理空间基础结构的对称性 $\{\boldsymbol{R} \mid \boldsymbol{v}\}$，即 $\boldsymbol{v} = (v_1, v_2, v_3) = (v_{s1}, v_{s2}, v_{s3})$。包含在 $\{\boldsymbol{R}_s \mid \boldsymbol{v}_s\} = \{\boldsymbol{R}, \epsilon \mid \boldsymbol{v}_s\}$ 中的内在平移可能包含沿着三个物理空间方向 v_{s1}, v_{s2} 和 v_{s3} 的螺旋和滑移成分。对于 $\epsilon = 1$，它可能也包括第四个轴上的非 0 成分。然而对于 $\epsilon = -1$ 的操作，v_{s4} 依赖于 $\boldsymbol{\Sigma}$ 原点的选择。可能的内在平移可通过如下条件推导出：

$$\{\boldsymbol{R}_s \mid \boldsymbol{v}_s\}^n = \{E_s \mid \boldsymbol{L}_s\} \tag{3.110}$$

其中 n 为使 $(\boldsymbol{R}_s)^n = E_s$ 成立的最小正整数，也是对称元素 $\boldsymbol{R}_s$ 的阶，$\boldsymbol{L}_s = (l_{s1}, l_{s2}, l_{s3}, l_{s4})$ 为超空间的一个晶格平移，定义为

$$\boldsymbol{L}_s = l_{s1}\boldsymbol{a}_{s1} + l_{s2}\boldsymbol{a}_{s2} + l_{s3}\boldsymbol{a}_{s3} + l_{s4}\boldsymbol{a}_{s4} \tag{3.111}$$

其中 l_{si} 为整数 $(i = 1, 2, 3, 4)$，对于二阶对称元素，有

$$\boldsymbol{R}_s \boldsymbol{v}_s + \boldsymbol{v}_s = \boldsymbol{L}_s \tag{3.112}$$

在一个调制矢量为 $\boldsymbol{q} = (0, \sigma_2, 0)$ 的晶格中，沿 $\boldsymbol{a}_2$ 方向的一个二次轴对 $\boldsymbol{v}_s$ 的条件为

$$(0, 2v_{s2}, 0, 2v_{s4}) = (l_{s1}, l_{s2}, l_{s3}, l_{s4}) \tag{3.113}$$

v_{s1} 和 v_{s3} 是没有限制的，且它们的值依赖于原点的选择。方程(3.113)有 $v_{s2} = 0$ 或 1/2 和 $v_{s4} = 0$ 或 1/2 的解。从 $\boldsymbol{R} = 2$ 和 $\epsilon = 1$ 定义的点对称性可得到四种不同的超空间对称操作：

（1）一个二次旋转轴，符号为 $(2, 0)$；

（2）一个二次螺旋轴，在 $\boldsymbol{a}_{s4}$ 方向的平移量为 0，符号为 $(2_1, 0)$；

（3）一个二次旋转轴，在 $\boldsymbol{a}_{s4}$ 方向的平移量为 1/2，符号为 $(2, s)$；

（4）一个二次螺旋轴，在 $\boldsymbol{a}_{s4}$ 方向的平移量为 1/2，符号为 $(2_1, s)$。

先前引入的点群对称操作符号 $\boldsymbol{R}_s = (\boldsymbol{R}, \epsilon)$ 可以扩展为包含内在平移，点群对称操作 $\boldsymbol{R}$ 被可以表示物理空间中可能存在的螺旋或滑移分量的符号替换。对于 $\epsilon = -1$ 的操作，符号 $(\boldsymbol{R}, \epsilon)$ 的第二部分保持为 $\bar{1}$，因为内在平移的第四分量为零。而对于 $\epsilon = 1$ 的操作，$(\boldsymbol{R}, \epsilon)$ 中的 ϵ 值被替换为表示内在平移向量 v_{s4} 值的符号。因此，点群对称操作（2，1）对应于空间群操作（2，0），其内在平移为零。内在平移向量 v_{s4} 值被限制为与物理空间中可能的螺旋分量相同的一组值，这些值可以使用表 3-4 的符号来表示。

表 3-4 （3+1）维超空间中对称操作 $\{\boldsymbol{R}_s \mid \boldsymbol{v}_s\}$ 在第四分量上的内在平移向量符号

v_{s4}	0	$\frac{1}{2}$	$\frac{1}{3}$	$-\frac{1}{3}$	$\frac{1}{4}$	$-\frac{1}{4}$	$\frac{1}{6}$	$-\frac{1}{6}$
符号	0	s	t	$\bar{t}$	q	$\bar{q}$	h	$\bar{h}$

这里为调制结构的第二个例子，考虑一个调制矢量为$\boldsymbol{q}=\left(\frac{1}{2},\ \sigma_2,\ 0\right)$的调制结构，沿$\boldsymbol{a}_2$方向的二次旋转轴使用 4×4 矩阵［方程（3.102）］表示为

$$\boldsymbol{R}_s=\begin{pmatrix}\bar{1}&0&0&0\\0&1&0&0\\0&0&\bar{1}&0\\\bar{1}&0&0&1\end{pmatrix} \tag{3.114}$$

根据方程（3.112），在对称操作$\{2^y,1|\boldsymbol{v}_s\}$上的内在平移需要满足的条件为

$$(0,\ 2v_{s2},\ 0,\ v_{s1}+2v_{s4})=(l_{s1},\ l_{s2},\ l_{s3},\ l_{s4}) \tag{3.115}$$

求解该方程可获得$v_{s2}=0$和 1/2 的解，尽管$v_{s1}+2v_{s4}$为整数，v_{s1}或v_{s4}都没有被限制为一个特别的值。最可能拥有非 0 内在平移矢量的为v_{s2}，于是可以得到两个不同的操作符（2，0）和（2_1，0）。

在$\boldsymbol{v}_s$的条件方程（3.110）中，$\boldsymbol{L}_S$可以用中心平移来替代。它们为内在平移分量提供了更多可能性，例如对于镜面来说是 1/4。结合对倒易空间中的对称性考虑以及布拉格衍射消光条件的推导，可以更容易理解可能的和不可能的内在平移。

$(3+d)$维调制晶体$(d\geqslant 1)$的广义电子密度对称性包含一个平移晶格。此外，$\rho_s(\boldsymbol{x}_s)$的对称性还可能包括旋转、非真旋转、螺旋以及滑移。这意味着$\rho_s(\boldsymbol{x}_s)$的所有对称操作的集合构成一个$(3+d)$维空间群。

3.4.5.3 超空间群

$3+d$维空间群给出了调制结构本身的对称性，因为超空间中广义电子密度唯一地决定于物理空间中调制晶体的原子排列结构，$3+d$维超空间群的数量如表 3-5 所示。

表 3-5 1 至 6 维以及$3+d$维超空间群（其中$d=1,2,3$）的空间群，给出了布拉维晶格的数量、晶体类（点群）的数量以及空间群类型（空间群）的数量

分类	空间或超空间的维度								
	1	2	3	4	5	6	3+1	3+2	3+3
布拉维晶格	1	5	14	64	189	826	24	83	217
点群	2	10	32	227	955	7104	31	75	137
空间群	2	17	219	4783	222018	28927922	756	3355	11764

可能属于超空间群的对称操作是基于三维点群操作$\boldsymbol{R}$。一旦选定了$3+d$个基

矢量 $\boldsymbol{M}$ ，对于每个操作 $\boldsymbol{R}$ ，矩阵 ϵ 和 $\boldsymbol{n}^*$ 就唯一确定了。这些超空间对称性的性质已在前节用于建立（3+1）维超空间中点群对称操作的符号，符号由三维对称操作 $\boldsymbol{R}$ 的常规符号与 ϵ 值结合组成 $(\boldsymbol{R}, \epsilon)$ 。在（3+1）维超空间中的螺旋轴和滑移面由类似的符号描述，其中 $\boldsymbol{R}$ 被相应的三维螺旋轴和滑移面的符号替代，$\epsilon = 1$ 的符号被一个能表示内在平移向量的第四分量替代（表 3-4）。$\epsilon = -1$ 的符号 $\bar{1}$ 保持不变，因为 $\epsilon = -1$ 意味着第四分量的内在平移量为零。

超空间群的符号可以通过组合其元素的符号 $(\boldsymbol{R}, \epsilon)$ 来构建。原则上只需要指定生成元，但与三维空间群的符号一样，通常给出了比需要的最少生成元更多的信息。每个超空间对称操作 $(\boldsymbol{R}, \epsilon)$ 都包含三维空间中对称操作的符号 $\boldsymbol{R}$ 。因此，超空间群的符号基于其基础结构的空间群符号。这些符号的含义遵循《国际晶体学表》A 卷中的定义。在 de Wolff 等人的原始文献中[19]，引入了一种两行符号，即通过在每个三维对称操作 $\boldsymbol{R}$ 的符号下方写出符号 $\bar{1}$ ，代表 $\epsilon = -1$ ，或者指示第四分量的内在平移符号（表 3-4）来获得。他们在沿 $\boldsymbol{a}_{s4}$ 的内在平移分量为零的情况下使用 1，而不是 0。$\boldsymbol{q}_r$ 的有理数分量通过一个大写字母表示，并放在两行符号的前面（表 3-6）。

表 3-6　在采用两行符号表示的超空间群中，用于表示（3+1）维超空间群中调制矢量有理数分量的前缀符号

符号	$\boldsymbol{q}_r$	符号	$\boldsymbol{q}_r$	符号	$\boldsymbol{q}_r$
P	(0, 0, 0)	L	(1, 0, 0)	R	$\left(\frac{1}{3}, \frac{1}{3}, 0\right)$
A	$\left(\frac{1}{2}, 0, 0\right)$	M	(0, 1, 0)	U	$\left(0, \frac{1}{2}, \frac{1}{2}\right)$
B	$\left(0, \frac{1}{2}, 0\right)$	N	(0, 0, 1)	V	$\left(\frac{1}{2}, 0, \frac{1}{2}\right)$
C	$\left(0, 0, \frac{1}{2}\right)$	/	/	W	$\left(\frac{1}{2}, \frac{1}{2}, 0\right)$

如：$P^{\,Cmcm}_{\,s1\bar{1}}$ ，表示一个正交超空间群，基础结构空间群为 $Cmcm$ ，调制矢量为 $(0, 0, \sigma_3)$ ，由于 P 代表 $\boldsymbol{q}_r = 0$ （表 3-6），符号 $\dfrac{m}{\bar{1}} = (m, \bar{1})$ 显示了对于 m_z ，$\epsilon = -1$ ，从这可知，σ_3 是 $\boldsymbol{q}$ 唯一可能的无理成分。符号 (m, s) 和 $(c, 1)$ 的意义可以结合表 3-4 来看。在两行符号的第一行的首字母 C 表示了一个中心基础晶格 $\left(\dfrac{1}{2}, \dfrac{1}{2}, 0\right)$ ，

超空间群的两行符号暗示了中心平移的第四个分量为 0，并且 C 也指示了超空间格子的中心 $\left(\frac{1}{2}, \frac{1}{2}, 0, 0\right)$。

在《国际晶体学表》C 卷 Janssen 等人引入了超空间群的一行表示符号[20]。这种符号通过分离所有 $(\boldsymbol{R}, \epsilon)$ 操作的 $\boldsymbol{R}$ 和 ϵ 部分，并将代表 $\boldsymbol{R}$ 和 ϵ 的符号组放在一行上得到。两个符号组由调制波矢的分量分隔，并在前面加上一个符号表示超空间晶格的中心。例如，将上述超空间群写成一个一行符号：$Cmcm(0\ 0\ \sigma_3)s1\bar{1}$，Janssen 等人引入了三项改进，首先，将 ϵ 的符号 1 替换为零，从而正确表示内在平移的第四分量为零的情况，超空间群的符号变为

$$Cmcm(0\ 0\ \sigma_3)s0\bar{1} \tag{3.116}$$

其次，如果 $\epsilon=-1$，则第四分量的内在平移为零，因此可进一步将 $\bar{1}$ 替换为 0，得到符号 $Cmcm(0\ 0\ \sigma_3)s00$，该符号可以在《国际晶体学表》C 卷中找到。最后，如果所有操作的第四分量内在平移均为零，则 ϵ 的表示可从超空间群的符号中移除。例如，以下符号表示了相同的（3+1）维超空间群：

$$P^{Cmcm}_{\ 1\,1\,\bar{1}};\quad Cmcm(0\ 0\ \sigma_3)00\bar{1};\quad Cmcm(0\ 0\ \sigma_3)s000;\quad Cmcm(0\ 0\ \sigma_3)$$

每个操作 $\boldsymbol{R}$ 的 ϵ 值可以通过分析 $\boldsymbol{R}$ 对非周期调制波矢的影响轻松得出。然而，将 ϵ 值直接纳入一行符号中更加方便，按照表 3-4 指定了第四分量的内在平移，或者在 $\epsilon=-1$ 时给出 $\bar{1}$。这种扩展的一行符号［如公式（3.116）类型］提供了比传统符号更多的超空间群信息，但同样简洁。

一行符号中的大写字母表示超空间晶格的中心格子类型。通过将每个中心平移限制为前三个分量，可以获得基础三维晶格的中心类型。标准符号 P、A、B、C、I、F、R 和 H 与三维空间群的含义相似，每个第四分量的中心平移为零。对于具有非零第四分量的中心位移，其符号可通过在大写字母后添加撇号来定义，表示物理空间的中心化被相应的 $v_{s4}=\frac{1}{2}$ 的中心化取代。如果中心平移为（1/2，0，0，1/2），则可在大写字母后添加下标 a、b 和 c，分别表示沿三个方向平移。

参 考 文 献

［1］van Smaalen S. Incommensurate crystallography. New York: Oxford University Press, 2007.

［2］Janssen T, Chapuis G, Boissieu M D. Aperiodic Crystals: From Modulated Phases to Quasicrystals. New York: Oxford University Press, 2007.

［3］Schmid S, Withers R L, Lifshi R. Aperiodic Crystals. Berlin: Springer, 2013.

［4］Barber E M. Aperiodic Structures in Condensed Matter: Fundamentals and Applications. CRC

Press, 2008.

[5] Yamamoto A, Nakazawa H. Modulated structure of the NC-type（$N = 5.5$）pyrrhotite, $Fe_{1-x}S$. Acta Crystallogr. A, 1982, 38: 79-86.

[6] Wiegers G A. Misfit layer compounds: structures and physical properties. Prog. Solid State Chem., 1996, 24: 1-139.

[7] Onoda M, Saeki M, Yamamoto A, et al. Structure refinement of the incommensurate composite crystal $Sr_{1.145}TiS_3$ through the Rietveld analysis process. Acta Crystallogr. B, 1993, 49: 929-936.

[8] Gourdon O, Petricek V, Evain M. A new structure type in the hexagonal perovskite family; structure determination of the modulated misfit compound $Sr_{9/8}TiS_3$. Acta Crystallogr. B, 2000, 56: 409-418.

[9] Yeo L, Harris K D M. Definitive structural characterization of the conventional low-temperature host structure in urea inclusion compounds. Acta Crystallogr. B, 1997, 53: 822-830.

[10] Brouwer R, Jellinek F. Multiple order in sulfides and selenides. Journal de physique Colloques, 1977, 38: C7-36-C7-41.

[11] Shechtman D, Blech I, Gratias D, et al. Metallic phase with long-range orientational order and no translational symmetry. Phys. Rev. Lett., 1984, 53: 1951-1953.

[12] Penrose R. The role of aesthetics in pure and applied mathematical research. Bull. Inst. Math. Appl., 1974, 10: 266-271.

[13] Gardner M. Mathematical games: extraodinary nonperiodic tiling that enriches the theory of tiles. Sci. Amer., 1976, 236: 110-119.

[14] Senechal M. Quasicrystals and Geometry. Cambridge: Cambridge University Press, 1995.

[15] Mackay A L. Cystallography and the Penrose pattern. Physica A, 1982, 114: 609-613.

[16] Welberry T. R. Diffuse X-ray scattering and models of disorder. New York: Oxford University Press, 2004.

[17] Steurer W. Twenty years of structure research on quasicrystals. Part I. Pentagonal, octagonal, decagonal and dodecagonal quasicrystals. Z. Kristallogr., 2004, 219: 391-446.

[18] Janot C. Quasicrystals a Primer, second edition. Oxford: Clarendon Press, 1994.

[19] de Wolff P M, Janssen T, Janner A. The superspace groups for incommensurate crystal structures with a one-dimensional modulation. Acta Crystallogr. A, 1981, 37: 625-636.

[20] Janssen T, Janner A, Looijenga-Vos A, et al. Incommensurate and commensurate modulated structures. International Tables for Crystallography Vol. C（ed. Wilson A J C）, Dordrecht: Kluwer Academic Publishers, 1995: 797-835.

第4章 缺陷结构

4.1 引 言

自从首次发现晶体对X射线的衍射现象已有一百多年的时间，目前晶体学已经发展成为一种非常精确、应用广泛和权威的工具。这种传统晶体学（晶体结构测定）的成功无疑在很大程度上是由于这样一个事实，即相同的基本方法可以应用于各种各样的材料，一方面是每个晶胞只含有几个原子的简单无机盐，另一方面是每个晶胞可能含有数千个原子的大分子晶体。在所有情况下的假设是晶体由相同单元的三维阵列组成，其衍射图案由离散衍射峰（称为布拉格衍射）组成。这种离散衍射数据的测量和分析目前已经成为物质和材料结构分析的常规操作，除了最复杂的例子之外。

然而，真实的材料仅近似于这种理想情况，并且大多数材料的衍射图案除了尖锐的布拉格峰之外，还包含称为漫散射（diffuse scattering）的弱连续背景。只要有任何一种偏离完全规则的相同单元阵列的理想情况，这种散射就必然会出现。这种对理想情况的偏离可能以各种不同的方式和不同的程度出现，但所有这些影响都可以用缺陷（无序）结构来描述。尽管当今关于固态的许多知识都是从使用布拉格衍射的晶体学研究中获得的，但许多重要材料的性质不仅取决于平均晶体结构，而且常常严重依赖于缺陷结构。例如，许多合金和陶瓷的有用的机械性能、许多材料的光电性能、半导体的许多电学性能、高温超导等取决于各种缺陷的存在。

统计序缺陷结构（statistical order defect structure）是一种在材料中存在缺陷或不完美之处的结构，但这些缺陷不是随机分布的，而是呈现出某种统计规律性的排列。与完全无序的缺陷不同，统计序缺陷结构中的缺陷遵循一定的统计规则，这种规则可能与材料的合成条件、晶格应变或外部环境有关。统计序缺陷结构是一类具有规律性但不完全有序的晶体结构，其研究对于理解材料的复杂性和多样性具有重要意义。这种结构形式在许多实际应用中发挥着关键作用，通过深入研究统计序缺陷结构，科学家和工程师能够设计出具有更优性能的材料。本章讲述的缺陷结构指的是统计序缺陷结构。

对无序晶体材料进行X射线、中子或电子散射分析是研究这些材料中缺陷结构的重要手段。由于本章涉及的漫散射与衍射均来自原子对或原子对形成的晶面的散射，因此无特别说明时，散射与衍射这两个词不作区分。缺陷结构分析需要解决两个基本前提：一是建立缺陷结构的统计模型，另一个是能从该模型计算出衍射谱。有了这两个前提，至少在理论上，可以通过处理特定样品的衍射数据，通过精修统计模型的参数来定量表征晶格缺陷的种类和无序程度。无序晶体系统可以方便地用晶格无序（lattice disorder）和取代无序（substitution disorder）来描述。取代无序指的是晶格位置上原子或分子的变化，这种变化可能是由于不同的原子或分子出现在不同的等效位置上，或是单一类型的分子在不同等效位置上采取不同的取向。晶格无序则指的是晶格点的位置坐标相对于有序周期性晶格的位置坐标发生了变化。显然，取代无序几乎总是会引入一定程度的晶格无序，尽管在没有取代无序的情况下也可能存在晶格无序。由于一个系统的衍射图案为该系统分子和原子电子密度的傅里叶变换，并受到晶格缺陷的影响，因此，无序晶体系统的衍射谱可用来表征晶格缺陷。最简单的晶格无序模型涉及独立的晶格点相对于规则周期性晶格的偏移，这种无序模型被称为热无序、第一类无序或非关联无序（uncorrelated disorder）。尽管这种无序模型在许多情况下都很有用，但它并没有考虑到邻近晶格点偏移之间的依赖性，而这种依赖性往往是紧密堆积系统的特征，至少在某种程度上是这样的。要包含邻近点偏移之间的依赖性，偏移必须是相关的。具有非关联无序材料的衍射图案等于两个分量之和：一个是由基础平均未失真的晶格特征性地表现出的锐利布拉格衍射，另一个是由无序引起的连续分量。然而，在关联无序（correlated disorder）的情况下，衍射不能表示为两个这种分量的和，而是表现为随散射角增大而变宽并逐渐融合到连续衍射中的峰。

尽管实际系统通常是三维的，但在多维中构建一般的无序模型是很困难的。因此，无序材料通常通过分析在倒空间中某个特定方向上的衍射，并用一维模型解释衍射来表征相应方向上的无序。这是一种近似方法，但在实践中有时足够准确。一维无序模型及其产生的衍射图案因此在许多应用中有其实用性。此外，在像聚合物和层状结构这样的系统中，无序本质上是一维的，可以准确地用一维模型来分析。因此，一维无序模型具有基础性和实际意义。有两种主要模型可用于描述无序晶体材料：次晶模型（paracrystal model）[1]和扰晶模型（perturbed lattice model）[2,3]。次晶模型是由 Hosemann 及其同事发展起来的[1]，广泛用于分析无序材料（如聚合物、玻璃和合金）的衍射。次晶模型基于一种直观的观点，即在晶体生长过程中，分子（或原子）是相对于它们的前驱物（分子或原子）来定位的。从一个固定点开始，通过相对于前驱点随机移动某个距离将点依次添加到晶格中。如果这些距离呈正态分布，那么随机晶格的平均衍射强度就很容易计算。扰晶模型并不是通过其点的相对位置统计来描述失真晶格，而是通过其点相对于周期性参考晶格的偏移来描述晶格。如果允许邻近晶格点的偏移相互关联，这就产生了一个相当通用的无序模型。次晶模型和扰晶模型在一维中定义得很好，但在多维中只有在特定条件下才能很好地定义。特别是在二维或三维晶格中，次晶模型中单元边的数量远多于晶格点，这意味着必须对分布施加限制条件。扰晶模型通过处理晶格点的位置而不是它们之间的矢量来避免这种困难。在多维中，尽管仍然很难构建一个完全通用的模型，但扰晶模型更具灵活性，可以用来表示比次晶模型更广泛的失真晶格，同时保持稳定统计特性。

4.2 一维叠层无序

4.2.1 衍射强度

当 X 射线束入射到衍射物体上时，某个方向上的散射波振幅可以表示为以下形式：

$$A(\boldsymbol{S}) = \sum_m f_m \exp\left(2\pi i \boldsymbol{S} \cdot \boldsymbol{r}_m\right) \tag{4.1}$$

其中 f_m 是位于矢量 $\boldsymbol{r}_m$ 位置的原子散射因子，也是原子内电子密度分布的傅里叶变换，在当前讨论中可以视为实数。$\boldsymbol{S}$ 是散射矢量，由公式 $\boldsymbol{S} = \dfrac{\boldsymbol{s} - \boldsymbol{s}_0}{\lambda}$ 定义，其中 $\boldsymbol{s}_0$ 和 $\boldsymbol{s}$ 是入射和衍射光束方向上的单位矢量。如果衍射角为 θ，则 $|\boldsymbol{S}| = \dfrac{2\sin\theta}{\lambda}$。使用 * 表示复共轭，由公式（4.1）可以得到衍射强度：

$$I(\boldsymbol{S}) = A(\boldsymbol{S}) \cdot A^*(\boldsymbol{S}) \tag{4.2}$$

$$= \sum_m f_m \exp(2\pi i \boldsymbol{S} \cdot \boldsymbol{r}_m) \sum_{m'} f_{m'} \exp(-2\pi i \boldsymbol{S} \cdot \boldsymbol{r}_{m'}) \tag{4.3}$$

$$= \sum_m \sum_{m'} f_m f_{m'} \exp(2\pi i \boldsymbol{S} \cdot (\boldsymbol{r}_m - \boldsymbol{r}_{m'})) \tag{4.4}$$

$$= \sum_m \sum_j f_m f_{j+m} \exp(2\pi i \boldsymbol{S} \cdot \boldsymbol{d}_m) \tag{4.5}$$

方程（4.1）显示了散射振幅是电子密度分布的傅里叶变换，而方程（4.5）则表示散射强度是涉及原子对之间向量距离 $\boldsymbol{d}_m = \boldsymbol{r}_m - \boldsymbol{r}_{m'}$ 的函数的傅里叶变换，这个函数被称为自相关函数，对分布函数或帕特森函数。

如果物体是具有周期性重复结构的晶体，这些方程可以简化。假设 m 个原子排列在 N 个相同的晶胞中，每个晶胞包含 n 个原子。此时，每个向量 $\boldsymbol{r}_m$ 可以被替换为

$$\boldsymbol{r}_m = \boldsymbol{R}_N + \boldsymbol{r}_n \tag{4.6}$$

其中 $\boldsymbol{R}_N$ 定义了第 N 个晶胞的位置，$\boldsymbol{R}_N$ 是该晶胞中每个原子的局域向量，则方程（4.4）可写为

$$I(\boldsymbol{S})=\sum_N\sum_{N'}\exp\left(2\pi i\boldsymbol{S}\cdot(\boldsymbol{R}_N-\boldsymbol{R}_{N'})\right)\times\sum_n\sum_{n'}f_nf_{n'}\exp\left(2\pi i\boldsymbol{S}\cdot(\boldsymbol{r}_n-\boldsymbol{r}_{n'})\right) \tag{4.7}$$

利用结构因子 $F=\sum_n f_n\exp\left(2\pi i\boldsymbol{S}\cdot\boldsymbol{r}_n\right)$，上式可表示为

$$I(\boldsymbol{S})=\sum_N\sum_{N'}F_NF_{N'}\exp\left(2\pi i\boldsymbol{S}\cdot(\boldsymbol{R}_N-\boldsymbol{R}_{N'})\right) \tag{4.8}$$

或

$$I(\boldsymbol{S})=\sum_N\sum_j F_NF_{j+N}\exp\left(2\pi i\boldsymbol{S}\cdot\boldsymbol{R}_N\right) \tag{4.9}$$

对于一个完美晶格，其中 F_N 与 N 无关，且 $\boldsymbol{R}_N$ 定义为规则晶格上的点，从而得到：

$$I(\boldsymbol{S})=N^2\,|F|^2 \tag{4.10}$$

其中 $\boldsymbol{R}_N$ 取倒易晶格上的值，而在其他地方 $I(\boldsymbol{S})=0$。

4.2.2　层对概率与相关系数

在讨论原子层保持为完美单元的例子时，式（4.1）到式（4.5）中的求和可以在每一层中的原子上进行，因此在方程（4.9）中，F_N 将表示原子层的结构因子，而对 N 的求和将在定义好每一层原点的一维（1D）点阵列上。

如图 4-1 所示，假设有两种类型的层，A 层和 B 层，它们分别具有层结构因子 F_A 和 F_B，并且它们以规则的间隔 $\boldsymbol{a}$ 堆叠，使得 $\boldsymbol{R}_N=N\cdot\boldsymbol{a}$。还假设在 n 个层中，类型 A 的层占比为 m_A，类型 B 的层占比为 $1-m_A$。为了方便方程（4.8）求和，所有具有相同层间距 $\boldsymbol{R}_N-\boldsymbol{R}_{N'}$ 的层对（因此具有相同指数）可以分组在一起。可能会遇到四种类型的层对，$A\cdots A, B\cdots A, A\cdots B$ 和 $B\cdots B$。每种层对的相应比例分别标记为 P_n^{AA}，P_n^{BA}，P_n^{AB} 和 P_n^{BB}，这些比例不是独立的，必须满足三个条件：

$$P_n^{AA}+P_n^{BA}+P_n^{AB}+P_n^{BB}=1 \tag{4.11}$$

$$P_n^{AB}+P_n^{AA}=m_A \tag{4.12}$$

$$P_n^{BA}+P_n^{AA}=m_A \tag{4.13}$$

后两个条件表达了这样一个事实：在每个晶格位置，出现 A 型层的概率等于 A 型层的总体比例。使用这种符号表示，衍射强度可以写为

$$I(\boldsymbol{S})=\sum_{1-N}^{N-1}(N-n)^2\exp(2\pi i\boldsymbol{S}\cdot n\boldsymbol{a})\times(P_n^{AA}F_AF_A^*+P_n^{BA}F_BF_A^*+P_n^{AB}F_AF_B^*+P_n^{BB}F_BF_B^*) \tag{4.14}$$

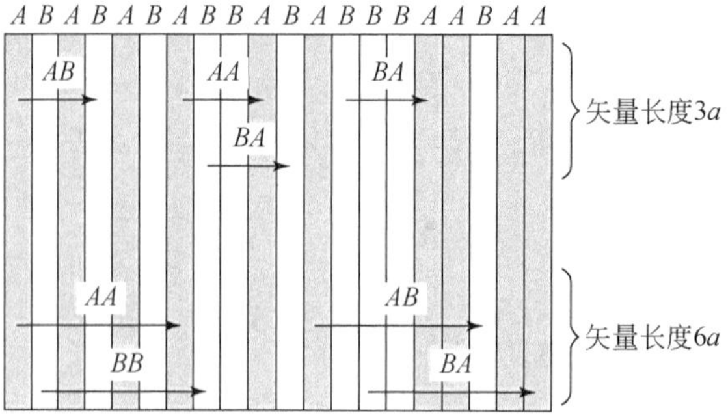

图 4-1 叠层无序结构示意图[3]

使用方程（4.11）到方程（4.13）中的参数，定义 $C_n = \dfrac{P_n^{AA} - m_A^2}{m_A m_B}$，有

$$P_n^{AA} = m_A^2 + C_n m_A m_B \tag{4.15}$$

$$P_n^{AB} = P_n^{BA} = m_A m_B - C_n m_A m_B \tag{4.16}$$

$$P_n^{BB} = m_B^2 + C_n m_A m_B \tag{4.17}$$

方程（4.14）中的指数后的因子可以分为两部分，第一部分是常数，第二部分涉及参数 C_n。这样，方程（4.14）可改写为

$$\begin{aligned} I(\boldsymbol{S}) = & \sum_{1-N}^{N-1} (m_A^2 F_A F_A^* + m_A m_B (F_A F_B^* + F_B F_A^*) + m_B^2 F_B F_B^*) \exp(2\pi i \boldsymbol{S} \cdot n\boldsymbol{a}) \\ & + \sum_{1-N}^{N-1} m_A m_B C_n (F_A F_A^* - F_A F_B^* - F_B F_A^* + F_B F_B^*) \exp(2\pi i \boldsymbol{S} \cdot n\boldsymbol{a}) \end{aligned} \tag{4.18}$$

$$\begin{aligned} & = \left(m_A F_A + m_B F_B\right)\left(m_A F_A^* + m_B F_B^*\right) \sum_{1-N}^{N-1} \exp(2\pi i \boldsymbol{S} \cdot n\boldsymbol{a}) \\ & + m_A m_B \left(F_A - F_B\right)\left(F_A^* - F_B^*\right) \sum_{1-N}^{N-1} C_n \exp(2\pi i \boldsymbol{S} \cdot n\boldsymbol{a}) \end{aligned} \tag{4.19}$$

第一项可认为是完美晶体的强度表达式，其层结构因子为 $\bar{F} = m_A F_A + m_B F_B$，即平均层结构因子。第二项取决于两个层结构因子之间的差异，给出了漫散射强度。为了看清这种强度的形式，有必要分析 C_n。

公式（4.19）中的 C_n 称为相关系数或短程有序（short-range order）参数。它们反映了给定数量的晶格间距分隔的层类型之间的相互依赖程度。对于 $C_n = 0$，层之间没有依赖性，找到一个距离为 $n\boldsymbol{a}$ 的 A 层的机会是相同的，无论该层是 A 型还是 B 型。对于 $0 < C_n < 1$，分隔 $n\boldsymbol{a}$ 的层更可能是相同类型的（$A \cdots A$ 或 $B \cdots B$），这称为正相关。对于 $0 > C_n > -1$，分隔 $n\boldsymbol{a}$ 的层更可能是相反类型的（$A \cdots B$ 或 $B \cdots A$），这称为负相关。

需要考虑的是，如何得出观察到的 C_n 值，以及它们可能受到哪些限制。C_n 是从整个晶格的平均值中得出的（实际上是从X射线束可以被认为相干的晶体体积中得到的平均值）。当然，这可能包括晶体不同区域中发生的多种不同效应（例如生长条件）。然而，在这里只考虑均匀的无序晶格，即概率和晶格平均值在晶格中的位置是独立的，即假定在整个晶格中找到 A 型层的概率 m_A 是常数。

这种均匀性假设对 C_n 的可能值范围施加了限制。这些限制从短程性质开始，并延伸到高阶（更大的 n）相关性。最简单的例子是，最近邻相关系数 C_1 受 m_A 值的限制。如果 C_1 较大且为负，则晶格由交替的层序列 $ABABAB\cdots$ 组成，且几乎没有错排。这意味着 m_A 的值必须接近 0.5。反之，如果 $m_A >> 0.5$，那么 C_1 必须限制为正值或较小的负值。可以用更定量的方式进行描述。

首先考虑相邻的层对，将 AA、AB、BA 和 BB 对的比例用公式(4.15)到(4.17)中的 m_A、m_B 和 C_1 表示。并利用 P_1^{AA} 是一个概率这一事实，因此其必须在 0 到 1 的范围内，根据公式（4.15）可以得出：

$$0 < m_A^2 + C_1 m_A m_B < 1 \tag{4.20}$$

或：

$$-\frac{m_A}{m_B} < C_1 < \frac{1+m_A}{m_A} \tag{4.21}$$

类似地，根据方程（4.16），有

$$-\frac{m_B}{m_A} < C_1 < \frac{1+m_B}{m_B} \tag{4.22}$$

这表明 C_1 在正方向上没有限制，但当 $m_A \neq m_B$ 时，C_1 在负值上受到限制。

接下来，假设层的分布是无序的，且 m_A 和 C_1 是固定的，想要确定 C_2 及更高阶关联值的可能范围。这可以通过考虑三重组 AAA、AAB、ABA 等的比例（或频率）来实现。

假设：

$$P^{AAA} = f_0 \qquad P^{AAB} = f_1 \qquad P^{ABA} = f_2 \qquad P^{ABB} = f_3$$
$$P^{BAA} = f_4 \qquad P^{BAB} = f_5 \qquad P^{BBA} = f_6 \qquad P^{BBB} = f_7$$

则频率 f_i 可以用 m_A、P_1 和 P_2 来表示（这里使用 $P_1 = P^{AA}$ 而不是相应的 C 更方便）。因此，

$$1 = f_0 + f_1 + f_2 + f_3 + f_4 + f_5 + f_6 + f_7 \tag{4.23}$$

$$m_A = f_0 + f_1 + f_2 + f_3 \tag{4.24}$$

$$m_A = f_0 + f_1 + f_4 + f_5 \tag{4.25}$$

$$m_A = f_0 + f_2 + f_4 + f_6 \tag{4.26}$$

$$P_1 = f_0 + f_1 \tag{4.27}$$

$$P_1 = f_0 + f_4 \tag{4.28}$$

$$P_2 = f_0 + f_2 \tag{4.29}$$

如果 AAA 的概率或频率被定义为 T，重新整理方程可得到：

$$f_0 = T \tag{4.30}$$

$$f_1 = f_4 = P_1 - T \tag{4.31}$$

$$f_2 = P_2 - T \tag{4.32}$$

$$f_3 = f_6 = m_A - P_1 - P_2 + T \tag{4.33}$$

$$f_5 = m_A - 2P_1 + T \tag{4.34}$$

$$f_7 = 1 - 3m_A + 2P_1 + P_2 - T \tag{4.35}$$

对于给定的 m_A 和 P_1 的值，这些方程限制了 P_2 和三重概率 m_A 可能值的范围。为了证明这一点，考虑一个简单的例子，其中 $m_A = 0.5$， $P_1 = 0.4$（对应于 $C_1 = \pm 0.6$）。方程（4.31）要求 $T \leqslant 0.4$，而方程（4.34）要求 $T \geqslant 0.3$，因此，从方程（4.32）和方程（4.33）可以看出，P_2 的允许范围为 0.3～0.5 之间（对应于 $0.2 \leqslant C_2 \leqslant 1.0$）。对于最高阶相关 C_3，有必要考虑频率在四个最近相邻层的 16 种不同组合。可以推导出与方程（4.30）到方程（4.35）类似的方程，其中 f_i 取决于 m_A、三个不同的三重概率 P_1、P_2、P_3 和四重概率 $Q = P^{AAAA}$。给定 m_A、P_1 和 P_2 先前选择的值，P_3 的值类似地被限制在窄范围内。通常，随着相关阶数的增加，限制变得更加严格。

4.2.3　叠层无序衍射强度的递归算法

本节描述了一种通用递归算法，用于计算含有相干平面缺陷的晶体的运动学衍射强度。该方法利用了原子层以非确定性方式堆叠时出现的自相似堆叠序列[1,2]。叠层缺陷是实际晶体中普遍存在的现象。它在单晶衍射图案中表现为条纹，在粉末衍射图案中表现为与指数相关的峰宽和弥散散射，当使用现代同步辐射和中子衍射仪在高角分辨率下记录衍射数据时，缺陷的存在尤为明显。

4.2.3.1　无限层宽

一些情况下，非确定性层叠构建的周期性结构中存在堆叠序列的自相似性。在晶体中发现的递归类型的简单模型可以由只包含一种类型的砖块的墙来表示，其中砖块以完美的规则被黏合在适当的位置。忽略墙的有限高度，墙具有递归性质，即一面墙相当于由一排砖加上另一面存在位移的墙组成（图 4-2）。晶体也可以类似地视为由单胞层构成。这种递归性质反映在晶体的许多物理性质中，如发生衍射时的散射波函数。因此，来自以任何层为中心的晶体的散射波函数等效于来自该层的散射贡献加上来自以下一层为中心的位移晶体的散射波函数，即：

$$\Psi(\boldsymbol{u}) = F(\boldsymbol{u}) + \exp(-2\pi i\boldsymbol{u}\cdot\boldsymbol{R})\Psi(\boldsymbol{u}) \tag{4.36}$$

这里，$\Psi(\boldsymbol{u})$ 是倒格矢 $\boldsymbol{u}$ 处的散射波函数，$F(\boldsymbol{u})$ 是来自原点处的层的散射贡献，$\boldsymbol{R}$ 是两个原点之间的位移。

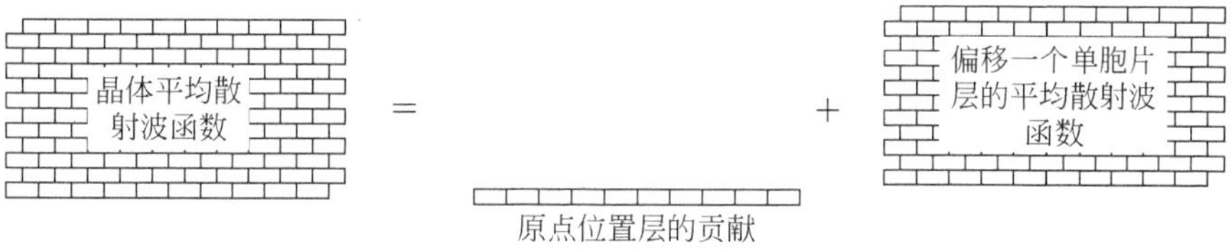

图 4-2 周期性结构递归特性的示意图[5]

该方程可直接导出整个晶体的散射波函数的解：

$$\Psi(\boldsymbol{u}) = \frac{F(\boldsymbol{u})}{1-\exp(-2\pi i\boldsymbol{u}\cdot\boldsymbol{R})} \tag{4.37}$$

该方程告诉我们，在满足 $\boldsymbol{u}\cdot\boldsymbol{R} = hR_x + kR_y + lR_z = 2n\pi$ 的 $\boldsymbol{u} = (h, k, l)$ 处存在尖锐的衍射峰，其中 n 是整数， $\boldsymbol{R} = (R_x, R_y, R_z)$ 为相对单胞的分数坐标。

这个递归特性可以扩展到包含缺陷的晶体，如图 4-3 所示，砖墙包含两种类型的砖块，按均匀层次排列。在晶体的类似物中，可以定义两种类型层为中心的晶体波函数之间的递归关系，层的堆叠可通过引入转换概率（transition probability）α_{ij} 来确定。

$$\Psi_i(\boldsymbol{u}) = F_i(\boldsymbol{u}) + \sum_{j=1,2}\alpha_{ij}\exp(-2\pi i\boldsymbol{u}\cdot\boldsymbol{R}_{ij})\Psi_j(\boldsymbol{u}) \tag{4.38}$$

联立方程比较容易解出波函数 α_{ij} 。因为我们是从微晶的统计系综计算衍射强度，所以强度由非相干和给出，即：

$$\frac{I(\boldsymbol{u})}{N} = \sum_{i=1,2} g_i(F_i^*(\boldsymbol{u})\Psi(\boldsymbol{u}) + F_i(\boldsymbol{u})\Psi^*(\boldsymbol{u}) - |F_i(\boldsymbol{u})|^2) \tag{4.39}$$

其中，层存在的概率因子 g_i 由下式给出。尽管晶体只含有有限数量的层，但递归特性仍然成立。

$$g_i = \sum_{j=1}^{N} g_j\alpha_{ji}, \qquad \sum_{i=1}^{N} g_i = 1 \tag{4.40}$$

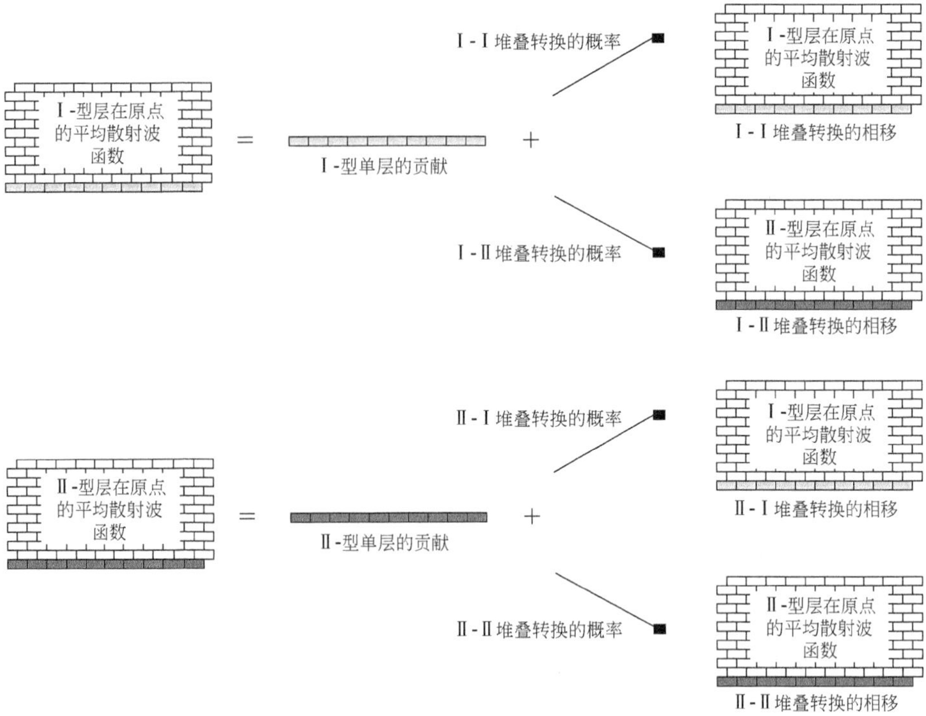

图 4-3　自由堆叠的周期性结构的自相似性示意图[5]

4.2.3.2　有限层宽

峰形宽化的合理表示可以通过以下假设来引入：根据微晶的统计系综，对于平均晶体宽度W_a，倒格点$h0l$附近的沿$\boldsymbol{a}$方向的平均半高宽为

$$\varGamma = \frac{1}{2W_a} \tag{4.41}$$

这里假设峰形近似为洛伦兹分布，半宽度为$\varGamma$。洛伦兹函数旨在逼近形式上更精确的“sinc”函数形式：$\left(\dfrac{\sin(\pi(h'-h)W_a)}{\pi(h'-h)W_a}\right)^2$，这是在对由于粉末样品中$W_a$值的分布而引起的振荡进行平均后得出的，这里$h'$是一个连续变量，其值在整数值$h$附近。

假设所有晶体形状均为矩形（或圆柱形，取决于指定了两个宽度还是一个直径），因此忽略了特殊晶体形态导致的更复杂的形状因素。当宽度W_a和W_b不相等时，等强度的等值线是椭圆形的。hk平面中的强度分布被 Ewald 球面以一定角度截取，角度由衍射的l值决定。因此，由于峰形展宽，散射矢量hkl处的峰垂直于$\boldsymbol{a}$和$\boldsymbol{b}$轴向的半高宽可以表示为

$$\Gamma = \frac{1}{2Q_{hkl}}\left[\left(\frac{Q_{h00}}{W_a}\right)^2 + \left(\frac{Q_{0k0}}{W_b}\right)^2\right] \tag{4.42}$$

其中 Q_{hkl} 是倒格矢 hkl 处的散射幅度，由下式给出：

$$Q_{hkl}^2 = a_0 h^2 + b_0 k^2 + c_0 l^2 + d_0 hk \tag{4.43}$$

其中常数：

$$\begin{aligned} a_0 &= \frac{1}{a^2 \sin^2(\gamma)} \\ b_0 &= \frac{1}{b^2 \sin^2(\gamma)} \\ c_0 &= \frac{1}{c^2} \\ d_0 &= \frac{-2\cos(\gamma)}{ab\sin^2(\gamma)} \end{aligned} \tag{4.44}$$

根据 W_a 和 W_b 的相对值以及 l 的值，不同的峰将得到不同地加宽。对于非垂直轴，稍微修改方程（4.42）来反映 W_a 和 W_b 测量值并不相互垂直的事实，粉末谱中散射角 θ 处的峰宽化后的半高宽为

$$\Gamma_\theta = \frac{\lambda}{2Q_{hkl}}\left[a_0\left(\frac{h + k\sin(\gamma)}{W_a\cos(\gamma)}\right)^2 + b_0\left(\frac{k}{W_b}\right)^2\right] \tag{4.45}$$

这里 $h \neq k = 0$ 。

对于 00l 峰的展宽处理稍有不同。当 h 和 k 均为零时，Ewald 球与 00l 峰的形状展宽轮廓平面相切，这会产生一个不对称的峰，其起始部分陡峭而尾部较长，半高度以复杂的方式依赖于 W_a 和 W_b 的相对值。如果 W_a 和 W_b 的值接近，则尾部下降得最慢。尽管使用了简化和近似，但将有限层宽导致的粉末峰的展宽会引入显著的计算开销。特别是，形状展宽为模拟增加了一个额外的变量，通常在研究叠层缺陷概率的影响时，层宽被指定为“无穷大”。

4.3　生长无序（growth disorder）模型

4.3.1　一维占据无序

4.3.1.1　最近邻马尔可夫（Markov）链

前一节展示了一维无序晶格中的相关系数的值如何受到一些限制，而与它们被引入晶格的方式无关。本节将讨论一些特定的简单模型，这些模型展示了相关

性如何可能被引入到晶格中，并探讨它们对 n 的依赖性及其对衍射强度的影响。最简单的模型是最近邻马尔可夫链（Markov chain）或称为生长无序模型（growth disorder model）。在这种模型中，假设两种类型的层（ A 和 B ）逐层添加到晶格中，而新添加的层是 A 还是 B 只取决于前一层。对于在生长过程中引入无序，并且仅有短程力起作用的晶体，这种模型可能是相当现实的。为方便起见，1D 点阵上位置 i 处的层由二元（0，1）随机变量 x_i 表示；其中 $x_i=1$ 表示位置 i 被 A 型层占据和 $x_i=0$ 表示被 B 型层占据。在位置 i 添加 A 型层的概率可以表示为

$$P(x_i=1 \mid x_{i-1})=\alpha+\beta x_{i-1} \tag{4.46}$$

方程（4.46）不仅是生成无序晶格的规则，它还确定了无序晶格的相关结构。首先，通过对方程（4.46）在所有 i 上取平均值，有

$$m_A=\alpha+\beta m_A \quad 或 \quad m_A=\frac{\alpha}{1-\beta} \tag{4.47}$$

由于方程（4.46）左边的条件概率独立于所有的 $x_j(j<i)$，方程（4.46）可以乘以任何这样的独立变量而不影响其有效性。特别是乘上 x_{i-1}，有

$$x_{i-1}P(x_i=1 \mid x_{i-1})=\alpha x_{i-1}+\beta x_{i-1} \tag{4.48}$$

这里利用了对于（0，1）的变量所满足的表达式 $x_i^2=x_i$，对这个方程的所有 i 取平均值可得到：

$$P(x_i=1, x_{i-1}=1)=P_1^{AA}=P_1=\alpha m_A+\beta m_A \tag{4.49}$$

代入方程（4.47）的 α，可得到：

$$P_1=\beta m_A+m_A^2(1-\beta) \tag{4.50}$$

$$\beta=\frac{P_1-m_A^2}{m_A-m_A^2}=C_1 \tag{4.51}$$

因此，可以看出，生长无序模型方程（4.46）中的 α 和 β 与无序晶格中 A 型层的比例 m_A 以及最近邻相关性 C_1 有简单的关系。相关系数 C_n 可以通过以下方法获得，首先将方程（4.46）乘上 x_{i-n}，然后像之前一样取平均值，得到：

$$P_n=\alpha m_A+\beta P_{n-1} \tag{4.52}$$

$$P_{n-1}=\alpha m_A+\beta P_{n-2} \tag{4.53}$$

结合方程（4.52）和方程（4.53），消除 m_A 有

$$P_n-P_{n-1}(1+\beta)+\beta P_{n-2}=0 \tag{4.54}$$

将 P_n 变为相关系数 C_n，该方程的形式保持不变：

$$C_n-C_{n-1}(1+\beta)+\beta C_{n-2}=0 \tag{4.55}$$

这是一个简单的差分方程，其解为 $C_n=\beta^n$。因此，得到的结果是，对于简单的 1D 马尔可夫链，相关系数 C_n 为基于最近邻相关性 $C_1=\beta$ 的几何级数。为了获得漫散

射强度，可以用 β^n 代替方程（4.19）中的 C_n，即：

$$I(\boldsymbol{S}) = m_A m_B (F_A - F_B)(F_A^* - F_B^*)\left(1 + 2\sum_{n=1}^{N-1} \beta^n \cos 2\pi \boldsymbol{S} \cdot n\boldsymbol{a}\right) \tag{4.56}$$

将层数 N 取到趋于无穷大并求和，漫散射强度的形式如下：

$$I(\boldsymbol{S})_{\text{diffuse}} = K \frac{1-\beta^2}{1+\beta^2 - 2\beta\cos(2\pi\boldsymbol{S}\cdot\boldsymbol{a})} \tag{4.57}$$

这里，K 是用来替代包含 m_A 和 F_A 等量的常数项。

这种漫散射强度峰形式是漫散射理论中最重要的公式之一，是一维最近邻系统的特征。可以通过测量峰的半高宽来确定主要的相关系数 β，而这又进一步引出了相关长度和畴大小的概念。在较高维系统中，随着不同方向上的相关性变得重要，这些概念如相关长度和畴大小并不能简单地转移到高维系统中。

4.3.1.2 随机矩阵

Markov 链的另一种处理方法是使用随机矩阵[3-10]。这里将展示如何将这些方法应用于由方程（4.46）定义的相同简单模型。将方程（4.46）中定义的四个转换概率［即 $P(1|1)$， $P(1|0)$， $P(0|1)$ 和 $P(0|0)$］写成矩阵形式：

$$\boldsymbol{M} = \begin{pmatrix} P(0|0) & P(1|0) \\ P(0|1) & P(1|1) \end{pmatrix} = \begin{pmatrix} 1-\alpha & \alpha \\ 1-\alpha-\beta & \alpha+\beta \end{pmatrix} \tag{4.58}$$

定义如下矩阵：

$$\boldsymbol{f} = \begin{pmatrix} 1-m_A & 0 \\ 0 & m_A \end{pmatrix}, \quad \boldsymbol{V} = \begin{pmatrix} F_B F_B^* & F_B F_A^* \\ F_A F_B^* & F_A F_A^* \end{pmatrix} \tag{4.59}$$

其中，F_A 和 F_B 分别为 A 和 B 层的结构因子，*表示复共轭。使用之前定义的相邻层对的概率，如 P_1^{AA}， P_2^{BB} 等，可以看出这些是矩阵 $\boldsymbol{fM}$ 的元素。

$$\boldsymbol{fM} = \begin{pmatrix} (1-m_A)P(0|0) & (1-m_A)P(1|0) \\ m_A P(0|1) & m_A P(1|1) \end{pmatrix} = \begin{pmatrix} P_1^{BB} & P_1^{BA} \\ P_1^{AB} & P_1^{AA} \end{pmatrix} \tag{4.60}$$

要获得由 n 个晶胞矢量分隔的层的概率，需将转换概率矩阵应用 n 次，结果为

$$\boldsymbol{fM}^n = \begin{pmatrix} P_n^{BB} & P_n^{BA} \\ P_n^{AB} & P_n^{AA} \end{pmatrix} \tag{4.61}$$

由此可见，出现在强度的一般表达式（4.14）的括号内的量可以通过矩阵 $\boldsymbol{VfM}^n$ 的迹来得到，即：

$$\text{Tr}(\boldsymbol{VfM}^n) = \left(P_n^{AA} F_A F_A^* + P_n^{BA} F_B F_A^* + P_n^{AB} F_A F_B^* + P_n^{BB} F_B F_B^*\right) \tag{4.62}$$

为了计算 $\boldsymbol{M}^n$，引入变换矩阵 $\boldsymbol{Q}$，使得：

$$\boldsymbol{M} = \boldsymbol{Q}\begin{pmatrix} \lambda_1 & 0 \\ 0 & \lambda_2 \end{pmatrix}\boldsymbol{Q}^{-1} \tag{4.63}$$

$\boldsymbol{M}$ 的特征值为 $\lambda_1 = 1$ 和 $\lambda_2 = \beta$，矩阵 $\boldsymbol{Q}$ 和 $\boldsymbol{Q}^{-1}$ 是

$$\boldsymbol{Q} = \begin{pmatrix} 1 & \alpha \\ 1 & \alpha+\beta-1 \end{pmatrix}, \quad \boldsymbol{Q}^{-1} = \frac{1}{1-\beta}\begin{pmatrix} 1-\alpha-\beta & \alpha \\ 1 & -1 \end{pmatrix} \tag{4.64}$$

则 $\boldsymbol{M}^n$ 为

$$\boldsymbol{M}^n = \boldsymbol{Q}\begin{pmatrix} \lambda_1^n & 0 \\ 0 & \lambda_2^n \end{pmatrix}\boldsymbol{Q}^{-1} = \boldsymbol{Q}\begin{pmatrix} 1 & 0 \\ 0 & \beta^n \end{pmatrix}\boldsymbol{Q}^{-1} \tag{4.65}$$

还需要确定在单个位置获得 A 或 B 的平衡或稳态概率。这可以用一个向量来表示，$\boldsymbol{m} = (1-m_A, m_A)$，并且必须满足以下方程：

$$\boldsymbol{m}\boldsymbol{M} = \boldsymbol{m} \tag{4.66}$$

进一步有

$$\alpha(1-m_A) + (\alpha+\beta)m_A = m_A \tag{4.67}$$

或

$$m_A = \frac{\alpha}{1-\beta} \tag{4.68}$$

利用这些方程，有

$$\boldsymbol{Q} = \begin{pmatrix} 1 & m_A(1-\beta) \\ 1 & (1-m_A)(1-\beta) \end{pmatrix} \tag{4.69}$$

和

$$\boldsymbol{Q}^{-1} = \frac{1}{1-\beta}\begin{pmatrix} (1-m_A)(1-\beta) & m_A(1-\beta) \\ 1 & -1 \end{pmatrix} \tag{4.70}$$

使用这些矩阵计算 $\boldsymbol{M}^n$ 时，可以将其分为两项，第一项与 n 无关，第二项随 n 变化，

$$\boldsymbol{M}^n = \frac{1}{1-\beta}\begin{pmatrix} 1-\alpha-\beta & \alpha \\ 1-\alpha-\beta & \alpha \end{pmatrix} + \frac{\beta^n}{1-\beta}\begin{pmatrix} \alpha & -\alpha \\ \alpha+\beta-1 & 1-\alpha-\beta \end{pmatrix} \tag{4.71}$$

将方程（4.68）获得的 α 表达式代入 $\boldsymbol{M}^n$ 并乘以 $\boldsymbol{f}$，可得到：

$$\boldsymbol{f}\boldsymbol{M}^n = \begin{pmatrix} (1-m_A^2) & m_A(1-m_A) \\ m_A(1-m_A) & m_A^2 \end{pmatrix} + \beta^n\begin{pmatrix} m_A & -m_A \\ -(1-m_A) & (1-m_A) \end{pmatrix} \tag{4.72}$$

该方程对应于式（4.15）到式（4.17），其中使用了一般化的相关系数 $C_n = \beta^n$，因此这种处理方法也能得到相同的漫散射强度，即方程（4.57）。值得注意的是，随机矩阵 $\boldsymbol{M}$ 的特征值只与相关系数 $C_1 = \beta$ 有关，并且不依赖于由 $\boldsymbol{m} = (1-m_A, m_A)$ 描述的单点性质，后者仅由 $\boldsymbol{f}$ 和 $\boldsymbol{Q}$ 矩阵引入到强度方程中。

4.3.1.3 次近邻相互作用模型

早期研究者遇到的一些无序问题无法仅通过最近邻相互作用来解释，因此需要发展考虑第二近邻及更远范围的理论。在马尔可夫或生长无序模型中，通过生长概率依赖于两个前置位置来考虑第二近邻。对于二元晶格，可以用之前使用的（0，1）变量 x_i 来表达最为通用的形式：

$$P(x_i = 1 \mid x_{i-1}, x_{i-2}) = \alpha + \beta x_{i-1} + \gamma x_{i-2} + \delta x_{i-1} x_{i-2} \tag{4.73}$$

为了从该模型中获得相关结构并进而得到漫散射强度，首先考虑一种更简单的情况，线性形式，即省略非线性项 δ ，也就是说，

$$P(x_i = 1 \mid x_{i-1}, x_{i-2}) = \alpha + \beta x_{i-1} + \gamma x_{i-2} \tag{4.74}$$

接下来与之前的步骤相同，先通过对特定的晶格变量进行预乘，并对整个晶格取平均值。这将得到

$$\begin{aligned}
m_A &= \alpha + \beta m_A + \gamma m_A \\
P_1 &= \alpha m_A + \beta m_A + \gamma P_1 \\
P_2 &= \alpha m_A + \beta P_1 + \gamma m_A \\
\vdots \quad & \quad \vdots \qquad \vdots \qquad \vdots \\
P_{n-1} &= \alpha m_A + \beta P_{n-2} + \gamma P_{n-3} \\
P_n &= \alpha m_A + \beta P_{n-1} + \gamma P_{n-2}
\end{aligned} \tag{4.75}$$

通过使用最后两个方程来消除 m_A，得到以下差分方程，

$$P_n - (1+\beta)P_{n-1} + (\beta - \gamma)P_{n-2} + \gamma P_{n-3} = 0 \tag{4.76}$$

或者在如前所述用 C_n 代替 P_n 之后，有

$$C_n - (1+\beta)C_{n-1} + (\beta - \gamma)C_{n-2} + \gamma C_{n-3} = 0 \tag{4.77}$$

该差分方程的解也是 $C_n = \lambda^n$ 的形式，其中 λ 是如下方程的根：

$$\lambda^3 - (1+\beta)\lambda^2 + (\beta - \gamma)\lambda + \gamma = 0 \tag{4.78}$$

在这种情况下，三个根分别是：1和 $\frac{1}{2}(\beta \pm \sqrt{\beta^2 + 4\gamma})$，$C_n$ 的一般解为

$$C_n = c_1\left(\frac{1}{2}(\beta + \sqrt{\beta^2 + 4\gamma})\right)^n + c_2\left(\frac{1}{2}(\beta - \sqrt{\beta^2 + 4\gamma})\right)^n \tag{4.79}$$

其中常数（复数）c_1 和 c_2 是通过使用近邻关联系数 C_1 和 C_2 的值得到的。

现在回到具有更一般形式的方程（4.73），对于第二近邻相互作用，取平均值有

$$\begin{aligned} m_A &= \alpha + \beta m_A + \gamma m_A + \delta P_1 \\ P_1 &= \alpha m_A + \beta m_A + \gamma P_1 + \delta P_1 \\ P_2 &= \alpha m_A + \beta P_1 + \gamma m_A + \delta P_1 \\ T_2 &= \alpha P_1 + \beta P_2 + \gamma P_1 + \delta P_1 \\ &\vdots \quad \vdots \qquad \vdots \quad \vdots \qquad \vdots \\ P_{n-1} &= \alpha m_A + \beta P_{n-2} + \gamma P_{n-3} + \delta T_{n-2} \\ P_n &= \alpha m_A + \beta P_{n-1} + \gamma P_{n-2} + \delta T_{n-1} \end{aligned} \tag{4.80}$$

其中，$T_{n-1} = \langle x_i x_{i-1} x_{i-n+1} \rangle$ 或 $T_{n-1} = \langle x_{i-1} x_{i-2} x_{i-n} \rangle$。

利用前四个方程可以从参数 $\alpha, \beta, \gamma, \delta$ 来确定低阶晶格平均值 m_A，P_1, P_2, T_2，反之亦然。要获得一般晶格平均值 P_n，可以将方程（4.73）乘以 $x_{i-n+1}x_{i-1}$，然后取平均值得到：

$$T_{n-1} = (\alpha + \beta)P_{n-2} + (\gamma + \delta)T_{n-2} \tag{4.81}$$

将方程（4.80）中的 T_{n-1} 和 T_{n-2} 代入上式，整理后可得到，

$$P_n = (\beta + \gamma + \delta)P_{n-1} + (\gamma + \alpha\delta - \beta\gamma)P_{n-2} - \gamma(\gamma + \delta)P_{n-3} + m_A\alpha(1 - \gamma - \delta) \tag{4.82}$$

将该方程与方程（4.76）进行比较，可以看出，它同样可以从线性模型中产生，在该线性模型中，生长概率取决于三个前面位置的占据情况，即：

$$P(x_i = 1 \mid x_{i-1}, x_{i-2}, x_{i-3}) = a + bx_{i-1} + cx_{i-2} + dx_{i-3} \tag{4.83}$$

其中：$a = \alpha(1 - \gamma - \delta)$，$b = \beta + \gamma + \delta$，$c = \gamma + \alpha\delta - \beta\gamma$，$d = -\gamma(\gamma + \delta)$。

类似于对方程(4.74)的处理方式,发现方程(4.83)的解再次具有形式 $C_n = \lambda^n$，其中 λ 满足一个四次方程。再一次，其中一个根为 1（这是随机矩阵的性质），而其他三个根各自对漫散射强度贡献一个形如方程（3.12）的项。

虽然方程（4.83）产生的衍射强度与方程（4.73）相同，但这并不意味着实际的无序分布相同。强度通过差分方程（4.82）得到的，只涉及 1 点和 2 点性质 m_A 和 P_n，而像 T_n 这样的多点平均值并未出现。通过考虑 $T_2 = \langle x_i x_{i-1} x_{i-2} \rangle$ 的值可以看出这两个模型之间存在显著差异。将方程（4.83）预乘 $x_{i-1}x_{i-2}$ 并取平均值，可得到：

$$T_2 = \frac{a + b + c}{1 - d} P_1 \tag{4.84}$$

也就是

$$T_2 = \frac{\alpha + \beta + \gamma + \delta + \gamma(1 - \alpha - \beta)}{1 + \gamma(\gamma + \delta)} P_1 \tag{4.85}$$

当以类似的方式处理方程（4.73）时，

$$T_2 = (\alpha + \beta + \gamma + \delta)P_1 \tag{4.86}$$

因此，对于一个二邻近模型，强度分布由低阶晶格平均值 m_A, P_1, P_2, T_2 来表征。尽管三重概率 T_2 不能直接影响强度，但它通过影响高阶的二点性质 P_3、P_4 等来产生间接作用。对于给定的 T_2 选择，通过方程（4.82）得出的 P_3 值足以定义整个二点相关场（从而定义强度）。这种强度分布也可以由一个涉及三个最近邻的线性模型产生，如方程（4.83）所示。这一有趣的结果表明，对漫散射强度数据的解释可能存在非确定性。如果在实际实验中使用模型方程(4.83)而不是方程(4.73)来拟合观测数据，尽管拟合结果相同，但对无序的根本原因有着截然不同的解释。是否任何阶数的非线性模型（即涉及与 n 个最近邻的直接相互作用）的强度也可以通过对应阶数更高的线性模型来表示。为了研究这种可能性，值得考虑下一个更高阶的非线性模型，其中生长概率依赖于前三个位置的情况。这个模型的最一般形式：

$$\begin{aligned}P(x_i=1\mid x_{i-1},x_{i-2},x_{i-3}) &= a+bx_{i-1}+cx_{i-2}+dx_{i-3}\\ &\quad +ex_{i-1}x_{i-2}+fx_{i-1}x_{i-3}+gx_{i-2}x_{i-3}+hx_{i-1}x_{i-2}x_{i-3}\end{aligned} \tag{4.87}$$

类似于方程（4.80）和（4.81），可以获得涉及一般晶格平均值的四个方程，

$$\begin{aligned}P_n &= am_A+bP_{n-1}+dP_{n-3}+eT_{n-1}+fS_{n-1}+fT_{n-2}+hQ_{n-1}\\ T_n &= (a+b)P_{n-1}+(c+e)T_{n-1}+(d+f)S_{n-1}+(g+h)Q_{n-1}\\ S_n &= (a+c)P_{n-2}+(b+e)T_{n-1}+(d+g)T_{n-2}+(f+h)Q_{n-1}\\ Q_n &= (a+b+c+e)T_{n-1}+(d+f+g+h)Q_{n-1}\end{aligned} \tag{4.88}$$

其中：

$$P_n=\langle x_i x_{i-n}\rangle,\quad T_n=\langle x_i x_{i-1} x_{i-n}\rangle,\quad S_n=\langle x_i x_{i-2} x_{i-n}\rangle \text{ 和 } Q_n=\langle x_i x_{i-1} x_{i-2} x_{i-n}\rangle$$

尽管可以从这些方程中消除多点性质 T_n，S_n，Q_n 等，得到仅涉及二点性质 P_n 的单一递推方程，但该方程不再像较简单的情况方程（4.82）那样仅包含有限项。这意味着，任意指定低阶性质 T_2、S_3 和 T_3 以及给定的 m_A, P_1, P_2, P_3 的选择，将产生一个无法用有限阶线性模型精确拟合的强度分布。然而，由于一般情况下 P_{n-i} 的系数会随 i 的增大而衰减，从实际角度看，选择一个包含七个近邻位置的线性模型可能就足以产生与非线性模型方程（4.87）给出的强度分布几乎无法区分的结果。

4.3.2 一维位移无序

在位移性缺陷模型中，取代前面使用的（0，1）二元随机变量 x_i，此处的随机变量是表示原子偏离其平均位置的连续变量。假定一个间距为 a_0 的一维晶格，并考虑每个晶格点处的随机纵向位移扰动 x_i，则第 $(i-1)$ 点和第 i 点之间的间距 d_i 为 $x_i-x_{i-1}+a_0$。接下来考虑一个简单的模型，其中所有的 x_i 都服从相同的正态分

布，并且两个相邻变量的联合概率分布也是正态分布，即：

$$P(x_i) = K\exp\left(-\frac{x_i^2}{2\sigma_L^2}\right) \tag{4.89}$$

$$P(x_{i-1}, x_i) = K\exp\left(-\frac{1}{2\sigma_L^2}\frac{x_{i-1}^2 + x_i^2 - 2rx_{i-1}x_i}{1-r^2}\right) \tag{4.90}$$

其中 σ_L 是相对于基础规则格点位移的标准偏差，r 是相关系数，

$$r = \frac{\langle x_{i-1}x_i\rangle}{\sigma_L^2} \tag{4.91}$$

根据方程（4.89）和方程（4.90），在已知 x_{i-1} 的条件下，x_i 的条件概率为

$$P(x_i|\ x_{i-1}) = \frac{P(x_{i-1}, x_i)}{P(x_i)} = K\exp\left(-\frac{1}{2\sigma_L^2}\frac{(x_i - rx_{i-1})^2}{1-r^2}\right) \tag{4.92}$$

方程（4.92）类似于在方程（4.46）中定义的简单二元生长模型或马尔可夫链。在这里，第 i 个晶格点的位置完全由前一个晶格点的位置决定。与二元变量类似，可以通过使用方程（4.89）生成第一个点，然后使用方程（4.92）生成后续点来实现该模型。最近邻向量长度 $d_i = x_i - x_{i-1} + a_0$ 的分布为[11]

$$P(d_i) = \exp\left(-\frac{1}{2\sigma_L^2}\frac{(d-a_0)^2}{2(1-r)}\right) \tag{4.93}$$

由方程（4.89）和方程（4.92）定义的模型的一个性质（实际上是一个简单的马尔可夫链）是，随着变量之间的距离逐渐增加，它们之间的相关系数按 r^n 变化；因此方程（4.93）可以推广为

$$\begin{aligned} P(d_i) &= P(x_i - x_{i-1} + na_0) \\ &= \exp\left(-\frac{1}{2\sigma_L^2}\frac{(d-na_0)^2}{2(1-r^n)}\right) \end{aligned} \tag{4.94}$$

由此可以看出，对于一个受扰动的规则晶格，随着相关性减弱，方差会随 n 增加，但最终达到一个有限的值，即单个点方差的两倍 σ_L^2。

现在讨论微扰晶格的衍射，为简化起见，假设晶格常数 a_0 为 1，则第 n 点的位置为 $z_n = n + x_n$，第 m 点的位置为 $z_m = m + x_m$，其中 x_n 和 x_m 是位移的随机值。此时，散射强度为

$$|\sum_n \exp(ik(n+x_n))|^2 = \sum_n \exp(ik(n+x_n))\sum_m \exp(ik(m+x_m)) \tag{4.95}$$

它的系综平均值正比于

$$\sum_l \exp(ikl)\langle\exp(ik(x_m - x_n))\rangle \tag{4.96}$$

其中：$l = M - N$。

x_n 和 x_m 之间的相关系数为 $S = R^{|r|}$，且 x_n 和 x_m 具有方程（4.89）所描述的相同的分布，因此：

$$\begin{aligned}\langle \exp(ik(x_m - x_n)) \rangle &= K \iint \exp(ik(x_m - x_n)) \\ &\quad \times \exp\left(\frac{x_m^2 + x_n^2}{2\sigma^2(1-S^2)} - \frac{S x_m x_n}{\sigma^2(1-S^2)} \right) \mathrm{d}x_m \mathrm{d}x_n \\ &= \exp(|-(1-S)k\sigma|)\end{aligned} \tag{4.97}$$

衍射强度为

$$\begin{aligned}I(k) &= \sum_l \exp(ikl) \exp\left(-(1 - r^{|l|})(k\sigma)^2\right) \\ &= \exp(-k^2\sigma^2) \sum_l \exp(\sigma^2 k^2 r^{|l|}) \exp(ikl)\end{aligned} \tag{4.98}$$

如果 $|r|<1$，上式可以分为两部分：

$$I(k)_{\text{Bragg}} = \exp(-k^2\sigma^2) \sum_l \exp(ikl) \tag{4.99}$$

和

$$\begin{aligned}I(k)_{\text{diffuse}} &= \exp(-k^2\sigma^2) \sum_{l=-\infty}^{\infty} \left(\exp(\sigma^2 k^2 r^{|l|}) - 1 \right) \exp(ikl) \\ &= \exp(-k^2\sigma^2) \sum_{p=1}^{\infty} \frac{(\sigma^2 k^2)^p}{p!} \sum_{l=-\infty}^{\infty} r^{p|l|} \exp(ikl) \\ &= \exp(-k^2\sigma^2) \sum_{p=1}^{\infty} \frac{(\sigma^2 k^2)^p}{p!} \frac{(1 - r^{2p})}{(1 + r^{2p} - 2r^p \cos(k))}\end{aligned} \tag{4.100}$$

布拉格衍射强度由位于 k 为 2π 整数倍的峰组成，其峰值大小为 $\exp(-\sigma^2 k^2)$。当 $\sigma = 1$（即与晶胞间距相同）时，一阶布拉格峰相对于原点峰的强度比为 7×10^{-18}：1，而当 $\sigma = 0.5$ 时，该比率为 5×10^{-15}：1。因此，对于这些 σ 值，布拉格峰几乎是探测不到的。对于非常小的 σ 值（即 $\sigma^4 k^4$ 可忽略不计），可以忽略漫散强度中 $P>1$ 的项，并得到短程有序漫散射的常用公式（3.12）。对于远大于此的 σ 值，在求和中必须包含许多对应较高 P 值的弥散曲线。这些曲线中的每一条都表示随着 r^{2p} 接近零而变成更宽更弥散的峰。因子 $\dfrac{(\sigma^2 k^2)^P}{P!}$ 随着 P 的增加最终会趋于零，但对于 $\sigma \approx 1$ 的值，必须包含足够多的项。需要注意的是，由于在 $k=0$ 处 $\sigma^2 k^2$ 为零，强度在原点趋于零，这是位移性无序的一个特征。

4.3.3 高维占据无序

对于高维无序的系统，其衍射强度可以像一维那样简单地获得，所需做的只是将方程［如方程（4.5）］中的求和替换为在二维和三维点上的求和。例如，来自二元替换无序晶体的强度表达式（4.19）同样适用于三维固体，只需将指标 n 置于三个空间维度上。如果已知定义了相关系数 C_n 的无序分布，那么可以确定更高维度系统的强度分布。反之，衍射强度分布的分析也同样可以直接导出三维的 C_n 值。对于位移型无序，可以使用前节中讨论的一维高斯分布随机变量的方法，如果已知二维或三维中的晶格平均值，计算衍射图样并无太大困难，尽管在这种情况下，更高维度增加了必须同时考虑位移方向和相关性方向的复杂性。

然而，进入更高维度时，确实会出现一些在一维系统中不存在的重大困难。与晶体学和无序材料领域相关的最重要的问题在于衍射图样仅包含关于晶格的单体性质（原子位置、均方位移、位点占据数）和两体性质（原子对关联系数）的信息。这直接源于基本衍射方程（4.9）的形式，它是原子对关联函数的傅里叶变换。在一维中，最近邻模型的性质完全由原子对关联系数指定，只有在涉及长程相互作用时才会产生解释困难。在二维中，单体和两体属性的指定不足以明确定义原子和分子的局部空间排列，而在三维中，这些问题变得更为复杂。观察到的漫散射图像并不包含人们希望获得的关于无序系统的所有信息。这样的图像可以提供很多额外的信息，超出了仅从布拉格衍射实验中获得的信息，但同样也有很多信息是无法获取的。

二维和三维中的无序可以像一维那样用随机变量集来描述，这些变量可以是离散的（例如二元值）或连续的（例如高斯分布），视具体情况而定。

4.3.3.1 二维无序模型

马尔可夫生长过程在一维系统中的应用优势在于，使用如方程（4.46）这样的公式，既可以生成特定结构模型，也可以计算影响衍射强度分布的晶格平均值。同时，这些结果也同样可以通过下节将要讲述的伊辛模型来获得，但需要使用间接方法，如蒙特卡罗（MC）模拟[12]，该方法依赖于这些分布是作为某些时空过程的平衡解而出现的。因此，看起来将一维的方程（4.46）简单扩展到二维和三维来生成无序，似乎是一个有吸引力的想法。事实上，对于在晶体生长过程中引入的无序，这种生长描述比对应的伊辛模型描述在物理上更合适，后者假设每个原子或分子物种都与其周围的环境处于平衡状态。

最简单的二维生长无序模型的形式可以写为[13]

$$P(x_{i,j} \mid \text{所有前驱原子}) = \alpha + \beta x_{i-1,j} + \gamma x_{i,j-1} + \delta x_{i-1,j} x_{i,j-1} \tag{4.101}$$

其中 $x_{i,j}$ 是一个定义在二维晶格的第 (i, j) 点处的 $(0,1)$ 随机变量。像方程（4.101）这样的公式可以认为是二维晶体在无限一维表面上的生长，如图 4-4 所示，A 和 B

代表两种不同的原子或分子类型，或是同一个分子处于两种不同的取向。根据已经成为晶格一部分的两个最近邻原子或分子的状态，A 或 B 可以根据相应的概率在任意一个黑点所示的潜在位置处加入到晶格中。

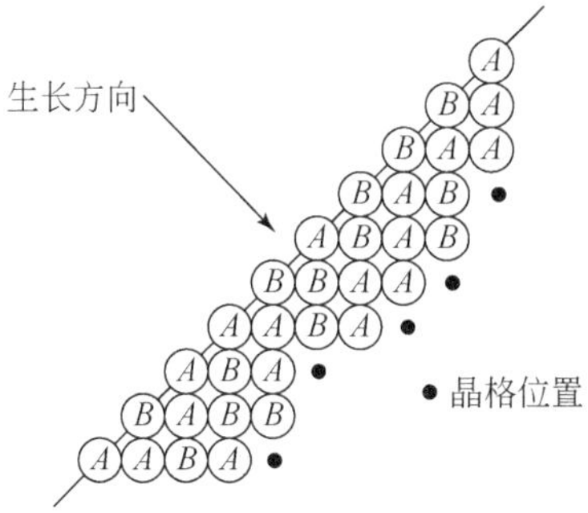

图 4-4　生长在一维表面上的二维晶体

方程（4.101）虽然形式简单，但即使是对于两种无序物种的浓度 m_A 和 m_B 的一般解也尚未找到。困难在于，在一维中用于获得晶格平均值的通用方法［如方程（4.75）和方程（4.80）所示］，并使得可以构建一个封闭的方程组的技巧，在二维中不起作用。对于每一个通过将方程（4.101）乘以前已并入晶格的合适随机变量而生成的新晶格平均值，在方程右侧都会出现新的未定义的晶格平均值。例如，关于一些简单晶格平均值的方程可以写为

$$\begin{aligned}
m_A &= \alpha + \beta m_A + \gamma m_A + \delta P_{1,\bar{i}} \\
P_{1,0} &= \alpha m_A + \beta m_A + \gamma P_{1,\bar{i}} + \delta P_{1,\bar{i}} \\
P_{0,1} &= \alpha m_A + \beta P_{1,\bar{i}} + \gamma m_A + \delta P_{1,\bar{i}} \\
P_{1,1} &= \alpha m_A + \beta P_{0,1} + \gamma P_{1,0} + \delta T_1
\end{aligned} \tag{4.102}$$

其中：

$$\begin{aligned}
m_A &= \langle x_{i,j} \rangle \\
P_{1,1} &= \langle x_{i,j} x_{i-1,j-1} \rangle \\
P_{1,0} &= \langle x_{i,j} x_{i-1,j} \rangle \\
P_{1,\bar{1}} &= \langle x_{i-1,j} x_{i,j-1} \rangle \\
P_{0,1} &= \langle x_{i,j} x_{i,j-1} \rangle \\
T_1 &= \langle x_{i-1,j-1} x_{i,j-1} x_{i-1,j} \rangle
\end{aligned}$$

如果将方程（4.102）以图形形式表达，将更为直观，上述定义的各种晶格平均值以一个方形表示，该方形由占据（黑点）或空置的位点组成。在每种情况下，

黑点代表特定变量的位置 $x_{i,j}$、$x_{i-1,j}$、$x_{i,j-1}$ 和 $x_{i-1,j-1}$。

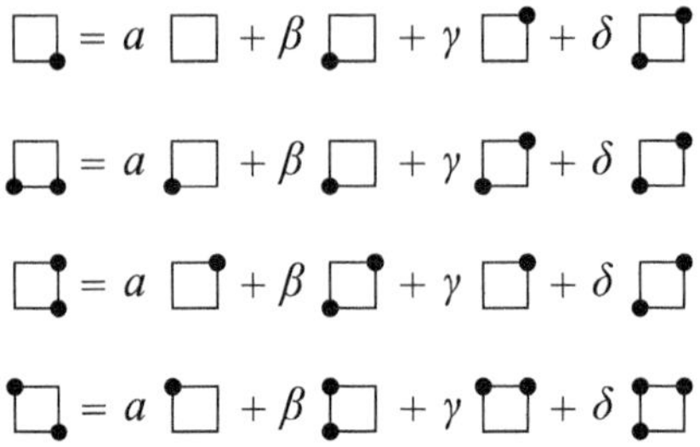

$$\square = \alpha\,\square + \beta\,\square + \gamma\,\square + \delta\,\square$$

$$\square = \alpha\,\square + \beta\,\square + \gamma\,\square + \delta\,\square$$

$$\square = \alpha\,\square + \beta\,\square + \gamma\,\square + \delta\,\square \qquad (4.103)$$

$$\square = \alpha\,\square + \beta\,\square + \gamma\,\square + \delta\,\square$$

方形的右下角表示生长点 (i,j)，而其他三个角对应于位点 $(i,j-1)$、$(i-1,j)$ 和 $(i-1,j-1)$。因此，符号$\square$对应于 m_A，即不考虑其他三个位点取值的 $x_{i,j}=1$ 的总体概率。由于平移对称性，符号$\square$，$\square$和$\square$的概率也为 m_A。类似地，符号$\square$和$\square$代表平均值 $P_{0,1}$。

尽管模型方程（4.101）的通解尚未找到，但在一些特殊情况下可以获得其解。在非线性项 $\delta=0$ 的情况下，即简单线性生长模型，根据模型方程（4.101）的解，各种晶格平均值的结果是[14-16]

$$m_A = (1-\beta-\gamma)^{-1} \qquad (4.104)$$

和

$$C_{\bar{r},\bar{s}} = C_{r,s} = \begin{cases} X^r Y^s, & \text{当 } r,s \geqslant 0 \\ \displaystyle\sum_{j=1}^{r}\binom{r+s-j-1}{s-1}\beta^{r-j}\gamma^s X^j \\ \quad + \displaystyle\sum_{k=1}^{s}\binom{r+s-k-1}{r-1}\beta^r\gamma^{s-k}Y^k, & \text{其他} \end{cases} \qquad (4.105)$$

其中：

$$X = C_{1,0} = \frac{(P_{1,0}-m_A^2)}{(m_A-m_A^2)} = \frac{(1+\beta^2-\gamma^2-\Delta)}{2\beta}$$

$$Y = C_{0,1} = \frac{(P_{0,1}-m_A^2)}{(m_A-m_A^2)} = \frac{(1-\beta^2+\gamma^2-\Delta)}{2\gamma}$$

$$\Delta = \left((1+\beta+\gamma)(1-\beta+\gamma)(1+\beta-\gamma)(1-\beta-\gamma)\right)^{\frac{1}{2}}$$

并可得到如下结果，假定生长方向为从左上到右下：

（1）通过选择三个参数 α, β, γ，能够生成三个主要晶格平均量 m_A, $C_{1,0}$, $C_{0,1}$ 在各自允许的范围能取各种值的晶格；

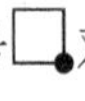

（2）对角线相关系数 $C_{1,1}$，$C_{1,\bar{1}}$ 的值取决于这三个主要平均量；

（3）与生长方向对应的象限中的相关性结构与垂直于生长方向的象限中的结构明显不同。

垂直于生长方向的象限中的相关性结构遵循与一维最近邻系统相同的几何级数。沿生长方向 $\langle 11\rangle$ 的相关性衰减得较慢。其在衍射图中的结果是，在 $\langle 11\rangle$ 方向的散射比在 $\langle 1\bar{1}\rangle$ 方向更加尖锐。相关性的这种较慢衰减更具二维无序的特征。相关性的不对称性源于所谓“生长”象限和“非生长”象限的本质区别，即如果两个分子由生长象限中的向量分开，则较早时间添加的分子直接通过连续的生长步骤影响后来的分子。而对于非生长象限中分开的分子，没有这样的直接相互作用传递，它们之间的相关性仅源于它们具有共同的前驱分子。

4.3.3.2 生长无序模型的替代方法

Pickard 为对称化的生长无序模型的解提供了更加严谨的基础[17-19]，晶格上变量的分布通过通用单位晶胞上的联合概率 $P(A,B,C,D)$ 来描述。这里 $A=x_{i-1,j-1}$，$B=x_{i,j-1}$，$C=x_{i-1,j}$ 和 $D=x_{i,j}$。对于一个平稳分布，联合概率 $P(A,B,C,D)$ 必须具有平移对称性。这要求 P 的边缘分布满足以下关系：

$$\begin{aligned}&P(A)=P(B)=P(C)=P(D)\\&P(A,C)=P(B,D)\\&P(A,B)=P(C,D)\end{aligned}\tag{4.106}$$

对于一个二元变量 $x_{i,j}$ 的分布，这五个条件加上确保总概率为 1 的第六个条件，可以将指定 $P(A,B,C,D)$ 的独立参数数量从 16 减少到 10，这个 10 参数模型是最一般化的、对应于仅涉及单胞内相互作用的均匀分布。

任何联合概率都可以分解为条件概率的乘积，例如：

$$P(A,B,C,D)=P(A)\cdot P(B\mid A)\cdot P(C\mid A,B)\cdot P(D\mid A,B,C)\tag{4.107}$$

从方程（4.107）可以容易看出，为什么在这种最一般的形式下该模型不能用作生长模型，因为在向晶格中添加一个点时，它必须同时满足不同单胞中的 $P(C\mid A,B)$ 和 $P(D\mid A,B,C)$。然而，如果施加以下条件独立关系：

$$P(C\mid A,B)=P(C\mid A)\tag{4.108}$$

则不会出现这样的冲突，并且方程（4.107）变为

$$P(A,B,C,D)=P(A)\cdot P(B\mid A)\cdot P(C\mid A)\cdot P(D\mid A,B,C)\tag{4.109}$$

以这种形式，它似乎适合作为生长模型的规则，具体如下：在有限的矩形晶格上，第一个点（最左上角）可以根据单点分布 $P(A)$ 选择。上边界通过条件概率 $P(B\mid A)$ 生成，左边界则使用概率 $P(C\mid A)$ 生成。其余的则使用 $P(D\mid A,B,C)$ 来构造。

Pickard 证明，为了使方程（4.109）生成一个平稳分布，至少还需要一个条件来确保其平稳性，例如：

$$P(C \mid B,D) = P(C \mid D) \tag{4.110}$$

或者：

$$P(D \mid A,C) = P(D \mid C) \quad 和 \quad P(D \mid A,B) = P(D \mid B) \tag{4.111}$$

当满足这些条件之一时，结果分布被证明是平稳的马尔可夫随机场。

4.3.3.3　生长无序模型的参数化

根据生长转换概率可以很容易地计算各种晶格平均值，但其逆向过程，即为给定的晶格平均值得到生长转换概率，却不是一件容易的事。这里介绍 Pickard 的参数化方法[19]，能计算出生成具有特定性质构型所需的转换概率。

考虑值为（0，1）的变量 $x_{i,j}$，晶胞上 16 种可能构型的出现的频率定义如下：

$$
\begin{array}{llll}
f_0 = \begin{matrix} 0 & 0 \\ 0 & 0 \end{matrix} & f_1 = \begin{matrix} 0 & 0 \\ 1 & 0 \end{matrix} & f_2 = \begin{matrix} 1 & 0 \\ 0 & 0 \end{matrix} & f_3 = \begin{matrix} 1 & 0 \\ 1 & 0 \end{matrix} \\
f_4 = \begin{matrix} 0 & 1 \\ 0 & 0 \end{matrix} & f_5 = \begin{matrix} 0 & 1 \\ 1 & 0 \end{matrix} & f_6 = \begin{matrix} 1 & 1 \\ 0 & 0 \end{matrix} & f_7 = \begin{matrix} 1 & 1 \\ 1 & 0 \end{matrix} \\
f_8 = \begin{matrix} 0 & 0 \\ 0 & 1 \end{matrix} & f_9 = \begin{matrix} 0 & 0 \\ 1 & 1 \end{matrix} & f_{10} = \begin{matrix} 1 & 0 \\ 0 & 1 \end{matrix} & f_{11} = \begin{matrix} 1 & 0 \\ 1 & 1 \end{matrix} \\
f_{12} = \begin{matrix} 0 & 1 \\ 0 & 1 \end{matrix} & f_{13} = \begin{matrix} 0 & 1 \\ 1 & 1 \end{matrix} & f_{14} = \begin{matrix} 1 & 1 \\ 0 & 1 \end{matrix} & f_{15} = \begin{matrix} 1 & 1 \\ 1 & 1 \end{matrix}
\end{array}
\tag{4.112}
$$

类似于在一维中方程（4.23）到方程（4.35）所呈现的方式，这些频率可以用主要晶格平均值来表示，使用以下定义：

$$
\begin{array}{ll}
m_A = \langle x_{i,j} \rangle & T_{123} = \langle x_{i-1,j} x_{i-1,j-1} x_{i,j-1} \rangle \\
P_{1,0} = \langle x_{i,j} x_{i-1,j} \rangle & T_{234} = \langle x_{i-1,j-1} x_{i,j-1} x_{i,j} \rangle \\
P_{0,1} = \langle x_{i,j} x_{i,j-1} \rangle & T_{134} = \langle x_{i-1,j} x_{i,j-1} x_{i,j} \rangle \\
P_{1,1} = \langle x_{i,j} x_{i-1,j-1} \rangle & T_{124} = \langle x_{i-1,j} x_{i-1,j-1} x_{i,j} \rangle \\
P_{1,\bar{1}} = \langle x_{i,j\text{-}1} x_{i\text{-}1,j} \rangle & Q = \langle x_{i,j} x_{i-1,j} x_{i,j-1} x_{i-1,j-1} \rangle
\end{array}
\tag{4.113}
$$

于是 f_i 的值由下式给出：

$$
\begin{aligned}
f_{15} &= Q \\
f_{14} &= T_{234} - Q \\
f_{13} &= T_{134} - Q \\
f_{11} &= T_{124} - Q \\
f_7 &= T_{123} - Q
\end{aligned}
$$

$$
\begin{aligned}
f_{10} &= P_{1,1} - T_{124} - T_{234} + Q \\
f_5 &= P_{1,\bar{1}} - T_{123} - T_{134} + Q \\
f_9 &= P_{1,0} - T_{124} - T_{134} + Q \\
f_6 &= P_{1,0} - T_{123} - T_{234} + Q \\
f_3 &= P_{0,1} - T_{123} - T_{124} + Q \\
f_{12} &= P_{0,1} - T_{134} - T_{234} + Q \\
f_1 &= m_A - P_{1,\bar{1}} - P_{1,0} - P_{0,1} + T_{134} + T_{123} + T_{124} - Q \\
f_2 &= m_A - P_{0,1} - P_{1,0} - P_{1,1} + T_{123} + T_{124} + T_{234} - Q \\
f_4 &= m_A - P_{1,\bar{1}} - P_{1,0} - P_{0,1} + T_{123} + T_{134} + T_{234} - Q \\
f_8 &= m_A - P_{0,1} - P_{1,1} - P_{1,0} + T_{124} + T_{134} + T_{234} - Q \\
f_0 &= 1 - 4m_A + 2P_{0,1} + 2P_{1,0} + P_{1,1} + P_{1,\bar{1}} - T_{123} - T_{124} - T_{134} - T_{234} + Q
\end{aligned}
\tag{4.114}
$$

方程（4.113）定义的晶格平均值可以用于方程（4.114）计算频率。此外，要获得给出平稳分布的生长模型，还必须满足方程（4.110）或方程（4.111）。生长条件方程（4.108）等同于在晶格平均值中施加了两个约束[19]：

$$
\frac{T_{123}}{P_{1,0}} = \frac{P_{0,1}}{m_A} \quad 和 \quad \frac{P_{1,\bar{1}} - T_{123}}{m_A - P_{1,0}} = \frac{m_A - P_{0,1}}{1 - m_A} \tag{4.115}
$$

这意味着，对于给定的 $P_{1,0}$、$P_{0,1}$ 和 m_A 的选择，$P_{1,\bar{1}}$ 和 T_{123} 的值是已确定的，因此不能独立选择。Pickard 还给出了晶格平均值之间的关系[19]，这些关系分别等同于条件方程（4.110）和方程（4.111）：

$$
T_{123} = T_{134} \tag{4.116}
$$

$$
T_{123} = T_{124} = T_{234} \quad 和 \quad P_{1,\bar{1}} = P_{1,1} \tag{4.117}
$$

值得注意的是，将方程（4.116）和方程（4.117）结合起来，会产生 Welberry 使用的晶格平均值中的 mm 对称性[25]，而单 m 对称性则需要不同的条件。

$$
T_{123} = T_{234}，\quad T_{124} = T_{134}，\quad P_{1,\bar{1}} = P_{1,1} \tag{4.118}
$$

在二维或更高维度的结构中，即使是简单的无序模型的处理也会变得非常复杂。这节讨论了一类二维模型，这些模型虽然没有达到可能的最广泛形式，但却大大简化了处理过程，以展示在更高维度中可能出现的一些效应。由于其与一维的不同，这些模型表现出几项值得注意的特性。①即使只涉及最近邻的相互作用，相关效应也能够传递到次近邻。②一维无序中相关效应的几何衰减在二维中可能会发生显著变化，相关性通常衰减得较慢，相应的弥散峰也会变得更锐利。③这些模型展现出一种特性，即多点晶格平均值可以存在显著差异，但并不会影响两点相关性及其衍射图，而且无序分布的结构质量或视觉外观实际上更多地依赖于多点性质。

另外，关于统计缺陷的对称性，由于真实的晶体虽然可以沿多个方向同时生长，但总是单向生长，因此当生长过程中出现无序情况时，其无序分布没有必要符合某一特定的空间群对称性，因为每个生长方向本质上与其他方向不同。然而，无序材料的结构通常会被发表并被赋予一个空间群对称性，该对称性通常是通过观察布拉格衍射的系统消光现象确定的，并通过使用布拉格衍射进行结构精修加以确认，通常可以安全地假设漫散射分布具有与平均结构相同的对称性。

4.3.4　高维位移无序

4.3.4.1　二维高斯生长无序模型

前述二元模型所获得的许多结果都可以适用于高斯变量。特别地，如果所讨论的变量是连续的（高斯）而不是二元变量，则同样可以很好地考虑第 4.3.3.2 节中讨论的一般晶胞 *ABCD* 的四个顶点上的变量的联合分布。对于四个变量的高斯分布，具有矩形对称性的最一般形式是

$$P(x_A,x_B,x_C,x_D)=K\exp(-\frac{1}{L}(x_A^2+x_B^2+x_C^2+x_D^2-2r'(x_Ax_B+x_Cx_D)\\ -2s'(x_Ax_C+x_Bx_D)-2t'(x_Ax_D+x_Bx_C))) \quad (4.119)$$

其中，r'、s'、t' 和 L 是水平、垂直和对角相关系数 r、s 和 t 的简单函数。为了将上式进行像式（4.109）的因式分解，有必要施加约束 $t=rs$，即对角相关系数是两个轴向相关系数的乘积。这与二元变量模型中出现的相关系数的条件完全相同。在该限制条件下，方程（4.109）的各个因子变为

$$P(x_A)=K\exp\left(-\frac{x_A^2}{2\sigma^2}\right)$$

$$P(x_B\mid x_A)=K\exp\left(-\frac{(x_B-rx_A)^2}{2\sigma^2(1-r^2)}\right)$$

$$P(x_C\mid x_A)=K\exp\left(-\frac{(x_C-sx_A)^2}{2\sigma^2(1-s^2)}\right)$$

$$P(x_D\mid x_A,x_B,x_C)=K\exp\left(-\frac{(x_D-sx_B-rx_C+rsx_Bx_C)^2}{2\sigma^2(1-r^2)(1-s^2)}\right)$$

$$P(x_A,x_B,x_C,x_D)=K\exp(-\left(2\sigma^2(1-r^2)(1-s^2)\right)^{-1}(x_A^2+x_B^2+x_C^2+x_D^2\\ -2r'(x_Ax_B+x_Cx_D)-2s'(x_Ax_C+x_Bx_D)-2r'(x_Ax_D+x_Bx_C))) \quad (4.120)$$

这里σ是单点变量的标准偏差，K是归一化常数，其在每个方程中具有不同的值。正如等价的二元模型一样，这个高斯模型沿着格子中的每条路径都存在马尔可夫链，其每个轴上的步子总是沿着相同的方向。

4.3.4.2 三维及更高维高斯模型

生长无序模型方程（4.109）能够简单地扩展到更高的维度。例如，如果用八个点A、B、C、D、E、F、G、H来定义立方晶胞，则生长无序模型（具有mmm对称性）的等价表示是

$$\begin{aligned}&P(A,B,C,D,E,F,G,H)=\\&P(A)\cdot P(B\mid A)\cdot P(C\mid A)\cdot P(E\mid A)\cdot P(D\mid A,B,C)\\&\times P(F\mid A,B,E)\cdot P(G\mid A,C,E)\cdot P(H\mid A,B,C,D,E,F,G)\end{aligned}\tag{4.121}$$

值得注意的是，此表达式中的每个后续的因子都使用了已在前述因子中指定的点。因此，生长方案是首先固定A，然后是三条边AB、AC、AE，接着是四个面$DABC$、$FABE$、$GACE$，最后是完整的立方体$HABCDEFG$。

公式（4.109）的另一个有用的性质是，如果相邻单胞中的边缘分布匹配，则可以组合不同的生长方案以产生更复杂的拓扑结构。例如，在图4-5（a）中，可以使用方程（4.109）生成点A、B、C、D，然后可以使用一组不同的条件将网格扩展到点I、K和E、F，前提是这些条件保持边界B、D和C、D上的分布。图4-5（b）展示了一种完全不同的拓扑结构，其中16个点上的分布以两种不同的3D生长模型的方式进行分解。图4-5（c）展示了4D生长方案。

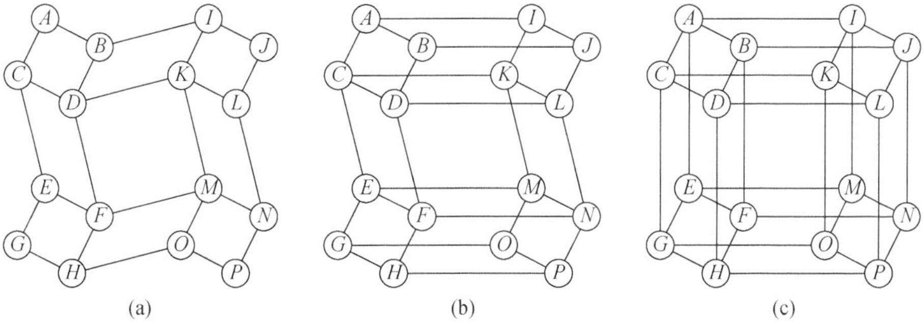

图4-5 生长无序模型的不同拓扑几何

考虑定义超立方单元的16个点A、B、C、D、E、F、G、H、I、J、K、L、M、N、O、P，并且因式分解变为

$$P(A,B,C,D,E,F,G,H,I,J,K,L,M,N,O,P)=P(A)\cdot P(B\mid A)\cdot P(C\mid A)$$
$$\times P(E\mid A)\cdot P(I\mid A)\cdot P(D\mid A,B,C)\cdot P(F\mid A,B,E)\cdot P(G\mid A,C,E)$$
$$\times P(J\mid A,B,I)\cdot P(K\mid A,C,I)\cdot P(M\mid A,E,I)\cdot P(H\mid A,B,C,D,E,F,G)$$
$$\times P(L\mid A,B,C,D,I,J,K)\cdot P(N\mid A,B,E,F,I,J,M)\cdot P(O\mid A,C,E,G,I,K,M)$$
$$\times P(P\mid A,B,C,D,E,F,G,H,I,J,K,L,M,N,O) \tag{4.122}$$

上述因式分解同样适用于二元变量、高斯或任何其他变量。然而，对于维度大于 2D 的二元模型，施加使该因式分解有效所必需的约束的任务是相当艰巨的，并且例如在 3D 中已经发现，可用的近邻相关性的范围是非常有限的。对于高斯变量，无论是在因式分解的公式化方面，还是在可以产生的相关性的范围内，都没有问题。

超立方单元的 16 个点上的分布的表达式包括涉及四个 3D 体积、六个 2D 面和四个 1D 边的条件概率因子，其中主要相关系数 r、s、t 和 u 与这些边对应。3D 体积条件概率因子由涉及 A、B、C、D、E、F、G、H 的量来表示：

$$P(x_H\mid x_A,x_B,x_C,x_D,x_E,x_F,x_G)=$$
$$K\exp\left(\frac{-(x_H-rx_G-sx_F-tx_D+rtx_C+stx_B+rsx_E-rstx_A)^2}{2\sigma^2(1-r^2)(1-s^2)(1-t^2)}\right) \tag{4.123}$$

4D 体积的条件概率因子为

$$\begin{aligned}P(x_H\mid x_A,\cdots,x_O)=K\exp\big(&-(x_P-rx_O-sx_N-tx_L-ux_H+sux_F\\&+stx_J+tux_D+rux_G+rsx_M+rtx_K-rstx_I\\&-rsux_E-rutx_C-sutx_B+rstux_A)\\&\times(2\sigma^2(1-r^2)(1-s^2)(1-t^2)(1-u^2))^{-1}\big)\end{aligned} \tag{4.124}$$

4.3.4.3　高斯到二元变量的转换

在前面的章节中已经看到，高斯变量比二元变量有更多好处。特别是能直接将模型扩展到更高维度，并且可用的最近邻相关性的范围更大（除了在 2D 中）。由于出于某些目的，比如为了表示占据数，需要使用二元变量的分布，因此需要考虑将高斯变量的分布转换为二元变量分布。最简单的方法是按如下方式将每个高斯变量 $x_{i,j}$ 转换为二进制变量 $y_{i,j}$：

$$y_{i,j}=\begin{cases}-1, & x_{i,j}<c\\ 1, & x_{i,j}>c\end{cases} \tag{4.125}$$

对于简单的情况，当 $c=0$ 时，所得到的二元变量的浓度 m_A 是 0.5。对于通过相关系数 r_g 关联，且具有零均值和单位方差的两个实数变量，其高斯概率密度为

$$P(x,y)=\frac{1}{2\pi\sqrt{1-r^2}}\exp\left(-\frac{x^2+y^2}{2(1-r_g^2)}+\frac{r_g xy}{1-r_g^2}\right) \tag{4.126}$$

转换后的二元变量之间的相关系数为

$$r_b=\frac{1}{2\pi\sqrt{1-r^2}}\iint_{-\infty}^{+\infty}\mathrm{sign}(x)\mathrm{sign}(y)\exp\left(-\frac{x^2+y^2}{2(1-r_g^2)}+\frac{r_g xy}{1-r_g^2}\right)\mathrm{d}x\mathrm{d}y \tag{4.127}$$

进行变量替换 $p=xy$ 和 $q=\dfrac{x}{y}$，并先对 p，然后对 q 进行积分，可获得

$$r_b=\frac{2}{\pi}\arcsin(r_g) \tag{4.128}$$

从该结果可以看到，r_b 可以在从−1 到 1 的整个范围内取值。另外，除了这三个点 $r_b=r_g=-1,\ 0,\ +1$，均有 $r_b<r_g$。第二个属性影响相关性随距离衰减的方式，并且模型将不再具有简单二元或高斯生长无序模型的几何形式特征。对于 $c\neq 0$ 的值，可以获得类似的结果，但没有解析解。

4.3.5　占位和位移缺陷相互作用

通过将运动学散射方程中的指数函数按位移的幂级数展开，可以获得考虑短程组成有序和局部原子畸变的漫散射的一般描述：

$$\begin{aligned}I(\boldsymbol{k})&=\sum_{n=1}^{N}\sum_{m=1}^{M}f_m f_n\exp\left(i\boldsymbol{k}\cdot(\boldsymbol{R}_m+\boldsymbol{u}_m-\boldsymbol{R}_n-\boldsymbol{u}_n)\right)\\&\simeq\sum_{n=1}^{N}\sum_{m=1}^{M}f_m f_n\exp\left(i\boldsymbol{k}\cdot(\boldsymbol{R}_m-\boldsymbol{R}_n)\right)\times\left(1+i\boldsymbol{k}\cdot(\boldsymbol{u}_n-\boldsymbol{u}_m)\right.\\&\quad\left.-\frac{1}{2}(\boldsymbol{k}\cdot(\boldsymbol{u}_n-\boldsymbol{u}_m))^2-\frac{i}{6}(\boldsymbol{k}\cdot(\boldsymbol{u}_n-\boldsymbol{u}_m))^3+\dots\right)\end{aligned} \tag{4.129}$$

这里，I 是散射强度，f_m 是原子 m 的散射因子，该原子 m 偏移晶格位置 $\boldsymbol{R}_m$ 一个很小的量 $\boldsymbol{u}_m$。可将方程（4.129）与方程（4.8）进行比较。散射矢量 $\boldsymbol{k}=2\pi\boldsymbol{S}$ 定义为

$$\boldsymbol{k}=h_1\boldsymbol{a}^*+h_2\boldsymbol{b}^*+h_3\boldsymbol{c}^* \tag{4.130}$$

强度可以写成分量强度的总和：第一项与位移无关，第二项与位移的一阶矩有关，第三项与位移的二阶矩有关，依此类推。在这一点上，表达式包括布拉格峰和漫散射。然而，当移除布拉格峰后，漫散射部分的强度同样可以写成分量强度的总和：

$$I_{\text{diffuse}} = I_0 + I_1 + I_2 + I_3 + \cdots \tag{4.131}$$

各个漫散射分量为

$$I_0 = -N\sum_{ij}\sum_{lmn} c_i c_j f_i f_j^* \alpha_{lmn}^{ij} \cos(2\pi(h_1 l + h_2 m + h_3 n)) \tag{4.132}$$

$$\begin{aligned} I_1 = & -2\pi N\sum_{ij}\sum_{lmn} c_i c_j f_i f_j^* (1-\alpha_{lmn}^{ij}) \sin\left(2\pi(h_1 l + h_2 m + h_3 n)\right) \\ & \times\left(h_1\left\langle X_{lmn}^{ij}\right\rangle + h_2\left\langle Y_{lmn}^{ij}\right\rangle + h_3\left\langle Z_{lmn}^{ij}\right\rangle\right) \end{aligned} \tag{4.133}$$

$$\begin{aligned} I_2 = & -2\pi^2 N\sum_{ij}\sum_{lmn} c_i c_j f_i f_j^* (1-\alpha_{lmn}^{ij}) \cos(2\pi(h_1 l + h_2 m + h_3 n)) \\ & \times(h_1^2\left(\left\langle (X_{lmn}^{ij})^2\right\rangle - (1-\alpha_{lmn}^{ij})^{-1}\left\langle (X_{\infty}^{ij})^2\right\rangle\right) \\ & + h_2^2\left(\left\langle (Y_{lmn}^{ij})^2\right\rangle - (1-\alpha_{lmn}^{ij})^{-1}\left\langle (Y_{\infty}^{ij})^2\right\rangle\right) \\ & + h_3^2\left(\left\langle (Z_{lmn}^{ij})^2\right\rangle - (1-\alpha_{lmn}^{ij})^{-1}\left\langle (Z_{\infty}^{ij})^2\right\rangle\right) \\ & + 2h_1 h_2\left\langle X_{lmn}^{ij} Y_{lmn}^{ij}\right\rangle + 2h_1 h_3\left\langle X_{lmn}^{ij} Z_{lmn}^{ij}\right\rangle + 2h_2 h_3\left\langle Y_{lmn}^{ij} Z_{lmn}^{ij}\right\rangle) \end{aligned} \tag{4.134}$$

$$\begin{aligned} I_3 = & \frac{4}{3}\pi^3 N\sum_{ij}\sum_{lmn} c_i c_j f_i f_j^* (1-\alpha_{lmn}^{ij}) \sin(2\pi(h_1 l + h_2 m + h_3 n)) \\ & \times(h_1^3\left\langle (X_{lmn}^{ij})^3\right\rangle + h_2^3\left\langle (Y_{lmn}^{ij})^3\right\rangle + h_3^3\left\langle (Z_{lmn}^{ij})^3\right\rangle \\ & + 3h_1^2 h_2\left\langle (X_{lmn}^{ij})^2 Y_{lmn}^{ij}\right\rangle + 3h_1^2 h_3\left\langle (X_{lmn}^{ij})^2 Z_{lmn}^{ij}\right\rangle \\ & + 3h_2^2 h_1\left\langle (Y_{lmn}^{ij})^2 X_{lmn}^{ij}\right\rangle + 3h_2^2 h_3\left\langle (Y_{lmn}^{ij})^2 Z_{lmn}^{ij}\right\rangle \\ & + 3h_3^2 h_1\left\langle (Z_{lmn}^{ij})^2 X_{lmn}^{ij}\right\rangle + 3h_3^2 h_2\left\langle (Z_{lmn}^{ij})^2 Y_{lmn}^{ij}\right\rangle + 6h_1 h_2 h_3\left\langle X_{lmn}^{ij} Y_{lmn}^{ij} Z_{lmn}^{ij}\right\rangle) \end{aligned} \tag{4.135}$$

ij 求和项包含了所有原子种类和子晶格，lmn 求和项包含了所有原子间矢量。N 是单胞数量。组分的浓度和散射因子分别由 c 和 f 给出。短程序参数 α 定义为[20]

$$\alpha^{ij} = 1 - \frac{P_{lmn}^{ij}}{c_j} \tag{4.136}$$

其中 P_{lmn}^{ij} 表示起点处包含 i 原子的原子间矢量 lmn 末端找到 j 原子的条件概率。短程序参数的这种定义在某种程度上比之前使用的 C_{lmn} 相关系数值更通用，因为它可以用于存在两个以上物种的情况。对于两组分系统，α^{ij} 和 C_{lmn} 是等价的。位移量 X_{lmn}^{ij}，Y_{lmn}^{ij} 和 Z_{lmn}^{ij} 定义为

$$\begin{aligned} X_{lmn}^{ij} &= u_{lmn}^{xj} - u_0^{xi} \\ Y_{lmn}^{ij} &= u_{lmn}^{yj} - u_0^{yi} \\ Z_{lmn}^{ij} &= u_{lmn}^{zj} - u_0^{zi} \end{aligned} \tag{4.137}$$

其中 u_{lmn}^{xj} 是矢量 $\boldsymbol{r}_{lmn}$ 的末端 j 原子在 x 方向上的位移，i 原子在 x 方向上位移为 u_0^{xi}。

4.4 伊辛（Ising）模型

4.4.1 一维最近邻模型

一个看似具有完全不同物理图像的重要模型是线性链伊辛（Ising）模型[21]。这里考虑一个一维链，其晶格点（可以考虑与之前相同的 A 型和 B 型层）仅与其两侧的最近邻点产生相互作用。假设晶格的指定构型（A 和 B 的无序序列）以玻尔兹曼分布概率出现：

$$P_{\text{config}} = \frac{\exp(-E_c / kT)}{\sum_c \exp(-E_c / kT)} \tag{4.138}$$

其中在所有构型 c 上求和，并且相互作用能 E_c 由下式给出：

$$E_c = \sum_i J\sigma_i\sigma_{i-1} \tag{4.139}$$

其中 σ_i 是位于位置 i 处的随机变量，表示两种状态 A 和 B。按照 Ising 模型的传统，σ_i 是一个状态值为 $(-1,+1)$ 的二元变量，因此与之前使用的 x_i 变量的关系为 $x_i = \dfrac{\sigma_i + 1}{2}$。

Ising 模型（包括更高维度的 Ising 模型）适用的情况很多。如在磁性材料中，σ_i 代表磁自旋；在分子晶体中，σ_i 可能代表两种可能的分子取向；各种固溶体中，σ_i 可能代表占据给定晶格位置的不同原子或分子。事实上，方程（4.138）描述了两个配对实体（可以是原子、分子或原子层）间相互作用的一维 Ising 模型，该方程与 $m_A = 0.5$ 和 $\alpha = \dfrac{1-\beta}{2}$ 时的马尔可夫链方程（4.46）完全等价。这可以通过以下方式证明。首先，根据式（3.1）和 $x_{i-1} = \dfrac{\sigma_{i-1}+1}{2}$，有

$$P(\sigma_i = 1 \mid \sigma_{i-1}) = \frac{1}{2}(1+\sigma_{i-1}) \tag{4.140}$$

对于使用公式（4.140）产生的给定构型，总概率是通过在每个晶格点生长时引入的各个概率的乘积来获得，即

$$P_{\text{total}} = \prod_i P(\sigma_i = 1 \mid \sigma_{i-1}) \tag{4.141}$$

如果这种模型是由伊辛模型产生的，那么其概率可表示为

$$P_{\text{total}} = \frac{\exp(-E_c / kT)}{Z} \tag{4.142}$$

其中 Z 是归一化常数（配分函数）。根据式（4.141）和式（4.142），写成 P_{total} 等式并取对数，方程的两边都是晶格位置的求和形式，可以得到以下结果：

$$\sum_i \ln\left(P(\sigma_i = 1 \mid \sigma_{i-1})\right) = -\frac{1}{kT}\sum_i J\sigma_i\sigma_{i-1} - \ln(Z) \tag{4.143}$$

如果将能量标度的零点选定为所有 $\sigma_i = -1$ 对应的构型能量，则可以消去 $\ln(Z)$ 项。

$$\sum_i \ln\left(P(\sigma_i = 1 \mid \sigma_{i-1})\right) - \ln\left(\frac{1}{2}(1+\beta)\right)^N = -\frac{1}{kT}\sum_i J\sigma_i\sigma_{i-1} \tag{4.144}$$

其中 N 是占据位置的总个数。

为了确定伊辛模型中的相互作用 J 与马尔可夫过程中的变量 β 之间的关系，考虑一种特定的构型（见图 2-5），其中除一个位置外，其他位置的所有 σ_i 都是−1。方程（4.144）的左侧为

$$\ln\left(\frac{1+\beta}{2}\right)^{N-2} + \ln\left(\frac{1-\beta}{2}\right)^2 - \ln\left(\frac{1+\beta}{2}\right)^N \tag{4.145}$$

将单个变量从零能量构型更改时，两个相互作用发生了变化，每个相互作用的能量变化为 $\frac{2J}{kT}$。然后有

$$2\ln\left(\frac{1-\beta}{1+\beta}\right) = \frac{4J}{kT} \tag{4.146}$$

于是可得到

$$\beta = \tanh\left(-\frac{J}{kT}\right) \tag{4.147}$$

考虑其他更复杂的构型也会得到相同的关系，因此可以得出结论：伊辛模型和马尔可夫（或生长无序模型）描述是完全等价的。

4.4.2　一维次近邻模型

前面已经表明，简单的最近邻两体相互作用一维伊辛模型与晶格平均值 m_A 为 0.5 的简单马尔可夫链是等价的。这里类似地考虑一个相互作用能量依赖于更长程效应的伊辛模型。对于涉及次邻近相互作用的情况，能量 E_c 的最一般表达式（4.138）变为

$$E_c = \sum_i H\sigma_i + J_1\sigma_i\sigma_{i-1} + J_2\sigma_i\sigma_{i-2} + K\sigma_i\sigma_{i-1}\sigma_{i-2} \tag{4.148}$$

这里，除了原始的最近邻两体相互作用J_1之外，还包含了一个涉及单个晶格点的项H，一个次邻近的两体相互作用J_2以及一个三体相互作用K。注意，该模型由四个参数H、J_1、J_2和K定义，这与马尔可夫模型方程（4.73）中参数的数量相同。

为了确定H、J_1、J_2和K与马尔可夫生长参数α、β、γ和δ之间的关系，遵循与之前相同的步骤，考虑特定的晶格构型。为方便起见，假设所有$\sigma_i=-1$的构型对应于能量尺度的零点，并考虑晶格中一组三个变量采用不同局部排列的四个特定构型［方程（3.60）］。为方便起见，还定义了一组用于马尔可夫模型描述的参数：

$$\begin{aligned}a&=\alpha=P(+1\,|\,-1,-1)\\b&=\alpha+\beta=P(+1\,|\,-1,+1)\\c&=\alpha+\gamma=P(+1\,|\,+1,-1)\\d&=\alpha+\beta+\gamma+\delta=P(+1\,|\,+1,+1)\end{aligned}\tag{4.149}$$

与所有$\sigma_i=-1$的构型相比，一个构型例子如图4-6所示，将其中两个变量翻转为+1的效果导致四个J_2 Ising 相互作用从+变为−，两个J_1相互作用从+变为−，两个K相互作用从−变为+，以及两个H相互作用从−变为+。这使得总能量变化等于$4H-4J_1-8J_2+4K$。在马尔可夫转换概率的表达中，四个原本的$(1-a)$因子被$ab(1-c)(1-d)$替代。如同之前一样，将整个晶格构型的概率对数等式化，对于这个例子和其他三个例子，共得到了四个不同的方程。

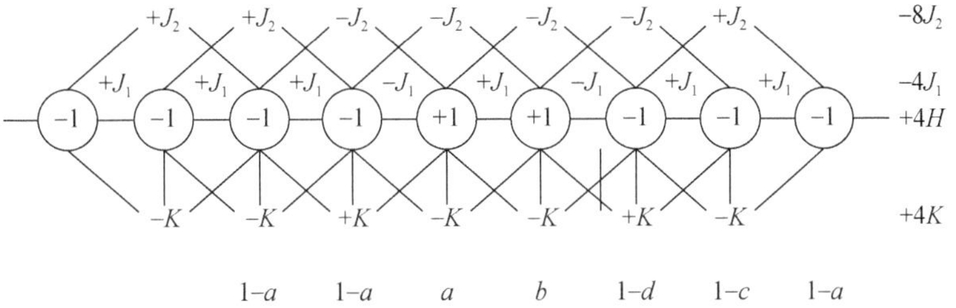

图4-6　构型中，除两个σ_i变量外，其余σ_i变量均为-1。顶部两行符号分别表示第一近邻和第二近邻的两体相互作用能量（J_1和J_2），直接下面的一行表示三体相互作用能量K。图右侧显示了此构型的 Ising 能量与所有变量均为-1 的构型相比的差异。底部一行符号表示对应马尔可夫公式的生长转换概率

构型：

$$-1+1-1\qquad \ln\left(\frac{a(1-b)(1-c)}{(1-a)^3}\right)=\frac{(2H-4J_1-4J_2+6K)}{kT}$$

$$
\begin{array}{lll}
-1+1+1 & \ln\left(\dfrac{ab(1-c)(1-d)}{(1-a)^4}\right)=\dfrac{(4H-4J_1-8J_2+4K)}{kT} & (4.150) \\
+1-1+1 & \ln\left(\dfrac{ab(1-b)^2(1-c)}{(1-a)^5}\right)=\dfrac{(4H-8J_1-4J_2+8K)}{kT} & \\
+1+1+1 & \ln\left(\dfrac{abd(1-c)(1-d)}{(1-a)^5}\right)=\dfrac{(6H-4J_1-8J_2+6K)}{kT} &
\end{array}
$$

考虑更多的晶格构型不会得到新的方程，即所有方程都可以归结为这四个中的一个。通过这些方程可以得到以下关系：

$$
\begin{aligned}
H &= \frac{1}{8}kT\ln\left(\frac{bcd^3(1-d)}{(1-a)^3a(1-b)(1-c)}\right) \\
J_1 &= \frac{1}{8}kT\ln\left(\frac{(1-a)^2d^2}{(1-b)^2c^2}\right) \\
J_2 &= \frac{1}{8}kT\ln\left(\frac{ab(1-b)^2(1-c)}{(1-a)^5}\right) \\
K &= \frac{1}{8}kT\ln\left(\frac{a(1-b)(1-c)d}{(1-a)bc(1-d)}\right)
\end{aligned}
\quad (4.151)
$$

尽管在考虑生长模型方程（4.151）和 Ising 能量方程（4.148）时，参数α和H似乎与单体晶格平均值m_A紧密相关，类似地，参数β、γ和J_1、J_2与两体相关系数C_1、C_2相关，δ和K则与三体概率 T_2相关，但从方程（4.151）可以看出，这些关系并不简单。事实上，Ising 参数H、J_1、J_2和K大体上与晶格平均值m_A、C_1、C_2和T_2直接相关。例如，改变K会影响T_2而不影响两体相关性。增加J_1会直接导致C_1的增加，但也会改变C_2，因为当$J_2=K=0$时，模型回归到简单的最近邻 Ising 模型，该模型中存在几何相关性。有意思的是，施加模型独立于自旋反转（即交换$\sigma=1$和$\sigma=-1$）的约束条件，会导致生长模型中的条件$a=1-d$；$b=1-c$，并且H和K的值均为零。

4.4.3 二维模型

为了推导生长参数与等效 Ising 模型参数之间的关系，将考虑一个比方程（4.101）更一般的模型，其中生长概率取决于前三个位于通用单胞角落的点的所有组合。

$$
\begin{aligned}
P(x_{i,j}\mid \text{所有前驱点}) = {} & \alpha+\beta x_{i-1,j}+\gamma x_{i,j-1}+\delta x_{i-1,j-1} \\
& +\epsilon x_{i-1,j}x_{i,j-1}+\zeta x_{i-1,j-1}x_{i-1,j}+\eta x_{i-1,j-1}x_{i,j-1} \\
& +\xi x_{i-1,j}x_{i,j-1}x_{i-1,j-1}
\end{aligned}
\quad (4.152)
$$

当$\epsilon=\zeta=\eta=\xi=0$时，这个模型为方程（4.101）的一个特殊情况。为了与 Ising 模型进行比较，使用另一种转换概率会更加方便。

$$
\begin{aligned}
a &= P(1|000)=\alpha \\
b &= P(1|001)=\alpha+\beta \\
c &= P(1|010)=\alpha+\delta \\
d &= P(1|100)=\alpha+\gamma \\
e &= P(1|101)=\alpha+\beta+\gamma+\epsilon \\
f &= P(1|110)=\alpha+\beta+\delta+\zeta \\
g &= P(1|011)=\alpha+\gamma+\delta+\eta \\
h &= P(1|111)=\alpha+\beta+\gamma+\delta+\epsilon+\zeta+\eta+\xi
\end{aligned}
\tag{4.153}
$$

等效的 Ising 模型具有一个E_c值，该值取决于构成了通用单胞的$\sigma_{i,j}(-1,1)$变量之间的相互作用。该能量的一般表达式如下：

$$
\begin{aligned}
E_c = {} & H\sigma_{i,j}+J_1\sigma_{i,j}\sigma_{i-1,j}+J_2\sigma_{i,j}\sigma_{i,j-1}+J_3\sigma_{i,j}\sigma_{i-1,j-1}+J_4\sigma_{i,j}\sigma_{i,j-1} \\
& +K_1\sigma_{i,j}\sigma_{i-1,j}\sigma_{i,j-1}+K_2\sigma_{i,j}\sigma_{i-1,j}\sigma_{i-1,j-1}+K_3\sigma_{i,j}\sigma_{i,j-1}\sigma_{i-1,j-1} \\
& +K_4\sigma_{i,j-1}\sigma_{i-1,j}\sigma_{i-1,j-1}+L\sigma_{i,j}\sigma_{i-1,j}\sigma_{i,j-1}\sigma_{i-1,j-1}
\end{aligned}
\tag{4.154}
$$

可以注意到，按这样定义的 Ising 模型有 10 个参数——比生长无序或马尔可夫模型方程（4.152）多两个。这意味着，为了使生长模型方程（4.152）等效于 Ising 模型方程（4.153），必须对 Ising 模型的参数施加两个约束。Ising 和马尔可夫模型之间这种普遍性的差异是由于马尔可夫模型是“单边的”，即条件概率仅取决于目标点一侧的邻居。完全等效于相应 Ising 模型的“双边”条件概率模型已经被 Bartlett 讨论过[22]，但不能直接用于生成晶格。

为了推导这两种模型参数之间的关系，使用了与一维情况相同的策略。考虑不同局部构型的晶胞被周围完美的晶格（其中$\sigma_{i,j}=-1$）包围的情况。图 4-7 展示了其中一个构型，其中最中间晶胞的一个变量从−1（白色）翻转为+1（黑色）。在左图中，每个晶胞都包含达到该总构型时调用的生长概率。与代表能量零点、所有$\sigma_{i,j}=-1$的构型相比，该构型的生长概率比率为

$$
\text{概率比}=\frac{a(1-b)(1-c)(1-d)}{(1-a)^4} \tag{4.155}
$$

图 4-7 右图展示了当单个格点翻转时，Ising 模型中的一个项（K_3项）如何被改变。在这种情况下，有三个K_3相互作用的符号被改变（因此 Ising 能量改变了$6K_3$）。考虑到翻转对所有项的影响，Ising 模型中的总能量差为

$$
\Delta E=2H-4(J_1+J_2+J_3+J_4)+6(K_1+K_2+K_3+K_4)-8L \tag{4.156}
$$

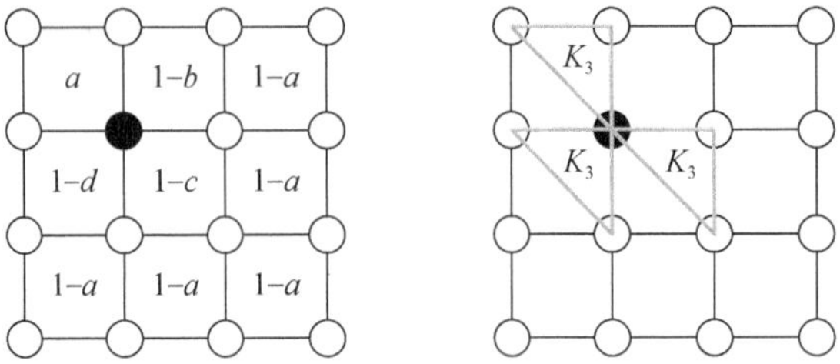

图 4-7　构型中，除了一个 σ_i 变量外，其他 σ_i 变量均为−1。左图对应于生长描述，右图对应于 Ising 描述

将这个相对能量与概率的对数［如方程（4.144）］相等，并利用从其他不同晶胞构型中获得的另外 9 个类似关系，得出联立方程，这些方程可以用来将 8 个生长概率转换为 10 个 Ising 相互作用参数。Enting 进行了这一分析[23]，得出了以下结论：

$$
\begin{aligned}
H &= \frac{1}{8}kT\ln\left(\frac{efgh^2(1-h)}{a(1-a)^2(1-b)(1-c)(1-d)}\right)\\
J_1 &= \frac{1}{8}kT\ln\left(\frac{(1-a)(1-f)bh}{(1-g)(1-e)cd}\right)\\
J_2 &= \frac{1}{8}kT\ln\left(\frac{(1-a)(1-g)dh}{(1-e)(1-f)bc}\right)\\
J_3 &= \frac{1}{8}kT\ln\left(\frac{(1-a)(1-b)(1-d)(1-e)cgfh}{(1-c)(1-f)(1-g)(1-h)abde}\right)\\
J_4 &= \frac{1}{8}kT\ln\left(\frac{(1-a)(1-c)(1-e)(1-h)aceh}{(1-b)(1-d)(1-f)(1-g)bdfg}\right)\\
K_1 &= \frac{1}{16}kT\ln\left(\frac{(1-b)(1-d)(1-f)(1-g)aceh}{(1-a)(1-c)(1-e)(1-h)bdfg}\right)\\
K_2 &= \frac{1}{16}kT\ln\left(\frac{(1-b)(1-c)(1-e)(1-f)adhg}{(1-a)(1-d)(1-h)(1-g)bcef}\right)\\
K_3 &= \frac{1}{16}kT\ln\left(\frac{(1-c)(1-d)(1-e)(1-g)abfh}{(1-a)(1-b)(1-f)(1-h)cdeg}\right)\\
K_4 &= \frac{1}{16}kT\ln\left(\frac{(1-b)(1-c)(1-d)(1-h)bcdh}{(1-a)(1-e)(1-f)(1-g)aefg}\right)\\
L &= \frac{1}{16}kT\ln\left(\frac{(1-a)(1-e)(1-f)(1-g)bcdh}{(1-b)(1-c)(1-d)(1-h)aefg}\right)
\end{aligned}
\tag{4.157}
$$

对这些结果进行分析可以得到几个重要结论：

根据某些生长算法［如方程（4.103）或方程（4.101）］按顺序生成的最通用模型，比相应的Ising联合概率分布普适性要差一些。在这种情况下，生长无序模型暗含了对10个Ising参数施加了两个限制。通过设置$a=c$；$b=g$；$d=f$和$e=h$，可以从该模型得到更简单的模型方程（4.101），这意味着方程（4.153）中的条件概率不依赖于$x_{i-1,j-1}$。这种简化的结果是，Ising相互作用J_3，K_2，K_4和L为零。因此，由四个生长概率定义的更简单模型方程（4.101）等效于具有五个参数的Ising模型，这些参数相应地受到一个约束。

由于在两个生长约束下，这两种模型完全等效，因此生长模型分布的对称性必须与Ising模型的对称性相同，特别是必须具有相互作用能E_c的对称性。通过设置相应的Ising相互作用相等，可以对生长模型施加对称性。例如，通过设置$J_3=J_4$；$K_1=K_2$和$K_3=K_4$，可以得到一个垂直镜面，对称性增加后，设置$K_1=K_3$则可得到水平镜面。在施加这种对称性时，可以以完备形式得到各种晶格平均值的表达式。

Welberry[24]讨论的最通用的此类对称性生长模型是之前提到的单镜面解，其中在两个生长约束之外还施加了三个约束（$J_3=J_4$；$K_1=K_2$和$K_3=K_4$）。这留下了五个可以独立选择的自由参数。发现该模型的无序晶格实现可以通过五个低阶晶格平均值来分类：$\langle x_{i,j}\rangle$，$\langle x_{i,j}x_{i,j-1}\rangle$，$\langle x_{i,j}x_{i-1,j}\rangle$，$\langle x_{i,j}x_{i-1,j}x_{i,j-1}\rangle$和$\langle x_{i,j}x_{i,j-1}x_{i-1,j}x_{i-1,j-1}\rangle$；即一个单点、两个双点、一个三点和一个四点概率。增加第二个镜面会导致失去三点属性的自由度。

虽然在这一阶段尚未确定五个自由生长参数与一般相关系数$C_{n,m}$之间的关系，但显然某些多点特性可以在不影响两点相关性的情况下改变。特别是，当模型方程（4.154）被限制为具有矩形（mm）对称性时，四点概率$\langle x_{i,j}x_{i,j-1}x_{i-1,j}x_{i-1,j-1}\rangle$可以在所有两点概率之外独立变化，这种变化范围在主要相关性$C_{1,0}$和$C_{0,1}$较低时很大，而在相关性较高时逐渐变小。模型方程（4.101）在Ising模型被限制为三角对称时也表现出类似的效应。即，使用方程（4.157）中的五个剩余相互作用（H，J_1，J_2，J_4，K_1），再加上两个约束$J_1=J_2=J_4$以及一个生长约束，结果只剩下两个自由参数。在该模型的实现中发现，所有的两点相关性均为零，而这两个自由参数决定了m_A的值以及三点概率$T=\langle x_{i,j}x_{i,j-1}x_{i-1,j}\rangle$的值。

4.4.4 广义高斯模型

正如在二元随机变量的情况下，生长无序模型被证明是伊辛模型的特例，类似的结果也适用于高斯模型。前述的高斯生长无序模型可以被认为是更一般的联合概率模型的特殊情况，其能量 E_c 由下式定义：

$$E_c = \sum_i \sum_j x_{i,j} \left(Ax_{i,j} + 2Bx_{i+1,j} + 2Cx_{i,j+1} + 2D\left(x_{i-1,j+1} + x_{i+1,j+1}\right)\right) \quad (4.158)$$

这里，随机变量 $x_{i,j}$ 是具有零均值的高斯分布。注意，与一般的伊辛模型方程（4.154）相比，这里没有涉及两个和两个以上随机变量的乘积项，这是因为高斯变量不具有比二阶更高的矩，并且高斯变量乘积的平均值也总是等于零。四个变量 A、B、C 和 D 与晶格平均值，σ^2、r、s 和 t 直接相关，这里 r、s 和 t 分别是沿着 x 方向、y 方向和正方形对角线方向的相关系数。该分布与生长无序模型分布相同的条件也是 $rs = t$。因此，该联合概率模型提供比生长无序模型额外自由度时能独立选择 t。

4.4.5 占据和位移缺陷相互作用

前面我们讨论了纯粹占据型或纯粹位移型的无序模型，有必要也讨论包括占据和位移变量相互作用的可能性，这可以通过采用类似 Ising 模型的相互作用势来实现。

$$E = \sum_{i,j} x_{i,j} \sum_{m,n} K_{m,n} x_{i-m,j-n} + \sum_{i,j} \sigma_{i,j} \sum_{m,n} L_{m,n} \sigma_{i-m,j-n} + \sum_{i,j} x_{i,j} \sum_{m,n} M_{m,n} \sigma_{i-m,j-n} \quad (4.159)$$

第一项定义了位移变量 $x_{i,j}$ 与由指数 m 和 n 定义的范围内相邻位移变量之间的相互作用。第二项定义了相应的占据变量 $\sigma_{i,j}$ 之间的相互作用。第三项定义了位移变量 $x_{i,j}$ 与相邻占据变量 $\sigma_{i,j}$ 之间的相互作用。

这种形式应该能够产生包含相当复杂无序的晶格结构，但当意识到一个特定问题可能涉及多个完全不同的位移变量（x、y、z 和取向）时，项数可能会变得很多。另外，尽管这种形式相当通用，但并未考虑实际导致占据和位移变量之间相关性的物理问题的特定特征。

4.5 次晶（paracrystal）无序模型

4.5.1 次晶结构特点

图 4-8 是一个二维点阵示意图，展示了（a）完美晶体，（b）无定形结构，（c）理想次晶和（d）真实次晶。在图 4-8（a）中，晶格由形状相同的平行四边形表示；在图 4-8（b）中，晶格高度扭曲；在图 4-8（c）中，晶胞沿行和列形成平行六面体；在图 4-8（d）中，向量的大小和方向从一个晶胞到另一个晶胞有所不同。然而，尽管平行四边形略有扭曲，但它们仍沿行和列堆叠[25]。

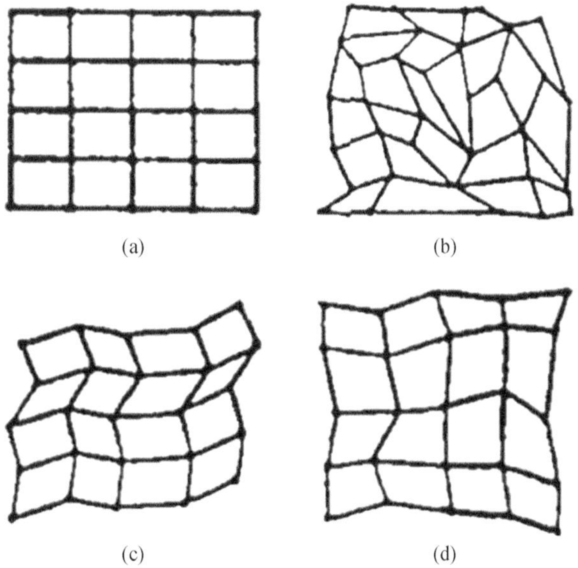

图 4-8　不同类型的二维点阵示意图：（a）完美晶体，（b）无定形结构，（c）理想次晶，（d）真实次晶

Hosemann 将结构畸变及其对 X 射线衍射的影响分为两种主要类型：

（1）第一类畸变

这种畸变导致晶格点（或分子）从其理想位置轻微位移，例如由于热振动或微机械应变。布拉格衍射的积分强度 $I(s)$ 由以下公式给出：

$$I \sim N$$
$$I(s)_{\text{Bragg}} \sim \frac{N}{v}\langle F_c \rangle^2 D^2(s) \tag{4.160}$$

其中 N 是散射单胞的数量；v 是单胞体积；$\langle F_c \rangle$ 是单胞结构因子的平均值；$D^2(s)$ 是畸变导致的强度衰减的因子；s 为倒空间矢量 $\frac{2\sin\theta}{\lambda}$，其中 2θ 为散射角。

第一类畸变能导致衍射谱的强度和幅度降低，但不会改变衍射的宽度。损失的强度表现为背景散射，这常常被许多研究者误解为仅由所谓的非晶部分引起的散射。背景强度表示为

$$I(s)_{\text{background}} \sim \left(\frac{N}{v}\right)\langle F_c \rangle^2 \left[1 - D^2(s)\right] \tag{4.161}$$

如果原子 k 偏离其理想（晶体）位置 x_k 的偏差 Δx_k 是统计上相互独立且各向同性分布的，则德拜因子为

$$D = \exp\left(-\frac{2}{3}\pi s^2 \Delta x_k^2\right) \tag{4.162}$$

如果原子 k 的畸变 Δx_k 在统计上是独立的，则畸变晶格的布拉格衍射保持在未畸变晶格的位置。另一方面，微应变会产生改变晶格面间距的畸变，因此在衍射图案中是可以观察到的，晶格面间距 d_k 在应变过程中会或多或少地发生一些改变。

（2）第二类畸变

这种畸变见图 4-8（d）所示。晶格点偏离平衡位置的位移较大，邻接单元格的向量可能在大小和方向上发生变化，这导致次晶中长程序的丧失。这种畸变导致布拉格衍射强度的幅度降低，以及衍射峰的积分宽度 δb 随衍射点的阶（h）非线性增加。这里 b 是倒易空间向量（$|b|=\dfrac{2\sin\theta}{\lambda}$），$\delta b$ 是背景强度（I_0）上方的强度除以轮廓的幅度（$I_{\max}$），即：

$$\delta b = \frac{\int (I(b) - I_0)\mathrm{d}b}{I_{\max}} \tag{4.163}$$

晶体中的任意晶格点与其相邻点之间由三个平移矢量 $\boldsymbol{a}_i\ (i=1,2,3)$ 分隔；而在一个次晶中，晶格点与其邻近点之间则由三个非共面的向量 $\boldsymbol{a}_i$ 分隔，这些向量具有某种先验概率 $H_i(\boldsymbol{x})$，其中 $\boldsymbol{a}_i=\boldsymbol{x}$。对于一个正交晶格单元，任何点相对于其“平均”位置的统计位移可以通过九个张量分量 $\Delta a_{ik}\ (i,k=1,2,3)$ 来描述，这些分量与矢量 $\boldsymbol{a}_i$ 在方向 $\boldsymbol{a}_k$ 上的统计标准差相关。因此，九个相对统计偏差 g_{ik}（次晶畸变参数）可表示为

$$g_{ik} = \frac{\Delta a_{ik}}{a_k} \tag{4.164}$$

网平面的统计曲率（粗糙度）是由于相邻网平面之间的统计相关性，距离统计用 $\varDelta^2$ 表示，即层间距 d_{hkl} 的方差，其中 hkl 是米勒指数。因此：

$$\varDelta^2 = \langle d_{hkl}^2\rangle - \langle d_{hkl}\rangle^2 \tag{4.165}$$

$$g_{hkl}^2 = \frac{\varDelta^2}{\langle d_{hkl}\rangle^2} = \frac{\langle d_{hkl}^2\rangle}{\langle d_{hkl}\rangle^2} - 1 \tag{4.166}$$

第二类畸变导致 X 射线衍射（h 阶）的积分宽度 δb 以 $\dfrac{(\pi g h)^2}{\bar{d}}$ 的二次形式增加。对于来自晶体的衍射，$g=0$，积分宽度为 $\delta b = \dfrac{1}{\bar{L}} = \dfrac{1}{\overline{Nd}}$，其中 $\bar{L}$ 是垂直于一组 hkl 网平面的平均晶体大小（厚度），$\bar{d}$ 是两个相邻网平面之间的平均距离，而

$\bar{N}$ 是网平面距离的平均数。如果材料是次晶体，因此 $g>0$，则积分宽度将变为

$$\delta b=\frac{1}{\bar{L}}+\frac{(\pi g h)^2}{\bar{d}} \tag{4.167}$$

$$=\frac{1}{\bar{d}}\left(\frac{1}{\bar{N}}+(\pi g)^2 h^2\right) \tag{4.168}$$

4.5.2 次晶模型

我们考虑三个相邻原子（标记为 1、2、3），并用 $\boldsymbol{y}$ 表示 1 和 2 之间的距离向量，用 $\boldsymbol{z}$ 表示 2 和 3 之间的距离向量。如果 $H(\boldsymbol{y})$ 和 $H(z)$ 是 $\boldsymbol{y}$ 和 $\boldsymbol{z}$ 的频率，并且它们之间没有相关性，则原子 1 和 3 之间距离向量 $\boldsymbol{x}$ 的频率分布 $\boldsymbol{x}=\boldsymbol{y}+\boldsymbol{z}$ 为卷积 $\widehat{H}$。

$$\widehat{H}(\boldsymbol{x})=\int H(\boldsymbol{y})H(\boldsymbol{x}-\boldsymbol{y})\mathrm{d}\boldsymbol{y} \tag{4.169}$$

$H(x)$ 的 n 个因子的卷积表示为

$$\overset{n}{\widehat{H}}(\boldsymbol{x})=H\widehat{H}\widehat{\ldots}\widehat{H}(\boldsymbol{x}) \tag{4.170}$$

其中 $\widehat{H}(\boldsymbol{x})$ 是在 $x=0$ 时的点函数，根据定义，容易得到该式的傅里叶变换为

$$\mathcal{F}\overset{n}{\widehat{H}}(\boldsymbol{x})=F^n(\boldsymbol{b}) \tag{4.171}$$

其中：$F(\boldsymbol{b})=\mathcal{F}H(\boldsymbol{x})$。

单链的距离统计可表示为

$$z(\boldsymbol{x})=\overset{0}{\widehat{H}}(\boldsymbol{x})+\sum_{n=1}^{N}\left[\overset{n}{\widehat{H}}(\boldsymbol{x})+\overset{n}{\widehat{H}}(-\boldsymbol{x})\right] \tag{4.172}$$

由于 $\mathcal{F}H(-\boldsymbol{x})=F^*(\boldsymbol{b})$，因此上式的傅里叶变换为

$$Z(\boldsymbol{b})=1+2\,\mathrm{Re}\sum_{n=1}^{N}F^n \tag{4.173}$$

分子或原子链排列成束或朝两个方向排列形成网平面，或由朝三个方向 1、2、3 排列形成次晶，有

$$z(\boldsymbol{x})=z_1z_2z_3;\ Z(\boldsymbol{b})=\mathcal{F}z(\boldsymbol{x})=Z_1Z_2Z_3 \tag{4.174}$$

为计算式（4.173），考虑 $\sum_1^N F^n-F\sum_1^N F^n$，该式中的每一项都消掉了，除了第一个求和中的 F 和第二个求和中的 FF^N，因此：

$$(1-F)\sum_1^N F^n=F(1-F^N) \tag{4.175}$$

于是：

$$\sum_{1}^{N} F^{n} = \frac{F(1-F^{N})}{1-F} \tag{4.176}$$

$$Z(\boldsymbol{b}) = 1 + 2\,\mathrm{Re}\left(F\frac{1-F^{N}}{1-F}\right) = \mathrm{Re}\frac{1+F}{1-F} - 2\,\mathrm{Re}\left(\frac{F^{N+1}}{1-F}\right) \tag{4.177}$$

式（4.177）中的 $2\,\mathrm{Re}\left(\frac{F^{N+1}}{1-F}\right)$ 在 $N \to \infty$ 时可以忽略。

另一方面，可以通过将无界的 Z 与 $z(\boldsymbol{x})$ 有界区间的形状因子 S_z 进行乘积来计算。

通过结合次晶中 $z(\boldsymbol{x})$ 在三个主轴方向 k 上的三个多项式，可以得到无边界次晶的晶格因子：

$$Z_{\infty}(\boldsymbol{b}) = Z_1 Z_2 Z_3 = \prod_{k=1}^{3} \mathrm{Re}\left(\frac{1+F_k}{1-F_k}\right) = \prod_{k=1}^{3} \frac{(1-|F_k|^2)}{(1-|F_k|)^2 + 4|F_k|\sin^2(\pi \boldsymbol{a}_k \boldsymbol{b})} \tag{4.178}$$

$Z_{\infty}(\boldsymbol{b})$ 在 $\boldsymbol{a}_k\boldsymbol{b} = h_k$ 处有最大值 $\frac{1+|F_k|}{1-|F_k|}$，在 $\boldsymbol{a}_k\boldsymbol{b} = h_k + \frac{1}{2}$ 处有最小值 $\frac{1-|F_k|}{1+|F_k|}$，对于晶体 $g_k = 0$，这些值都是点函数；对于次晶，只在 $h = 0$ 处为点函数，而在其他 h 处为类点，如果 $|F_k| \sim 1$。

相邻极大值和极小值之间的差异越大，最大值的宽度 δb 就越小，因此可以得到：

$$\frac{1}{d_k \delta b} = \frac{1+|F_k|}{1-|F_k|} - \frac{1-|F_k|}{1+|F_k|} = \frac{4|F_k|}{1-|F_k|^2} \tag{4.179}$$

对于低阶衍射点，$|F_k| \sim 1$，可以得到一个非常小的 $d_k \delta b \ll 1$，因此根据公式（4.168）：

$$d_k \delta b = \frac{1+|F_k|}{4|F_k|}(1-|F_k|) \sim \left(\frac{1-|F_k|}{2}\right) = (\pi g_k h)^2 \tag{4.180}$$

其中 g_k 是链中相邻链间距的波动，h 是衍射的阶数（1、2、3 等）。相邻链间距 x 的频率分布 $H(x)$ 在一维情况下可由一个高斯函数给出。

$$H(x) = \frac{1}{\sqrt{2\pi}\Delta} \mathrm{e}^{-\frac{1}{2}\left(\frac{x-\bar{x}}{\Delta}\right)^2} \tag{4.181}$$

其中：

$$\bar{x} = \int H(x) x \mathrm{d}x$$

$$\Delta^2 = \int H(x)(x-\bar{x})^2 \mathrm{d}x$$

$$F(b) = \mathrm{e}^{-2(\pi b \Delta)^2} \mathrm{e}^{-2\pi i b x} = \mathrm{e}^{-2(\pi g h)^2} \mathrm{e}^{-2\pi i h}$$

$$g = \frac{\Delta}{\bar{x}}$$

$$h = b\bar{x}$$

方程（4.178）仅在之前的求和运算覆盖了所有n的情况下才正确。如果将其在$n=N$处截断，那么必须将方程（4.172）、（4.173）和（4.174）中的$z(\boldsymbol{x})$乘以形状函数$s(\boldsymbol{x})$，当$z(\boldsymbol{x})$尚未达到（或已经超过）其有限边界时，形状函数$s(\boldsymbol{x})$的值为1（或0）。这可以通过形状函数$s(\boldsymbol{x})$与无边界结构的乘积来表达，根据傅里叶积分的规则，这导致$Z_\infty(\boldsymbol{b})$与形状因子$S^2(\boldsymbol{b})$的乘积，$S^2(\boldsymbol{b})$是$s(\boldsymbol{x})$卷积平方（或自卷积）$\widehat{s(\boldsymbol{x})}s(-\boldsymbol{x})$的傅里叶变换，最后可得到：

$$Z(\boldsymbol{b})=\frac{1}{v}Z_\infty(\boldsymbol{b})S^2(\boldsymbol{b}) \tag{4.182}$$

函数S_k^2的积分宽度为$\delta b=\dfrac{1}{N_k d_k}$，因此有限晶格的积分宽度可由式（4.180）得到：

$$\delta b=\frac{\dfrac{1}{N_k}+(\pi g_k h)^2}{d_k} \tag{4.183}$$

通过将次晶格$Z_\infty(\boldsymbol{x})$替换为$\rho_0(\boldsymbol{x})$可直接计算一个颗粒的散射强度，如果$\rho_0(\boldsymbol{x})$是一个分布，$f(\boldsymbol{b})$是其傅里叶变换，那么可以得到散射强度$I(\boldsymbol{b})$。

$$I(\boldsymbol{b})=N(\overline{f^2}-\bar{f}^2)+\frac{1}{v}\bar{f}^2 Z_\infty(\boldsymbol{b})S^2 \tag{4.184}$$

$I(\boldsymbol{b})$的傅里叶逆变换为$\rho_0(\boldsymbol{x})$的自卷积：

$$\mathcal{F}^{-1}I(\boldsymbol{b})=\int I(\boldsymbol{b})\mathrm{e}^{2\pi i\boldsymbol{bx}}\,\mathrm{d}v_b=Q(\boldsymbol{x})=\int\rho_0(\boldsymbol{y})\rho_0(\boldsymbol{y}+\boldsymbol{x})\mathrm{d}v_y \tag{4.185}$$

4.5.3 扰晶模型

考虑一个平面内的一维次晶，即一个线性周期性晶格被扭曲成二维［图4-9（a）］。第j个点的位置$\boldsymbol{r}_j$可以表示为

$$\boldsymbol{r}_j=\boldsymbol{r}_{j-1}+\boldsymbol{d}_j=\sum_{k=1}^{j}\boldsymbol{d}_k \tag{4.186}$$

其中$\boldsymbol{d}_j$是随机向量，$\boldsymbol{r}_0$、$\boldsymbol{d}_0$皆为0［见图4-9（a）］。我们考虑一个有N个晶格点的有限晶格，使得$j=0, 1, \cdots, N-1$。$\boldsymbol{d}_j$的笛卡儿分量用d_j^x和d_j^y表示。假设次晶的平均轴为x轴，因此$\langle d^x\rangle=a$和$\langle d^y\rangle=0$，其中a是平均晶格间距。d_j^x和d_j^y被认为是联合正态分布，因此它们的联合密度$P(d_j^x, d_j^y)$是[26]

$$\begin{aligned}P(d_j^x,d_j^y)&=\left[2\pi\sigma_x\sigma_y(1-\rho^2)^{1/2}\right]^{-1}\\&\times\exp\left(-\frac{1}{2(1-\rho^2)}\left[\frac{(d^x-a)^2}{\sigma_x^2}-\frac{2\rho(d^x-a)d^y}{\sigma_x\sigma_y}+\frac{(d^y)^2}{\sigma_y^2}\right]\right)\end{aligned} \tag{4.187}$$

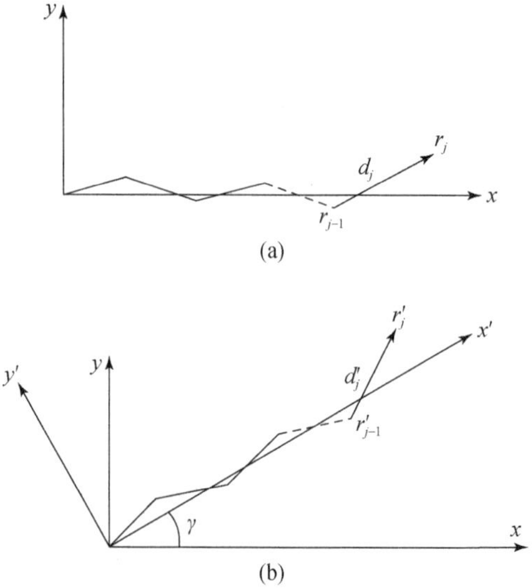

图 4-9　一维次晶体：（a）沿 x 轴方向，（b）倾斜于 x 轴[26]

其中 σ_x^2 和 σ_y^2 分别是 d^x 和 d^y 的方差，并且 $\rho = \dfrac{\langle d^x d^y \rangle - \langle d^x \rangle \langle d^y \rangle}{\sigma_x \sigma_y}$ 是 d^x 和 d^y 之间的相关系数。为了方便，这里定义协方差 $C = \langle d^x d^y \rangle - \langle d^x \rangle \langle d^y \rangle$。相关系数可以通过 C 计算得出，$\rho = \dfrac{C}{\sigma_x \sigma_y}$。次晶的特性由参数 σ_x，σ_v 和 ρ 控制，其影响在图 4-10 中得以展示，图中显示了不同值下 $P(d^x - a, d^y)$ 的一个轮廓线。如果 d^x 和 d^y 不相关（$\rho = 0$），概率椭圆的纵横比由 $\dfrac{\sigma_x}{\sigma_y}$ 决定。如果 d^x 和 d^y 相关（$\rho \neq 0$），椭圆的主轴方向和纵横比都由 $\dfrac{\sigma_x}{\sigma_y}$ 和 ρ 决定。当 $\rho \to \pm 1$ 时，椭圆的极限方向由 $\rho \to \pm 1$ 决定。特定晶体材料的这种分布将取决于晶系以及特定分子的形状和相互作用。

为方便起见，我们考虑相对于坐标系统旋转一定角度的一维次晶［如图 4-9（b）］。次晶沿着 x' 轴，坐标系 (x', y') 相对于 (x, y) 坐标系旋转了 γ 角。坐标系 (x', y') 下的各位置之间的矢量 $d_j' = (d_j^{x'}, d_j^{y'})$ 的统计特性如上所述，其参数为 $\langle d^{x'} \rangle = a$，$\langle d^{y'} \rangle = 0$，$\sigma_x^2$，$\sigma_y^2$ 和 ρ'。我们用 $d_j = (d_j^x, d_j^y)$ 表示坐标系统 (x, y) 中的向量 d_j'。由于 d_j^x 和 d_j^y 是 $d_j^{x'}$ 和 $d_j^{y'}$ 的线性函数，因此它们也呈联合正态分布，利用适当的坐标变换可知 d_j^x 和 d_j^y 的统计特性为

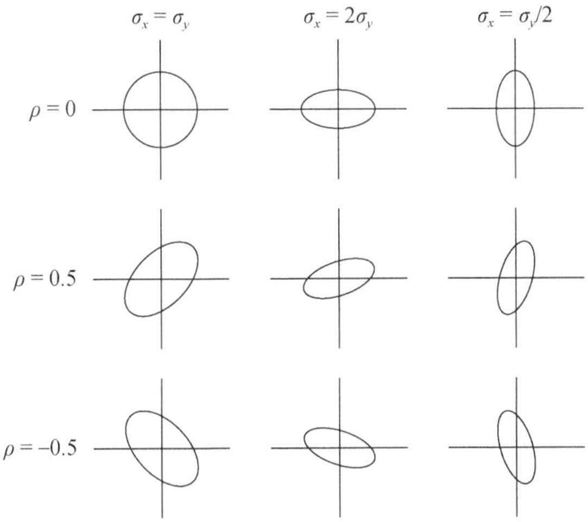

图 4-10 联合密度 $P(d^x-a,d^y)$ 的一个等值图[26]

$$\langle d^x\rangle = a\cos\gamma \tag{4.188}$$

$$\langle d^y\rangle = a\sin\gamma \tag{4.189}$$

$$\sigma_x^2=\sigma_{x'}^2\cos^2\gamma+\sigma_{y'}^2\sin^2\gamma-C'\sin 2\gamma \tag{4.190}$$

$$\sigma_y^2=\sigma_{x'}^2\sin^2\gamma+\sigma_{y'}^2\cos^2\gamma+C'\sin 2\gamma \tag{4.191}$$

$$C=\frac{1}{2}(\sigma_{x'}^2-\sigma_{y'}^2)\sin 2\gamma+C'\cos 2\gamma \tag{4.192}$$

注意，d_j^x 和 d_j^y 仅在倾斜次晶的协方差满足以下条件时才不相关：

$$C'=\frac{1}{2}(\sigma_{y'}^2-\sigma_{x'}^2)\tan 2\gamma \tag{4.193}$$

此外，如果倾斜次晶的畸变分量不相关（$C'=0$）并且具有相等的方差（$\sigma_{x'}=\sigma_{y'}$），则也是如此。在这种情况下，参照公式（4.190）和（4.191），我们有 $\sigma_x=\sigma_y=\sigma_{x'}=\sigma_{y'}$。

4.5.4 理想次晶

考虑平面内的两个一维次晶，一个沿 x 轴定向，另一个与 x 轴成 γ 角度，并分别用 $\boldsymbol{a}$ 和 $\boldsymbol{b}$ 表示平均晶格向量［见图 4-11（a）］。平行和垂直于 $\boldsymbol{a}$ 轴的方差分别用 σ_a 和 $\sigma_{a\perp}$ 表示，协方差用 C_a 表示。与 $\boldsymbol{b}$ 轴相关的类似参数用 σ_b，$\sigma_{b\perp}$ 和 C_b 表示。令这两个一维次晶的晶格点位置向量分别为 $\boldsymbol{s}_j$ 和 $\boldsymbol{t}_k$。则理想次晶的定义如下：

理想次晶的第 (j, k) 个位置 $\boldsymbol{r}_{jk}$ 由以下公式给出：

$$\boldsymbol{r}_{jk} = \boldsymbol{s}_j + \boldsymbol{t}_k \tag{4.194}$$

这导致了图 4-11（a）中所示的构型，次晶格由边缘为一维次晶定义的平行四边形构成。我们假设这两个一维次晶的位置向量彼此不相关。基于两个一维次晶的构型限制了可以表示的无序类型，但确保了单元格的闭合。理想次晶可以描述为两个一维次晶的卷积。为了说明这一点，可以用函数 $f(x,y)$ 描述一个晶格，该函数是 δ 函数的一个周期性阵列。图 4-11（a）中的两个一维次晶，分别用 $f_a(x,y)$ 和 $f_b(x,y)$ 表示，有

$$\begin{aligned} f_a(x,y) &= \sum_j \delta(x - s_j^x, y - s_j^y) \\ f_b(x,y) &= \sum_k \delta(x - t_k^x, y - t_k^y) \end{aligned} \tag{4.195}$$

其中 $\delta(x,y)$ 为二维 δ 函数，理想次晶用 $g(x,y)$ 表示：

$$g(x,y) = \sum_j \sum_k \delta(x - r_{jk}^x, y - r_{jk}^y) = f_a(x,y) \otimes f_b(x,y) \tag{4.196}$$

这里 $\otimes$ 表示卷积。注意，在式（4.196）中，我们隐含地将 $f_b(x,y)$ 替换为 $f_b(-x,-y)$，因为次晶的性质对于中心反演是不变的。卷积性质（11）在描述理想次晶的衍射时是有用的。

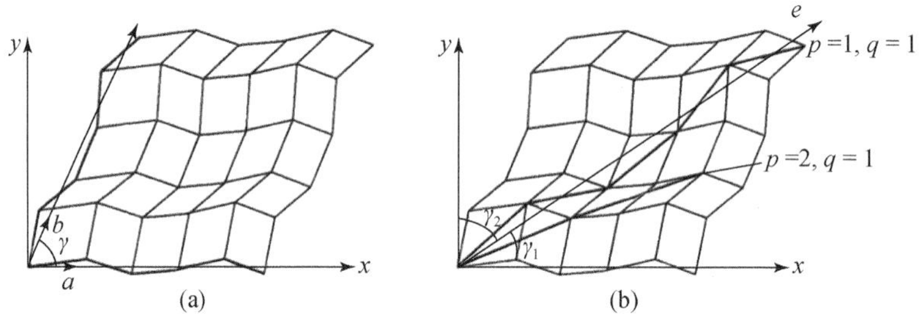

图 4-11　（a）理想次晶体，通过两个一维次晶体来定义；（b）通过理想次晶体的两个一维晶格，分别对应 $p=1,\ q=1$ 和 $p=2,\ q=1$[26]

考虑一个嵌入在理想次晶中的晶格点链，其指标 (i,j) 满足 $iq = jp$，其中 p 和 q 是任意整数常数。这个晶格点链形成一个一维晶格，其两个示例 $p=q=1$ 和 $p=2,\ q=1$ 如图 4-11（b）所示。如果该晶格点由 j 表示，则点的坐标 $\boldsymbol{w}_j$ 表示为

$$\boldsymbol{w}_j = \boldsymbol{r}_{jp,jq} \tag{4.197}$$

其中 $\boldsymbol{r}_{jk}$ 是基础理想次晶格的点坐标。坐标可以写为

$$\boldsymbol{w}_j=\boldsymbol{w}_{j-1}+\left(\sum_{i=(j-1)p+1}^{j_p}\boldsymbol{d}_i+\sum_{i=(j-1)q+1}^{j_q}\boldsymbol{d}_i'\right)=\boldsymbol{w}_{j-1}+\boldsymbol{e}_j \qquad (4.198)$$

其中$\boldsymbol{d}_i$和$\boldsymbol{d}_i'$是形成底层理想次晶的一维次晶的点间向量。由于$\boldsymbol{d}_i$和$\boldsymbol{d}_i'$是独立且正态分布的，$\boldsymbol{e}_j$也呈正态分布。比较式（4.186）和（4.198）显示，任何这样的点链都是一维次晶。

无序晶格的结构由邻近分子的相互作用决定。第一近邻通常位于主轴上的相邻晶格点，但沿着单元对角线的相邻晶格点也常常是近邻，它们的相互作用可能对无序晶格的结构产生重要影响。因此，沿对角线的统计量是相关的。对角次晶方向的一个点间向量$\boldsymbol{e}_j$表示为

$$\boldsymbol{e}_j=\boldsymbol{d}_j+\boldsymbol{d}_j' \qquad (4.199)$$

其中$\boldsymbol{d}_j$和$\boldsymbol{d}_j'$分别是沿$\boldsymbol{a}$和$\boldsymbol{b}$方向的点间向量。描述$\boldsymbol{e}_j$统计特性的参数（在一个轴与对角次晶体的平均轴重合的笛卡儿坐标系中）用σ_e，$\sigma_{e\perp}$和C_e表示。对角线上的平均间距$l=|\langle\boldsymbol{e}_j\rangle|$是

$$l=(a^2+b^2+2ab\cos\gamma)^{1/2} \qquad (4.200)$$

平均轴与$\boldsymbol{a}$和$\boldsymbol{b}$轴的夹角γ_1和γ_2［图4-11（b）］由下式给出：

$$\sin\gamma_1=\frac{b\sin\gamma}{l},\qquad \sin\gamma_2=\frac{a\sin\gamma}{l} \qquad (4.201)$$

为了推导$\boldsymbol{e}_j$的统计特性，首先将每个主次晶的统计量在旋转后的（旋转$-\gamma_1$和γ_2）坐标系统中表示，然后由于这两个主次晶是独立的，可以相加方差和协方差来获得对角次晶的相应值。计算过程烦琐但简单明了：

$$\sigma_e^2=\sigma_a^2+\sigma_b^2+\left[a^2(\sigma_{b_\perp}^2-\sigma_b^2)+b^2(\sigma_{a_\perp}^2-\sigma_a^2)\right]\frac{\sin^2\gamma}{l^2}+p \qquad (4.202)$$

$$\sigma_{e_\perp}^2=\sigma_{a_\perp}^2+\sigma_{b_\perp}^2+\left[b^2(\sigma_a^2-\sigma_{a_\perp}^2)+a^2(\sigma_b^2-\sigma_{b_\perp}^2)\right]\frac{\sin^2\gamma}{l^2}-p \qquad (4.203)$$

其中：

$$\begin{aligned}C_e=&\{ab(\sigma_{a_\perp}^2-\sigma_a^2+\sigma_b^2-\sigma_{b_\perp}^2)\\&+[b^2(\sigma_{a_\perp}^2-\sigma_a^2)+a^2(\sigma_b^2-\sigma_{b_\perp}^2)]\cos\gamma\}\\&+C_a+C_b-2(b^2C_a+a^2C_b)\frac{\sin^2\gamma}{l^2}\end{aligned} \qquad (4.204)$$

将式（4.202）和式（4.203）相加，有

$$\sigma_e^2 + \sigma_{e_\perp}^2 = (\sigma_a^2 + \sigma_{a_\perp}^2) + (\sigma_b^2 + \sigma_{b_\perp}^2) \tag{4.205}$$

即对角线的“总”方差是主轴上总方差的总和，这是理想次晶的直接结果。由此可得，对角线的方差总是大于（或等于）任何主轴的方差。

理想次晶的衍射谱能比较容易地通过一维次晶的衍射推导出来。在平面上包含N 个点的一维晶格的衍射由下式给出：

$$F_1(u,v) = \sum_{j=0}^{N-1} \exp(2\pi i(ux_j + vy_j)) \tag{4.206}$$

其中下标 1 表示一维次晶，(u,v)是倒空间中的笛卡儿坐标。这种晶格集合的衍射强度可通过对晶格所有衍射强度进行平均后给出：

$$I_1(u,v) = \langle |F_1(u,v)|^2 \rangle = \sum_{j=0}^{N-1}\sum_{k=0}^{N-1} \langle \exp(2\pi i[u(x_j - x_k) + v(y_j - y_k)]) \rangle \tag{4.207}$$

由于$\langle x_j \rangle = ja$，式（4.207）可以写成：

$$I_1(u,v) = \sum_{j=0}^{N-1}\sum_{k=0}^{N-1} \exp(2\pi iua(j-k)) \times \langle \exp(2\pi i((u\xi_j + vy_j) - (u\xi_k + v\eta_k))) \rangle \tag{4.208}$$

其中$\xi_j = x_j - ja$。ξ_j和y_j是均值为零的正态分布随机变量，方差分别为σ_x^2和σ_y^2，协方差为C。因此，可以对式（4.208）中的平均值进行计算，并将双重求和简化为单重求和，就如在一条线上的一维次晶情况一样[27]，于是：

$$I_1(u,v) = N + 2\sum_{j=1}^{N-1} (N-j)\cos(2\pi uaj) \times \exp(-2\pi^2[\sigma_x^2 u^2 + 2Cuv + \sigma_y^2 v^2]j) \tag{4.209}$$

根据式（4.196）以及傅里叶变换的卷积定理，理想次晶的衍射可表示为

$$G(u,v) = F_a(u,v)F_b(u,v) \tag{4.210}$$

其中下标表示沿 $\boldsymbol{a}$ 和 $\boldsymbol{b}$ 方向的一维次晶。因此，由一组理想次晶组成的聚集体的衍射强度为

$$I(u,v) = \langle |G(u,v)|^2 \rangle = \langle |F_a(u,v)|^2 |F_b(u,v)|^2 \rangle = I_a(u,v)I_b(u,v) \tag{4.211}$$

这两个一维次晶是独立的，假设次晶 $\boldsymbol{b}$ 是通过 $\boldsymbol{a}$ 旋转γ 角获得的，则衍射强度为

$$I(u,v) = I_1(u,v)I_1(u\cos\gamma + v\sin\gamma - u\sin\gamma + v\cos\gamma) \tag{4.212}$$

因此，可以使用式（4.209）和式（4.212）计算有限二维理想次晶集合的衍射强度。

参考文献

[1] Hosemann R, Bagchi S. Direct analysis of diffraction by matter. Amsterdam：North-Holland, 1962.

[2] Welberry T R. Diffuse X-ray scattering and models of disorder. Rep. Prog. Phys., 1985, 48: 1543-1593.

[3] Welberry T R. Diffuse X-ray scattering and models of disorder. New York: Oxford University Press, 2004.

[4] Treacy M M J, Newsam J M, Deem M W. A general recursion method for calculating diffracted intensities from crystals containing planar faults. Proc. R. Soc. Lond. A, 1991, 433: 499-520.

[5] Treacy M M J, Deem M W, Newsam J M. DIFFaX manual, 2005.

[6] Cox D R, Miller H D. The theory of stochastic processes. London: Methuen, 1965.

[7] Kakinoki J, Komura Y. Intensity of X-Ray diffraction by an one-dimensionally disordered crystal（I）general derivation in cases of the "Reichweite" S=0 and 1. J. Phys. Soc. Jpn., 1952, 7: 30-35.

[8] Kakinoki J, Komura Y. Intensity of X-ray diffraction by one dimensionally disordered crystals. II: General derivation in the case of the correlation range S≥2, J. Phys. Soc. Jpn., 1954, 9: 169-176.

[9] Kakinoki J, Komura Y. Intensity of X-ray diffraction by one-dimensionally disordered crystals. The close packed structure. J. Phys. Soc. Jpn., 1954, 9: 177-183.

[10] Kakinoki J, Komura Y. Diffraction by a one-dimensionally disordered crystal. I: The intensity equation. Acta Crystallographica, 1965, 19: 137-147.

[11] Welberry T R, Miller G H, Carroll C E. Paracrystals and growth-disorder models. Acta Crystallographica, 1980, 36: 921-922.

[12] Metropolis N, Rosenbluth A W, Rosenbluth M N, et al. Equation of State Calculations by Fast Computing Machines. J. Chem. Phys., 1953, 21: 1087-1092.

[13] Welberry T R, Galbraith R. A two-dimensional model of crystal-growth disorder. Journal of Applied Crystallography, 1973, 6: 87-96.

[14] Whittle P. On stationary processes in the plane. Biometrika, 1954, 41: 434-449.

[15] Bartlett M S. Inference and stochastic processes. J. R. Statist. Soc. A, 1967, 130: 457-474.

[16] Bartlett M S. A further note on nearest neighbour models. J. R. Statist. Soc. A, 1968, 131: 579-580.

[17] Pickard D K. A curious binary lattice process. J. Appl. Prob., 1977, 10: 717-731.

[18] Pickard D K. Unilateral Ising models. Suppl. Adv. Appl. Probab., 1978, 10: 57-64.

[19] Pickard D K. Unilateral Markov fields. Adv. Appl. Probab., 1980, 12: 655-671.
[20] Cowley J M. An approximate theory of order in alloys. Physical Review, 1950, 77: 669-675.
[21] Ising E. Beitrag zur Theorie des Ferromagnetismus. German: Physikalische Zeitschrift, 1925, 31: 253-258.
[22] Bartlett M S. Physical nearest-neighbour models and non-linear time series. J. Appl. Prob., 1971, 8: 222-232.
[23] Enting I G. Crystal growth models and Ising models. J. Phys. C, 1977, 10: 1379-1388.
[24] Welberry T R. Solution of crystal growth disorder models by imposition of symmetry. London: Proc. R. Soc., 1977, 353: 363-376.
[25] Hosemann R, Hindeleh A. Structure of crystalline and paracrystalline condensed matter. J. Macromol. Sci. Phys., 1995, 34: 327-356.
[26] Eads J L, Millane R P. Diffraction by the ideal paracrystal. Acta Cryst. A, 2001, 57: 507-517.
[27] Millane R P, Eads J L. Diffraction by one-dimensional paracrystals and perturbed lattices. Acta Cryst. A, 2000, 56: 497-506.

第 5 章　缺陷序结构的重构算法

5.1　引　　言

从前面几章可看出，缺陷结构的模型和实验谱之间的关系非常复杂，根据实验谱数据很难通过固定的解析方程式获得对应的缺陷结构模型及参数，因此需要灵活运用智能优化算法。与晶体结构分析类似，缺陷结构分析主要包括三个步骤：①建立参数化的缺陷结构模型；②根据结构模型计算出理论的散射强度分布（或散射谱）；③采用优化（或精修）算法、最小化散射强度的理论值与实验值的差，获得理论实验符合最好的结构。

智能优化算法是一类模仿自然界或人类智能的算法，用于解决复杂的优化问题，在解决大空间、非线性、全局寻优、组合优化等复杂问题方面具有独特的优势，具有简单、通用、便于并行处理等特点。如模仿自然界生物进化机制的遗传算法；通过群体内个体间的合作与竞争进行优化的差分进化算法；模拟生物免疫系统学习和认知功能的免疫算法；模拟蚂蚁集体寻径行为的蚁群优化算法；模拟鸟群和鱼群集体行为的粒子群算法；源于固体物质退火过程的模拟退火算法；模拟人类智力记忆过程的禁忌搜索算法；模拟动物神经网络行为特征的神经网络算法等。这些算法通过学习和适应，能够在高维空间中寻找最优解[1]。

目前已在结构分析软件中得到应用的算法包括遗传算法、差分进化算法、粒子群算法、模拟退火算法（蒙特卡罗算法）和神经网络算法。特别是神经网络算法，它属于一种主要的人工智能算法，在近十年来得到非常高的关注，而且已经在缺陷结构分析领域有了一些初步研究结果[2-4]，未来有望在解析复杂的缺陷结构中发挥更大的作用。本章将介绍这些算法的原理、算法流程和关键参数说明，并通过具体的 Fortran 代码解释算法流程，旨在凸显出这些智能优化算法在缺陷结构解析中的关键作用。由于神经网络算法在缺陷结构分析领域中的应用研究正处于高速发展时期，尚无通用的神经网络缺陷结构分析流程，因此本章只是介绍神经网络算法中涉及的一些基本概念。

5.2　遗 传 算 法

遗传算法（genetic algorithm，GA）是一种模拟自然选择和遗传学原理的搜索和优化技术。它基于达尔文的进化理论，通过个体、种群、适应度、选择、交叉、变异、替代和收敛等基本概念的有效结合，能够在复杂的搜索空间中寻找近似最优解。

5.2.1　基本概念

1. 个体

个体是遗传算法中的基本单元，通常表示为一个潜在的解。每个个体由基因组成，基因可以用不同的编码方式表示，如二进制编码、实数编码、符号树等。例如，在一个优化问题中，个体可能表示为一串二进制数，其中每一位对应于问题的一个参数或决策变量。个体的设计对算法的表现有直接影响，适当的编码方式能够更有效地探索解空间。

2. 种群

种群是由多个个体组成的集合，代表解空间的一个子集。种群的规模通常是固定的，随着遗传算法的迭代，种群会不断进化。种群的多样性对于算法的成功至关重要，过小的种群可能导致早熟收敛，而过大的种群则可能导致计算效率低下。因此，合理选择种群大小是算法设计中的一个重要考量。

3. 适应度

适应度是用来衡量个体优劣的指标。每个个体都有一个适应度值，通常通过目标函数计算得出。适应度值越高，表示该个体在解决特定问题时的表现越好。适应度函数的设计直接影响到遗传算法的性能，合理的适应度函数能够更有效地区分优劣个体，引导搜索向最优解靠近。

4. 选择

选择是遗传算法中的关键操作之一，目的是根据个体的适应度选择优秀个体以参与后续的交叉和变异过程。常见的选择方法包括：

• 轮盘赌选择：每个个体的选择概率与其适应度成正比，适应度高的个体更容易被选择。

• 锦标赛选择：从种群中随机选取若干个体进行比较，选择适应度最好的个体进入下一代。

• 排名选择：根据个体的适应度对其进行排名，然后根据排名进行选择，减少适应度差异对选择的影响。

选择操作确保了优良基因的传递，有助于提高种群整体适应度。

5. 交叉

交叉是遗传算法中产生新个体的重要操作，模拟生物的基因重组过程。通过交叉操作，两个父代个体可以生成一个或多个子代个体。常见的交叉方式包括：

- 单点交叉：随机选择一个交叉点，交换两个父代在该点之后的基因。
- 多点交叉：随机选择多个交叉点，多个片段交换生成新个体。
- 均匀交叉：根据一定的概率，在每个基因位上随机选择父代基因，形成新个体。

交叉操作通过重组基因，结合父代的优良特性，增加了种群的多样性。

6. 变异

变异是对个体基因进行随机修改的操作，旨在增加种群的多样性，避免算法早熟收敛。变异操作通常以一定的概率发生。常见的变异方式包括：

- 位翻转变异：在二进制编码中，随机选择一个基因位并进行翻转（0 变 1，1 变 0）。
- 随机增减：在实数编码中，对某些基因进行小范围的随机加减。
- 随机重组：在符号树等复杂结构中，随机选择某个子树进行替换。

变异操作有助于探索新的解空间，防止算法陷入局部最优。

7. 替代

替代操作是指如何将新一代个体引入种群。常见的替代策略包括：

- 全替代：用新一代个体完全替代旧一代个体。
- 部分替代：保留一部分适应度最高的个体（精英保留策略），以保持优秀基因。
- 混合替代：结合新旧个体，保留部分旧个体以保持种群多样性。

替代策略的选择影响到遗传算法的收敛速度和搜索效率。

8. 收敛

收敛是指遗传算法在搜索过程中达到某种稳定状态，个体的适应度不再显著提高，或者种群中个体间的差异性减小，表明算法停止优化的条件。常见的收敛标准包括：

- 达到预定的最大代数。
- 适应度达到某一预设阈值。
- 种群适应度在一定代数内没有显著变化。

合理设置收敛标准能够有效避免不必要的计算，节省资源。

5.2.2　算法流程

如图 5-1 所示，遗传算法的工作流程模拟了自然界中的生物进化过程，通过初始化种群、适应度评估、选择、交叉、变异等步骤，逐步优化解。尽管其过程较为复杂，但每一步都在为寻找最优解提供支持。

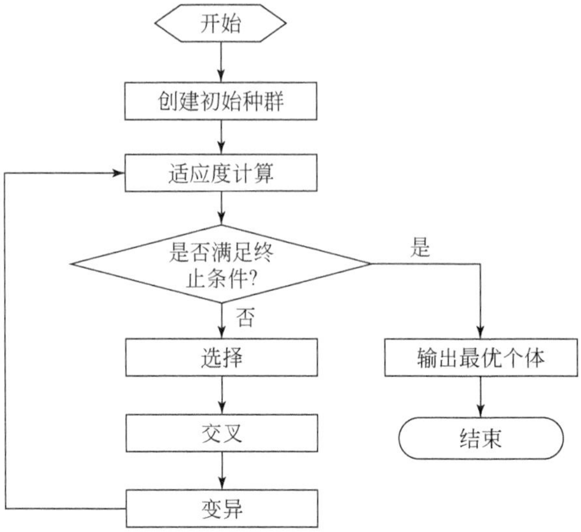

图 5-1 遗传算法的运算流程

5.2.3 代码实现

```
subroutine GeneAlgo(resprob,resob)

implicit none

integer:: ndim                    !variable dimension,gene number
    real:: resprob(50,50)

    integer:: i,j,k,m,gen
    real:: resob,tf
    integer,allocatable:: isort(:),crosspos(:,:)
    real,allocatable:: trace(:),emper(:)
    real,allocatable:: ig(:,:) !initial group
    real,allocatable:: cg(:,:) !child group
    real,allocatable:: tg(:,:) !tmp group
    real,allocatable:: sortig(:,:) !sorted initial group
```

```
real,allocatable:: sorttg(:,:) !sorted tmp group
real,allocatable:: xob(:),yob(:),zob(:) !objective value for each member
real,allocatable:: x0(:)   ! initial prob
real,allocatable:: xs(:)   !prob high limit
real,allocatable:: xx(:)     !prob low limit

call ReadRefiPara()
call ReadAlgogaPara()

    ndim=0
    do i=1,nprob
       ndim=ndim+i
    end do
    allocate(trace(ngen))
    allocate(ig(ndim,np))
    allocate(cg(ndim,np))
    allocate(tg(ndim,2*np))
    allocate(sortig(ndim,np))
    allocate(sorttg(ndim,2*np))
    allocate(xob(np))
    allocate(yob(np))
    allocate(zob(2*np))
    allocate(xs(ndim))
    allocate(xx(ndim))
    allocate(isort(2*np))
    allocate(emper(ndim))
    allocate(crosspos(ndim,np/2))

    k=0
    do i=1,nprob
      do j=i,nprob
         k=k+1
         x0(k)=probval(1,i,j)
         xs(k)=probval(3,i,j)
```

```
          xx(k)=probval(2,i,j)
       end do
    end do

     call random_seed()
    do i=1,ndim
        do j=1,np
              call random_number(tf)
              ig(i,j)=tf*(xs(i)-xx(i))+xx(i) !随机获得初始种群
        end do
    end do

!!!!!!!!!!!!!!!按适应度升序排列!!!!!!!!!!!!!!!
    do i=1,np
        call CalSimExpDif(ig(:,i),xob(i))
    end do
    call SortVect(np,xob,isort,0)
    do i=1,np
        sortig(:,i)=ig(:,isort(i))
    end do

!!!!!!!!!!!!!!!遗传算法循环!!!!!!!!!!!!!!!
  call random_seed()
  do gen=1,ngen
!!!!!!!!!!!!!!!采用君主方案进行选择交叉操作!!!!!!!!!!!!!!!
    emper=sortig(:,1)   ! 君主染色体
    m=nint(ndim*pc)      ! 每次交叉点的个数
    do i=1,k
        do j=1,np/2
            call random_number(tf)
            crosspos(i,j)=nint(tf*ndim)        !交叉基因的位置
        end do
    end do
    cg=sortig
```

```
do i=1,np/2
    cg(:,2*i-1)=emper
    cg(:,2*i)=sortig(:,2*i)
    do j=1,m
        cg(crosspos(j,i),2*i-1)=cg(crosspos(j,i),2*i)
        cg(crosspos(j,i),2*i)=emper(crosspos(j,i))
    end do
end do
!!!!!!!!!!!!!!!变异操作!!!!!!!!!!!!!!!
do i=1,np
    do j=1,ndim
        call random_number(tf)
        if(tf<pm) then
            call random_number(tf)
            cg(j,i)=tf*(xs(j)-xx(j))+xx(j)
        end if
    end do
end do

!!!!!!!!!!!!!!!子种群按适应度升序排列 这步已忽略!!!!!!!!!!!!!!!
!!!!!!!!!!!!!!!产生新种群!!!!!!!!!!!!!!!
do i=1,np
    call CalSimExpDif(cg(:,i),yob(i))
end do
do i=1,np
    do j=1,ndim
        tg(j,i)=ig(j,i)
        tg(j,i+np)=cg(j,i)    !子代和父代合并
    end do
end do
do i=1,np
    zob(i)=xob(i)
    zob(i+np)=yob(i)    !子代和父代的适应度值合并
end do
```

```
        call SortVect(2*np,zob,isort,0)
        do i=1,2*np
            sorttg(:,i)=tg(:,isort(i))   !按适应度排列个体
        end do

        do i=1,np
            sortig(:,i)=sorttg(:,i)   !取前 NP 个个体
            xob(i)=zob(i)                  !取前 NP 个适应度值
        end do
        trace(gen)=xob(1)              !历代最优适应度值

    end do

    resob=xob(1)        !最优值
    do i=1,nprob
        do j=i,nprob
            k=k+1
            resprob(i,j)=sortig(k,1)   !最优变量
        end do
    end do

end subroutine GeneAlgo
```

5.3 差分进化算法

差分进化（differential evolution，DE）算法是一种用于全局优化的随机搜索算法，基于生物进化的原理，通过群体协作逐步逼近最优解。自 1995 年由 Storn 等人首次提出以来[5]，DE 已成为进化计算领域的重要工具，特别适合用于处理连续空间中的多维优化问题。差分进化算法的核心理念是通过差分操作生成新的候选解。它通过对种群中个体的差异进行计算，以创建新的个体，从而实现对搜索空间的探索。DE 特别强调利用现有个体的“差分”来促进新个体的生成。

5.3.1　基本概念

差分进化算法通过变异、交叉和选择等基本要素，以一种简单而有效的方式实现全局优化。其设计中的每一个要素都对算法的性能和效果产生影响。理解这些基本要素有助于有效应用差分进化算法解决实际问题，并在特定情况下进行合理的调整和优化。差分进化算法基本概念包括个体表示、种群、适应度函数、变异操作、交叉操作、选择操作、收敛判断、参数设置和应用领域。以下是对这些基本概念的描述。

1. 个体

在差分进化中，个体通常用向量形式表示，每个向量的元素对应于待优化问题的不同变量。例如，在一个具有 n 个变量的优化问题中，个体可以表示为

$$x_i = [x_{i1}, x_{i2}, \cdots, x_{in}] \tag{5.1}$$

其中，x_i 是第 i 个个体，x_{ij} 是第 i 个个体在第 j 个维度上的值。个体表示方式的选择对优化结果的影响显著，常见的表示方式包括实数编码和二进制编码。实数编码更适用于连续优化问题，而二进制编码适用于离散优化问题。

2. 种群

种群是由多个个体组成的集合，是差分进化算法的基础。种群规模通常在几十到几百个个体之间，较大的种群规模可以增强解的多样性，从而提高搜索的覆盖范围。初始种群一般是随机生成的，以确保在解空间的广泛探索。种群的多样性对算法的性能至关重要，过小的种群可能导致算法过早收敛到局部最优解。

3. 适应度函数

适应度函数用于评估每个个体在解决特定问题中的表现。适应度值通常与优化目标直接相关，适应度越高，表示该个体的解越优。适应度函数的设计应根据具体问题的性质进行选择，确保能够有效反映解的优劣。例如，在最小化问题中，适应度函数通常为目标函数值的负值。

4. 变异操作

变异操作是差分进化算法的核心步骤，其目的是通过对现有个体进行差分操作生成新的候选解。常见的变异策略包括：

• 随机生成。随机选择三个不同的个体 x_a，x_b, x_c ，计算它们的差分并生成变异个体：

$$v_i = x_a + F \cdot (x_b - x_c) \tag{5.2}$$

其中，F 是缩放因子，用于控制变异幅度。

• 选择最好。选择当前种群中适应度最好的个体，增加算法的收敛速度：

$$v_i = x_{\text{best}} + F \cdot (x_b - x_c) \tag{5.3}$$

- 综合选择。结合随机个体与当前最佳个体的差分，进一步增强搜索能力：

$$v_i = x_a + F \cdot (x_{\text{best}} - x_a) + F \cdot (x_b - x_c) \tag{5.4}$$

5. 交叉操作

交叉操作用于将变异个体与当前个体结合，生成新的候选解。常用的交叉方式是“二进制交叉”，其基本思路是根据设定的交叉概率将变异个体与当前个体的基因进行组合：

$$u_{i,j} = \begin{cases} v_{i,j}, & \text{如果} r_j \leqslant CR \text{或者} \ j = j_{\text{rand}} \\ x_{i,j}, & \text{其他} \end{cases} \tag{5.5}$$

其中，CR 是交叉概率，j_{rand} 是随机选择的维度索引，r_j 是一个随机数。

交叉操作确保新个体能够继承变异个体的优良特性，同时保持一定的多样性，有助于算法的全局搜索能力。

6. 选择操作

选择操作决定了哪些个体进入下一代，通常采用贪婪选择策略。比较当前个体与新生成的候选解的适应度值，适应度较高的个体被保留：

$$x_i^{\text{new}} = \begin{cases} u_i, & \text{如果} \ f(u_i) < f(x_i) \\ x_i, & \text{其他} \end{cases} \tag{5.6}$$

其中，f 表示适应度函数。选择操作确保下一代种群中优良个体的存活，推动算法向更优解的方向发展。

7. 收敛判断

在每一代结束后，算法需要判断是否满足停止条件。常见的停止条件包括：

- 达到预设的最大代数。
- 种群中个体适应度的变化小于某个阈值。
- 最佳个体的适应度达到预定目标。

5.3.2 算法流程

差分进化算法模拟自然选择和遗传学原理，通过种群协作不断逼近最优解。以下是差分进化算法的详细流程，包括初始化、变异、交叉、选择、收敛判断等步骤（图 5-2）。

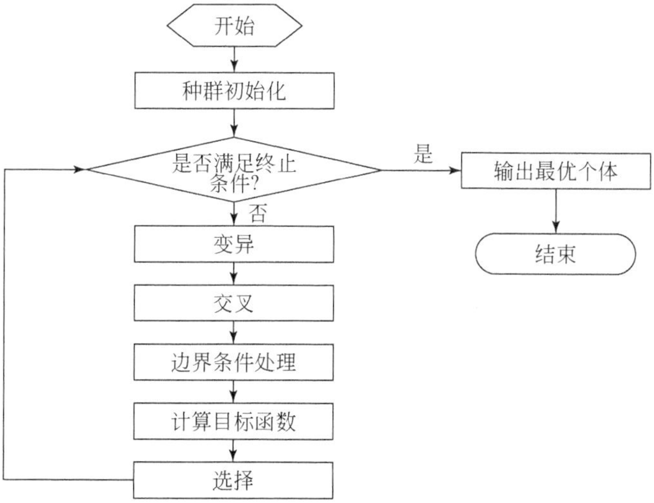

图 5-2　差分进化算法的运算流程

5.3.3　代码实现

```
subroutine DiffEvol(resprob,resob)

implicit none


integer:: ndim                    !变量的维数,10
    real:: resprob(50,50)

    integer:: i,j,k,m,n,gen,r1,r2,r3,r
    real:: tf,lamda,mfact,resob,cr
    real,allocatable:: trace(:,:)
    real,allocatable:: x(:,:) !初始种群
    real,allocatable:: v(:,:) !变异种群
    real,allocatable:: u(:,:) !选择种群
    real,allocatable:: x0(:)   !prob 初始值
    real,allocatable:: xs(:)   !prob 上限
    real,allocatable:: xx(:)   !prob 下限
    real,allocatable:: xob(:)   !x 对应的目标函数值
```

```
real,allocatable:: uob(:)   !u 对应的目标函数值

call ReadRefiPara()
call ReadAlgodePara()

    ndim=0
    do i=1,nprob
        ndim=ndim+i
    end do
    allocate(x(ndim,np))
    allocate(u(ndim,np))
    allocate(v(ndim,np))
    allocate(trace(2,ngen+1))
    allocate(xob(np))
    allocate(uob(np))
    allocate(x0(ndim))   !initial prob
    allocate(xs(ndim))   !up limit
    allocate(xx(ndim))   !low limit

    k=0
    do i=1,nprob
        do j=i,nprob
            k=k+1
            x0(k)=probval(1,i,j)
            xs(k)=probval(3,i,j)
            xx(k)=probval(2,i,j)
        end do
    end do
     call random_seed()
    do i=1,ndim
        do j=1,np
            call random_number(tf)
            x(i,j)=tf*(xs(i)-xx(i))+xx(i)   !初始种群
            v(i,j)=0                     !变异种群
```

```
            u(i,j)=0                    !选择种群
         end do
      end do
      do i=1,np
         x(i,1)=x0(i)        ! set iniprob to the first group
      end do
      do i=1,2
         do j=1,ngen+1
            trace(i,j)=0
         end do
      end do
!!!!!!!!!!!!!!!计算目标函数!!!!!!!!!!!!!!!
      do i=1,np
         call CalSimExpDif(x(:,i),xob(i))
      end do

      trace(1,1)=minval(xob(:))
      trace(2,1)=sum(xob(:))/np
!!!!!!!!!!!!!!!差分进化循环!!!!!!!!!!!!!!!
      do gen=1,ngen
      !!!!!!!!!!!!!!!变异操作!!!!!!!!!!!!!!!
      !!!!!!!!!!!!!!!自适应变异算子!!!!!!!!!!!!!!!
         lamda=exp(1-ngen*1.0/(ngen+1-gen))
         mfact=mfact0*exp(lamda*log(2.0))
      !!!!!!!!!!!!!!!r1,r2,r3 和 m 互不相同!!!!!!!!!!!!!!!
         do m=1,np
            call random_number(tf)
            r1=nint(tf*(np-1))+1
            do while (r1==m)
               call random_number(tf)
               r1=nint(tf*(np-1))+1
            end do
            call random_number(tf)
            r2=nint(tf*(np-1))+1
```

```
            do while ((r2==m).or.(r2==r1))
                call random_number(tf)
                r2=nint(tf*(np-1))+1
            end do
            call random_number(tf)
            r3=nint(tf*(np-1))+1
            do while ((r3==m).or.(r3==r1).or.(r3==r2))
                call random_number(tf)
                r3=nint(tf*(np-1))+1
            end do
            do i=1,ndim
               v(i,m)=x(i,r1)+mfact*(x(i,r2)-x(i,r3))
            end do
        end do
!!!!!!!!!!!!!!!交叉操作!!!!!!!!!!!!!!!
        call random_number(tf)
        r=nint(tf*(ndim-1))+1
        do n=1,ndim
            call random_number(cr)
            if ((cr<=cfact) .or. (n==r)) then
               do i=1,np
                u(n,i)=v(n,i)
                end do
            else
               do i=1,np
                u(n,i)=x(n,i)
                end do
            end if
        end do
!!!!!!!!!!!!!!!边界条件的处理!!!!!!!!!!!!!!!
        do n=1,ndim
            do m=1,np
                if ((u(n,m)<xx(n)) .or. (u(n,m)>xs(n))) then
                   call random_number(tf)
```

```
                    u(n,m)=tf*(xs(n)-xx(n))+xx(n);
                end if
            end do
        end do
!!!!!!!!!!!!!!!选择操作!!!!!!!!!!!!!!!
        do m=1,np
            call CalSimExpDif(u(:,m),uob(m))
        end do
        do m=1,np
            if (uob(m)<xob(m)) x(:,m)=u(:,m)
        end do
        do m=1,np
            call CalSimExpDif(x(:,m),xob(m))
        end do
        tf=sum(xob(:));
        trace(1,gen+1)=minval(xob(:));
        trace(2,gen+1)=tf/np;
        if (minval(xob(:))<tol) exit
end do

resob=xob(1)
do i=2,np
    if(xob(i)<resob) then
        resob=xob(i)        !最优值
        m=i
    end if
end do
k=0

do i=1,nprob
    do j=i,nprob
        k=k+1
        resprob(i,j)=x(k,m)   !最优变量
    end do
```

```
    end do

end subroutine DiffEvol
```

5.4　免疫算法

免疫算法（immune algorithm，IA）是一种基于生物免疫系统的优化方法，旨在模拟生物体内免疫系统的工作机制，以解决复杂的优化问题。免疫算法通过借鉴自然选择和抗体克隆等生物过程，增强解的适应性和多样性。

5.4.1　基本概念

免疫算法是一种有效的优化工具，通过模拟生物免疫系统的工作机制，能够在复杂的搜索空间中找到优质解。基本概念如抗体、适应度、克隆选择、突变、选择机制和记忆细胞等，构成了免疫算法的核心框架。在实际应用中，理解这些基本概念有助于更好地实现和调整免疫算法，从而解决各种复杂的优化问题。以下将详细阐述免疫算法中的基本概念，包括抗体、适应度、克隆选择、突变、选择机制、记忆细胞等。

1. 抗体

在免疫算法中，抗体是用于表示问题解的基本单位。每个抗体由一组特征（即解的参数）组成，这些特征构成了解的具体表达。抗体的质量直接影响其适应度，因此在优化过程中，抗体的生成和更新是关键环节。

2. 适应度

适应度是衡量抗体优劣的标准，通常通过适应度函数计算得出。适应度函数根据优化目标的性质，反映抗体在特定环境中的表现。适应度值越高，表示抗体所对应的解越优。在优化过程中，抗体的适应度用于引导算法选择和更新种群。

3. 克隆选择

克隆选择是免疫算法中一项重要机制，其灵感来源于生物免疫系统中抗体的选择和增殖过程。适应度高的抗体会被克隆生成多个副本，这些副本将进行变异和选择操作。克隆选择的目标是通过增殖优质抗体，增加找到全局最优解的机会。克隆率指的是从每个抗体生成副本的比例。适应度越高的抗体，克隆的数量也越多。通过克隆操作，算法能够快速扩大优秀解的数量，从而加速优化过程。

4. 突变

突变操作用于引入多样性，是免疫算法中的关键环节。通过对克隆抗体进行突变，可以探索新的解空间，避免算法陷入局部最优。突变操作通常采用随机方式，对抗体的某些特征进行小幅度修改，以生成新的候选解。突变率是指在突变操作中，抗体发生变化的概率。合适的突变率能够有效增强种群的多样性，从而提高全局搜索能力。然而，突变率过高可能导致搜索过程的随机性增强，影响算法的收敛性。

5. 选择机制

选择机制决定了哪些抗体进入下一代，通常采用贪婪选择策略。适应度较高的抗体更有可能被选择为父代，存活并传递其特性。常见的选择机制包括轮盘赌选择、锦标赛选择和排名选择等。这些策略确保优秀抗体在种群中的存活，以推动整体优化过程。

6. 记忆细胞

在免疫算法中，记忆细胞用于保存历史上表现优异的抗体。通过保持这些记忆细胞，算法能够在未来的搜索中重用之前找到的优质解。记忆细胞的引入有助于加速收敛，特别是在多峰问题中，通过保留多个局部最优解，算法能更好地探索解空间。

7. 抗体多样性

抗体多样性是免疫算法中一个重要的概念。种群中抗体的多样性直接影响算法的全局搜索能力。保持适当的抗体多样性有助于防止算法陷入局部最优。免疫算法通过克隆、突变和选择等操作，动态维护种群的多样性。

8. 适应性

适应性是免疫算法应对不同优化问题的能力。免疫算法能够灵活调整参数（如克隆率、突变率），以适应不同特性的目标函数。这种适应性使得免疫算法能够在多种应用场景中取得良好效果。

9. 收敛性

收敛性是指算法逐渐逼近最优解的能力。在免疫算法中，通过不断的克隆、突变和选择，抗体群体的适应度通常会逐渐提高，种群整体向最优解靠近。虽然免疫算法在收敛性方面表现良好，但过快的收敛可能导致提前收敛到局部最优解，因此需谨慎设置参数以维持适当的收敛速度。

5.4.2　算法流程

免疫算法的流程如图 5-3 所示。

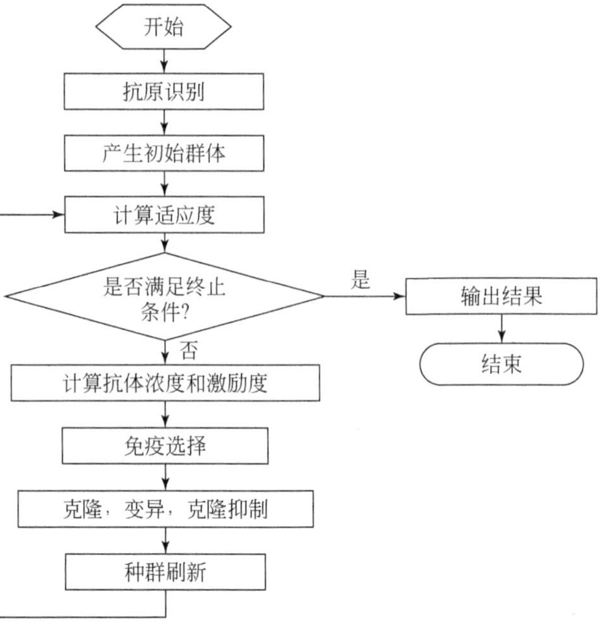

图 5-3　免疫算法的运算流程

5.4.3　代码实现

```
subroutine ImmuAlgo(resprob,resob)

implicit none


integer:: ndim                  !免疫个体维数
    real:: resprob(50,50)       !probval(1,:,:) (2,:,:) (3,:,:)for ini,mini,max respectively

    integer:: i,j,k,m,n,gen
    real:: tf,resob
    integer,allocatable:: isort(:),isort2(:),cnt(:),cnt2(:) !np,nclone,np,np/2
    real,allocatable:: concen(:),concen2(:)   !个体浓度 np,np/2
    real,allocatable:: trace(:)   !ngen
    real,allocatable:: deta0(:)   !变异邻域初值 ndim
    real,allocatable:: deta(:)   !变异邻域 ndim
```

```
  real,allocatable:: ig(:,:) !初始种群 ndim,np
  real,allocatable:: sortig(:,:) !升序排列的种群 ndim,np
  real,allocatable:: cloneg(:,:) !clone 后的种群 ndim,nclone
  real,allocatable:: immug(:,:) !clone 后亲和度最高的种群,免疫种群 ndim,np/2
  real,allocatable:: newg(:,:) !刷新的种群 ndim,np/2
  real,allocatable:: x0(:)    !prob 初始值 ndim
  real,allocatable:: xs(:)    !prob 上限 ndim
  real,allocatable:: xx(:)    !prob 下限 ndim
  real,allocatable:: xob(:)   !x 对应的目标函数值，亲和度 np
  real,allocatable:: cloneob(:)   !clone 后种群的目标函数值 nclone
  real,allocatable:: sti(:)   !激励度 np
  real,allocatable:: immusti(:)   !免疫种群激励度 np/2
  real,allocatable:: newsti(:)   !新生成种群激励度 np/2


call ReadRefiPara()
call ReadAlgoiaPara()


    ndim=0
    do i=1,nprob
        ndim=ndim+i
    end do

allocate(isort(np))
allocate(cnt(np))
allocate(concen(np))
allocate(isort2(nclone))
allocate(cnt2(np/2))
allocate(concen2(np/2))
allocate(trace(ngen))   !ngen
allocate(deta0(ndim))
allocate(deta(ndim))
allocate(ig(ndim,np)) !初始种群 ndim,np
allocate(sortig(ndim,np)) !升序排列的种群 ndim,np
```

```
    allocate(cloneg(ndim,nclone)) !clone 后的种群 ndim,nclone
    allocate(immug(ndim,np/2)) !clone 后亲和度最高的种群,免疫种群 ndim,np/2
    allocate(newg(ndim,np/2)) !刷新的种群 ndim,np/2
    allocate(x0(ndim))     !prob 初始值 ndim
    allocate(xs(ndim))     !prob 上限 ndim
    allocate(xx(ndim))     !prob 下限 ndim
    allocate(xob(np))   !x 对应的目标函数值，亲和度 np
    allocate(cloneob(nclone))   !clone 后种群的目标函数值 nclone
    allocate(sti(np))   !激励度 np
    allocate(immusti(np/2))   !免疫种群激励度 np/2
    allocate(newsti(np/2))   !新生成种群激励度 np/2

        k=0
        do i=1,nprob
            do j=i,nprob
                k=k+1
                x0(k)=probval(1,i,j)
                xs(k)=probval(3,i,j)
                xx(k)=probval(2,i,j)
            end do
        end do
        deta0=detafact*(xs-xx)
!!!!!!!!!!!!!!!初始种群!!!!!!!!!!!!!!!
          call random_seed()
        do i=1,ndim
            do j=1,np
                call random_number(tf)
                ig(i,j)=tf*(xs(i)-xx(i))+xx(i)   !初始种群
            end do
        end do
        do i=1,np
            call CalSimExpDif(ig(:,i),xob(i))
        end do
!!!!!!!!!!!!!!!计算个体浓度和激励度!!!!!!!!!!!!!!!
```

```
            cnt=0
            do i=1,np
                do j=1,np
                    cnt(j)=sum(sqrt((ig(:,i)-ig(:,j))*(ig(:,i)-ig(:,j))))
                    if(cnt(j)<detas) then
                        cnt(j)=1
                    else
                        cnt(j)=0
                    end if
                end do
                concen(i)=sum(cnt)/np
            end do
            sti=alfa*xob-belta*concen
!!!!!!!!!!!!!!!激励度按升序排列!!!!!!!!!!!!!!!
            call SortVect(np,sti,isort,0)
            do i=1,np
                sortig(:,i)=ig(:,isort(i))
            end do
!!!!!!!!!!!!!!!免疫循环!!!!!!!!!!!!!!!
            do gen=1,ngen
                do i=1,np/2
                    !!!!!!!!!!!!!!!选激励度前 NP/2 个体进行免疫操作!!!!!!!!!!!!!!!
                    do j=1,nclone
                        cloneg(:,j)=sortig(:,i)
                    end do
                    deta=deta0/(gen+0.0001)
                    do j=1,nclone
                        do k=1,ndim
                            !!!!!!!!!!!!!!!变异!!!!!!!!!!!!!!!
                            call random_number(tf)
                            if (tf<pm) then
                                call random_number(tf)
                                cloneg(k,j)=cloneg(k,j)+(tf-0.5)*deta(k)
                            end if
```

```
                !!!!!!!!!!!!!!!边界条件处理!!!!!!!!!!!!!!!
                if((cloneg(k,j)>xs(k)) .or. (cloneg(k,j)<xx(k))) then
                    call random_number(tf)
                    cloneg(k,j)=tf*(xs(k)-xx(k))+xx(k)
                end if
            end do
        end do
        cloneg(:,1)=sortig(:,i)     !保留克隆源个体
        !!!!!!!!!!!!!!!克隆抑制，保留亲和度最高的个体!!!!!!!!!!!!!!!
        do j=1,nclone
            call CalSimExpDif(cloneg(:,j),cloneob(j))
        end do
        call SortVect(nclone,cloneob,isort2,0)
        immusti(i)=cloneob(1)
        immug(:,i)=cloneg(:,isort2(1))
    end do
    !!!!!!!!!!!!!!!免疫种群激励度!!!!!!!!!!!!!!!
    cnt2=0
    do i=1,np/2
        do j=1,np/2
            cnt2(j)=sum(sqrt((immug(:,i)-immug(:,j))*(immug(:,i)-immug(:,j))))
            if(cnt2(j)<detas) then
                cnt2(j)=1
            else
                cnt2(j)=0
            end if
        end do
        concen2(i)=sum(cnt2)/np/2
    end do
    immusti=alfa*immusti-belta*concen2
    !!!!!!!!!!!!!!!种群刷新!!!!!!!!!!!!!!!
    do i=1,ndim
        do j=1,np/2
            call random_number(tf)
```

```
            newg(i,j)=tf*(xs(i)-xx(i))+xx(i)
        end do
    end do
    do i=1,np/2
        call CalSimExpDif(newg(:,i),newsti(i))
    end do
    !!!!!!!!!!!!!!!新生成种群激励度!!!!!!!!!!!!!!!
    cnt2=0
    do i=1,np/2
        do j=1,np/2
            cnt2(j)=sum(sqrt((newg(:,i)-newg(:,j))*(newg(:,i)-newg(:,j))))
            if(cnt2(j)<detas) then
                cnt2(j)=1
            else
                cnt2(j)=0
            end if
        end do
        concen2(i)=sum(cnt2)/np/2
    end do
    newsti=alfa*newsti-belta*concen2
    !!!!!!!!!!!!!!!免疫种群与新生种群合并!!!!!!!!!!!!!!!
    do i=1,np/2
        ig(:,i)=immug(:,i)
        ig(:,i+np/2)=newg(:,i)
        sti(i)=immusti(i)
        sti(i+np/2)=newsti(i)
    end do
    call SortVect(np,sti,isort,0)
    do i=1,np
        sortig(:,i)=ig(:,isort(i))
    end do
    call CalSimExpDif(sortig(:,1),trace(gen))
end do
```

```
        resob=sti(1)        !最优值
    do i=1,nprob
        do j=i,nprob
            k=k+1
            resprob(i,j)=sortig(k,1)   !最优变量
        end do
    end do

end subroutine ImmuAlgo
```

5.5 蚁群优化算法

蚁群优化（ant colony optimization，ACO）算法是一种受自然界中蚂蚁觅食行为启发的智能优化算法。自 1996 年由意大利学者 M. Dorigo 等人首次提出以来[6]，蚁群优化算法已被广泛应用于组合优化、路径规划、调度等多个领域。其基本思想是通过模拟蚂蚁在寻找食物时所形成的路径选择过程，利用信息素的反馈机制来引导搜索，进而找到问题的最优解。蚁群优化算法的核心在于模拟蚂蚁在环境中移动和选择路径的行为。在蚂蚁觅食的过程中，它们在行走的路径上会释放一种叫做信息素的化学物质。信息素的浓度会影响其他蚂蚁选择路径的概率，通常信息素浓度越高的路径被选择的概率越大。这种机制导致了路径的自我强化——如果某条路径被多只蚂蚁频繁选择，它的信息素浓度会增加，从而吸引更多蚂蚁。

5.5.1 基本概念

蚁群优化算法通过模拟蚂蚁的群体行为，结合信息素管理和路径选择机制，为解决复杂的优化问题提供了一种有效的思路。其基本要素相互协调，形成了独特的优化框架。蚁群优化算法的基本要素包括蚂蚁的行为、信息素的管理、路径选择机制和算法的迭代过程。以下将详细阐述这些基本要素。

1. 蚂蚁的行为

在蚁群优化算法中，每只蚂蚁代表一个潜在的解。蚂蚁的行为是算法的核心，蚂蚁在移动时会根据路径上的信息素浓度和启发函数（通常与路径长度相关）来选择下一步的移动方向。路径选择通常使用概率模型，计算公式为

$$P_{ij} = \frac{(\tau_{ij})^{\alpha} \cdot (\eta_{ij})^{\beta}}{\sum_{K \in J} (\tau_{ik})^{\alpha} \cdot (\eta_{ik})^{\beta}} \tag{5.7}$$

其中，P_{ij} 是蚂蚁选择从节点 i 到节点 j 的概率；τ_{ij} 是路径 ij 上的信息素浓度；η_{ij} 是启发因子，通常是距离的倒数；α 和 β 是调节信息素和启发因子影响的参数。

当蚂蚁完成一条路径后，它会在路径上释放信息素。信息素的释放量通常与路径的质量成正比，质量越高的信息（如路径越短），释放的信息素量越大。这样，高质量的路径会吸引更多的蚂蚁选择，从而形成自我强化的机制。

2. 信息素管理

信息素是蚁群优化算法中至关重要的元素，主要涉及信息素的初始化、更新和挥发三个方面。在算法开始时，需要为每条路径初始化信息素浓度。通常可以将其设置为一个小的常数值，以表示初始的选择偏好。每次迭代结束后，需要对信息素进行更新。信息素更新的公式通常为

$$\tau_{ij} = (1-\rho) \cdot \tau_{ij} + \Delta\tau_{ij} \tag{5.8}$$

其中，ρ 是挥发率，表示信息素的挥发速度，$\Delta\tau_{ij}$ 是当前迭代中由蚂蚁在路径 ij 上留下的信息素。信息素的更新可以有效地引导蚂蚁的搜索过程。

信息素挥发模拟了自然界中信息素随时间衰减的现象，防止老旧路径的信息素浓度过高而影响新的搜索。信息素挥发的引入有助于算法更快地收敛到全局最优解。

3. 路径选择机制

路径选择是蚁群优化算法的核心，直接影响到算法的收敛速度和搜索效率。蚂蚁在选择路径时，不仅依赖于信息素浓度，还结合启发函数，这样可以更好地引导搜索方向。蚂蚁会根据信息素浓度和启发函数的加权组合来决定路径选择。这样的选择机制使得路径选择具有一定的随机性，但又不失合理性，从而在全局搜索和局部开发之间取得平衡。为了避免所有蚂蚁都选择相同的路径，通常会引入一定的随机性。通过设定一定的概率选择较低信息素浓度的路径，可以增强种群的多样性，提高算法的全局探索能力。

5.5.2　算法流程

蚁群优化算法的基本流程如图 5-4 所示。

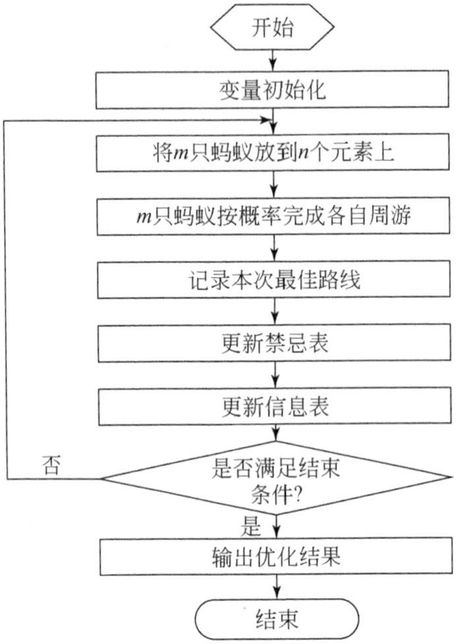

图 5-4　蚁群优化算法的运算流程

5.5.3　代码实现

```
subroutine AntColOpt(resprob,resob)

implicit none


integer:: ndim                          !变量的维数,10
    real:: resprob(50,50)     !probval(1,:,:) (2,:,:) (3,:,:)for ini,mini,max respectively

    integer:: i,j,k,m,n,gen,t(1)
    real:: tf,lamda,taubest,resob
    integer,allocatable:: imove(:) !nant
    real,allocatable:: trace(:)    !ngen
    real,allocatable:: tpos(:) !nant
    real,allocatable:: ptrans(:) !nant
    real,allocatable:: localstep(:)    !局部搜索步长
```

```
  real,allocatable:: x(:,:)    !ant positions
  real,allocatable:: tau(:)   !信息素数值表
  real,allocatable:: txob(:)   !目标函数数值表
  real,allocatable:: x0(:)     !prob 初始值
  real,allocatable:: xs(:)     !prob 上限
  real,allocatable:: xx(:)     !prob 下限

 call ReadRefiPara()
 call ReadAlgoacoPara()

    ndim=0
    do i=1,nprob
        ndim=ndim+i
    end do

    allocate(imove(nant))
    allocate(trace(ngen))
    allocate(tpos(nant))
    allocate(ptrans(nant))
    allocate(localstep(ndim))
    allocate(x(ndim,nant))
    allocate(tau(nant))
    allocate(txob(nant))
    allocate(x0(ndim))    !initial prob
    allocate(xs(ndim))    !up limit
    allocate(xx(ndim))    !low limit

    k=0
    do i=1,nprob
        do j=i,nprob
            k=k+1
            x0(k)=probval(1,i,j)
            xs(k)=probval(3,i,j)
            xx(k)=probval(2,i,j)
```

```
            end do
        end do
!!!!!!!!!!!!!!!随机设置蚂蚁初始位置!!!!!!!!!!!!!!!
        call random_seed()
        do i=1,nant
            do j=1,ndim
                call random_number(tf)
                x(j,i)=tf*(xs(j)-xx(j))+xx(j)
            end do
            call CalSimExpDif(x(:,i),txob(i))
        end do
        tau=txob
        localstep=(xs-xx)*stepfact

    do gen=1,ngen
        lamda=1/gen
        taubest=minval(tau)
        !!!!!!!!!!!!!!!计算状态转换概率!!!!!!!!!!!!!!!
        ptrans=(tau-taubest)/taubest
        !!!!!!!!!!!!!!!位置更新!!!!!!!!!!!!!!!
        imove=0
        do i=1,nant
            !!!!!!!!!!!!!!!局部搜索!!!!!!!!!!!!!!!
            if(ptrans(i)<ptransconst) then
                do j=1,ndim
                    call random_number(tf)
                    tpos(j)=x(j,i)+(2*tf-1)*localstep(j)*lamda
                end do
            !!!!!!!!!!!!!!!全局搜索!!!!!!!!!!!!!!!
            else
                do j=1,ndim
                    call random_number(tf)
                    tpos(j)=x(j,i)+(xs(j)-xx(j))*(tf-0.5)
                end do
```

```
            end if
            !!!!!!!!!!!!!!!边界处理!!!!!!!!!!!!!!!
            do j=1,ndim
                if(tpos(j)<xx(j)) then
                    tpos(j)=xx(j)
                elseif(tpos(j)>xs(j)) then
                    tpos(j)=xs(j)
                end if
            end do
            !!!!!!!!!!!!!!!蚂蚁判断是否移动!!!!!!!!!!!!!!!
            call CalSimExpDif(tpos,txob(i))
            if(txob(i)<tau(i)) then
                imove(i)=1
                x(:,i)=tpos
            end if
        end do
        !!!!!!!!!!!!!!!更新信息素!!!!!!!!!!!!!!!
        tau=(1-rho)*tau+imove*txob
        t=minloc(tau)
            trace(gen)=txob(t(1))
    end do
    resob=trace(gen)        !最优值
    t=minloc(tau)
      m=t(1)
    do i=1,nprob
        do j=i,nprob
            k=k+1
            resprob(i,j)=x(k,m)   !最优变量
        end do
    end do

end subroutine AntColOpt
```

5.6　粒子群算法

粒子群（优化）（particle swarm optimization，PSO）算法是一种基于群体智能的优化算法，最初由 Kennedy 和 Eberhart 于 1995 年提出[7]。PSO 模拟了鸟群觅食的行为，利用个体之间的信息共享与合作，通过群体的搜索来寻找最优解。以下将详细阐述粒子群算法的基本原理、工作流程、关键要素、应用领域以及优缺点。粒子群算法的核心思想是模拟一群粒子在解空间中移动，每个粒子代表一个潜在解。粒子通过其位置（解的表现）和速度（搜索的方向和步长）在搜索空间中探索。每个粒子不仅依赖于自己的经验（个体最优解），还受到其他粒子的影响（全局最优解），从而不断更新自己的位置，最终收敛到全局最优解。

5.6.1　基本概念

粒子群算法作为一种简单有效的优化方法，其基本要素构成了算法的核心机制。通过模拟粒子在搜索空间中的运动，利用个体和群体的经验来不断更新解，PSO 能够在许多复杂的优化问题中找到较优解。尽管粒子群算法存在一些局限性，但通过对基本要素的合理设置和调整，可以显著提高其性能，扩大其应用范围。以下将详细阐述粒子群算法的基本要素，包括粒子、适应度、个体和全局最优位置、速度、惯性权重、学习因子等。

1. 粒子

在粒子群算法中，粒子是算法的基本单位，每个粒子代表一个潜在解。粒子的主要特征包括：

- 位置：粒子在解空间中的当前位置，通常用向量表示。在多维问题中，粒子的维度与问题的维度相同。
- 速度：粒子的速度向量，决定了粒子在下一次迭代中的移动方向和距离。速度的更新会影响粒子在搜索空间中的探索能力。

粒子的运动受到自身历史最优位置（个体最优位置）和群体的历史最优位置（全局最优位置）的影响。

2. 适应度

适应度是粒子质量的衡量标准，通常通过目标函数来计算。每个粒子在特定位置的适应度值反映了该位置解的质量。适应度的定义取决于优化目标：

- 在最小化问题中，适应度值越小越好。
- 在最大化问题中，适应度值越大越好。

适应度值的计算是PSO的关键步骤，直接影响到个体和全局最优位置的更新。

3. 个体最优位置（pbest）

每个粒子会记录其历史上找到的最佳位置，称为个体最优位置（pbest）。这个位置是在粒子搜索过程中，其适应度值最好的位置。个体最优位置体现了粒子自身的经验和知识，是粒子在搜索过程中的一个参考点。每次迭代时，如果粒子的当前适应度值优于其历史适应度值，粒子会更新其个体最优位置为当前的位置。

4. 全局最优位置（gbest）

全局最优位置（gbest）是指在群体中所有粒子所经历的最佳位置，代表了整个粒子的最优解。这个位置反映了群体的智慧和经验，是所有粒子在搜索过程中共同的目标。在每次迭代中，所有粒子的适应度值被计算出来，适应度值最高的粒子位置将被更新为全局最优位置。

5. 速度和位置

速度是粒子在搜索空间中的移动速率，决定了粒子下一个位置的更新。在每次迭代中，粒子的速度会根据当前速度、个体最优位置和全局最优位置进行更新。速度更新公式如下：

$$v_i(t+1) = w \cdot v_i(t) + c_1 \cdot r_1 \cdot (\text{pbest}_i - x_i(t)) + c_2 \cdot r_2 \cdot (\text{gbest} - x_i(t)) \tag{5.9}$$

其中，$v_i(t)$ 是粒子 i 在时刻 t 的速度；$x_i(t)$ 是粒子 i 在时刻 t 的位置；pbest_i 是粒子 i 的个体最优位置；gbest 是全局最优位置；w 是惯性权重，控制粒子的惯性；c_1 和 c_2 是学习因子，分别表示粒子对个体最优位置和全局最优位置的重视程度；r_1 和 r_2 是[0,1]之间的随机数，用于引入随机性，帮助粒子探索解空间。

通过更新后的速度计算粒子的新位置：

$$x_i(t+1)=x_i(t)+v_i(t+1) \tag{5.10}$$

6. 惯性权重（w）

惯性权重是速度更新中的一个重要参数，控制粒子的惯性。较大的惯性权重有助于增强粒子的全局搜索能力，使粒子在解空间中探索更广泛；而较小的惯性权重则有助于粒子的局部搜索，使粒子更加集中于已知的优秀解。在某些改进的 PSO 算法中，惯性权重会在迭代过程中动态调整，以提高算法的收敛速度和精度。

7. 学习因子（c_1，c_2）

学习因子是控制粒子在搜索过程中的行为的重要参数。它们决定了粒子在更新速度时对自身最佳位置和全局最佳位置的重视程度：

c_1：个体学习因子，通常取值在 1 到 2 之间。它决定了粒子对自身历史最佳位置的影响程度。

c_2：群体学习因子，同样通常取值在 1 到 2 之间。它决定了粒子对全局最佳位置的影响程度。

合理的学习因子设置有助于平衡粒子在局部搜索和全局搜索之间的权衡。

5.6.2 算法流程

粒子群算法（PSO）流程如图 5-5 所示。

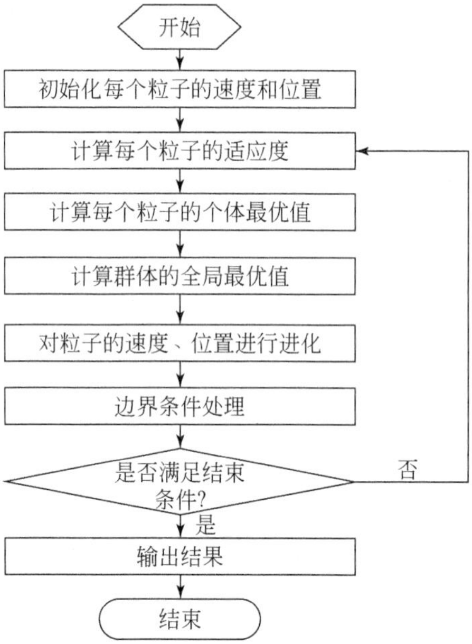

图 5-5 粒子群算法的运算流程

5.6.3 代码实现

```
subroutine ParSwaOpt(resprob,resob)

implicit none


integer:: ndim                          !变量的维数,10
    real:: resprob(50,50)      !probval(1,:,:) (2,:,:) (3,:,:)for ini,mini,max respectively

    integer:: i,j,k,m,n,gen
    real:: tf,tf1,gbestob,resob
    real,allocatable:: trace(:)
    real,allocatable:: x(:,:)   !初始个体位置 ndim,np
```

```
  real,allocatable:: v(:,:)   !初始个体速度 ndim,np
  real,allocatable:: maxv(:) !ndim
  real,allocatable:: minv(:) !ndim
  real,allocatable:: pbestpos(:,:)   !个体最优位置 ndim,np
  real,allocatable:: pbestob(:)   !个体最优值 np
  real,allocatable:: gbestpos(:)   !全局最优位置 ndim
  real,allocatable:: x0(:)     !prob 初始值
  real,allocatable:: xs(:)     !prob 上限
  real,allocatable:: xx(:)     !prob 下限


call ReadRefiPara()
call ReadAlgopsoPara()

    ndim=0
    do i=1,nprob
        ndim=ndim+i
    end do
    allocate(x(ndim,np))
    allocate(v(ndim,np))
    allocate(maxv(ndim))
    allocate(minv(ndim))
    allocate(pbestpos(ndim,np))
    allocate(pbestob(np))
    allocate(gbestpos(ndim))
    allocate(trace(ngen))
    allocate(x0(ndim))   !initial prob
    allocate(xs(ndim))   !up limit
    allocate(xx(ndim))   !low limit

    k=0
    do i=1,nprob
        do j=i,nprob
            k=k+1
```

```
                x0(k)=probval(1,i,j)
                xs(k)=probval(3,i,j)
                xx(k)=probval(2,i,j)
            end do
        end do
!!!!!!!!!!!!!!!初始化种群个体（限定位置和速度）!!!!!!!!!!!!!!!
        maxv=maxvfact*xs
        minv=minvfact*xx
         call random_seed()
        do i=1,ndim
            do j=1,np
                call random_number(tf)
                x(i,j)=tf*(xs(i)-xx(i))+xx(i)
                call random_number(tf)
                v(i,j)=tf*(maxv(i)-minv(i))+minv(i)
            end do
        end do
!!!!!!!!!!!!!!!初始化个体最优位置和最优值!!!!!!!!!!!!!!!
        pbestpos=x
        do i=1,np
            call CalSimExpDif(x(:,i),pbestob(i))
        end do
!!!!!!!!!!!!!!!初始化全局最优位置和最优值!!!!!!!!!!!!!!!
        gbestob=1e6
        do i=1,np
            if(pbestob(i)<gbestob) then
                gbestpos=pbestpos(:,i)
                gbestob=pbestob(i)
            end if
        end do
!!!!!!!!!!!!!!!进入迭代循环!!!!!!!!!!!!!!!
    do gen=1,ngen
        do i=1,np
            !!!!!!!!!!!!!!!更新个体最优位置和最优值!!!!!!!!!!!!!!!
```

```
            call CalSimExpDif(x(:,i),tf)
            if(tf<pbestob(i)) then
                pbestob(i)=tf
                pbestpos(:,i)=x(:,i)
            end if
            !!!!!!!!!!!!!!!更新全局最优位置和最优值!!!!!!!!!!!!!!!
            if(pbestob(i)<gbestob) then
                gbestpos=pbestpos(:,i)
                gbestob=pbestob(i)
            end if
            !!!!!!!!!!!!!!!更新位置和速度值!!!!!!!!!!!!!!!
            call random_number(tf)
            call random_number(tf1)
            v(:,i)=weight*v(:,i)+study1*tf*(pbestpos(:,i)-x(:,i))+study2*tf1*(gbestpos-x(:,i))
            x(:,i)=x(:,i)+v(:,i)
            !!!!!!!!!!!!!!!边界条件处理!!!!!!!!!!!!!!!
            do j=1,ndim
                if((v(j,i)>maxv(j)) .or. (v(j,i)<minv(j))) then
                    call random_number(tf)
                    v(j,i)=tf*(maxv(j)-minv(j))+minv(j)
                end if
                if((x(j,i)>xs(j)) .or. (x(j,i)<xx(j))) then
                    call random_number(tf)
                    x(j,i)=tf*(xs(j)-xx(j))+xx(j)
                end if
            end do
        end do
        !!!!!!!!!!!!!!!记录历代全局最优值!!!!!!!!!!!!!!!
        trace(gen)=gbestob
    end do

        resob=trace(gen)

        do i=1,nprob
```

```
        do j=i,nprob
           k=k+1
           resprob(i,j)=gbestpos(k)   !最优变量
        end do
     end do

  end subroutine ParSwaOpt
```

5.7　模拟退火算法

模拟退火（simulated annealing，SA）算法是一种随机优化技术，灵感来源于物理中金属的退火过程，该思想最早由 Kirkpatrick 等人于 1953 年提出[8]。通过逐步降低温度，金属中的原子可以在较高能量状态下重新排列，以达到最低能量的稳定状态。模拟退火算法利用这一过程来寻找问题的最优解，特别是在复杂的多峰优化问题中具有优势。

5.7.1　基本概念

模拟退火算法以其独特的机制和灵活性在优化领域中被广泛应用。通过利用温度、能量和接受概率等概念，模拟退火能够有效地探索解空间，找到全局最优解。尽管算法在收敛速度和参数设置上存在一些挑战，但通过适当的调整和改进，模拟退火算法在多个实际问题中仍能提供有效的解决方案。以下将详细阐述模拟退火算法涉及的核心概念，包括状态、能量、温度、邻域、接受概率、冷却策略以及算法参数等。

1. 状态

在模拟退火算法中，状态代表了当前的解。每个状态对应于优化问题中的一个可能解。在搜索过程中，算法通过不断地从当前状态转换到新状态，逐步探索解空间。状态的选择通常取决于问题的具体特性，可能是一个向量、一个排列或任何其他数据结构。

2. 能量

能量是用来评估当前状态优劣的指标。通常情况下，能量与目标函数相对应。优化问题的目标是寻找能量最小化的状态。在最小化问题中，能量越小，状态越优；在最大化问题中，能量越大，状态越优。通过计算当前状态的能量值，算法能够判断是否需要接受新生成的状态。

3. 温度

温度是模拟退火算法的关键参数，控制着算法的搜索行为。高温状态下，算法允许较差的解被接受，以便更广泛地探索解空间；而低温状态下，算法更倾向于接受更优的解。温度逐步降低的过程称为“冷却”，模拟了物理中材料从高温逐渐冷却到低温的过程。

- 初始温度：设定一个较高的初始温度，通常通过实验和经验来确定。温度的选择会影响算法的收敛速度和解的质量。
- 终止温度：设定一个较低的终止温度，低于此温度时，算法停止搜索。

4. 邻域

邻域表示从当前状态出发，可以通过小的扰动生成的所有可能状态的集合。通过探索邻域，算法能够生成新状态。邻域的定义对于算法的表现至关重要，通常取决于问题的具体结构。

5. 接受概率

接受概率是算法决定是否接受新状态的关键因素。若新状态的能量更低，则一定接受；若新状态的能量更高，则以一定的概率接受。接受概率的计算公式为 $P=\mathrm{e}^{-\frac{E(x')-E(x)}{T}}$，其中 $E(x)$ 和 $E(x')$ 分别表示当前状态和新状态的能量，T 是当前的温度。接受概率的这一设定使得算法能够跳出局部最优，通过概率性接受较差的解来进行全局搜索。

6. 冷却策略

冷却策略指的是温度随时间的变化规律。合适的冷却策略能够有效提高算法的搜索效率。常见的冷却策略有：

- 线性冷却：温度以固定步长线性下降，例如 $T_{\text{new}}=T_{\text{old}}-\Delta T$，其中 ΔT 是一个常数。
- 指数冷却：温度按比例下降，例如 $T_{\text{new}}=\alpha\cdot T_{\text{old}}$，其中 $0<\alpha<1$。这种方式能在早期保持较高温度，以提高搜索的广度，而在后期逐渐降低温度，以促进收敛。
- 对数冷却：温度下降的速度减慢，适用于对精度要求高的情况，公式为 $T_{\text{new}}=\dfrac{T_0}{\log(k+1)}$，其中 k 是当前的迭代次数。

5.7.2　算法流程

模拟退火算法的流程如图 5-6 所示。

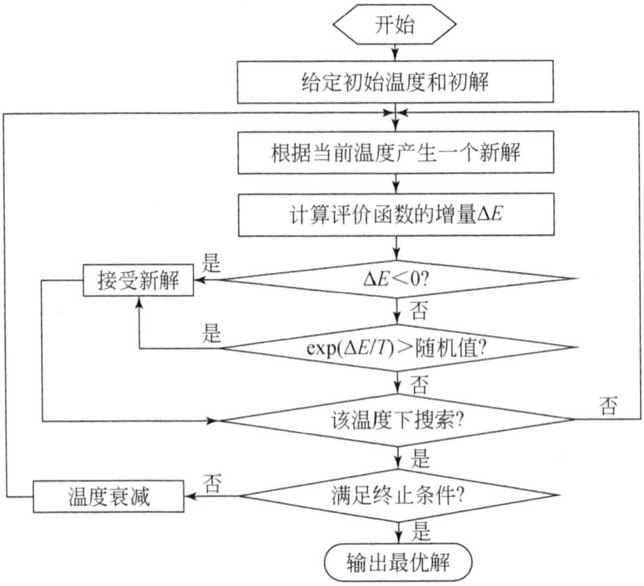

图 5-6　模拟退火算法流程

5.7.3　代码实现

```
subroutine SimuAnne(resprob,resob)

implicit none

integer:: ndim                          !变量的维数,10

    real:: resprob(50,50)      !probval(1,:,:) (2,:,:) (3,:,:)for ini,mini,max respectively

    integer:: i,j,k,m,n
    real:: tf,tf1,fpre,fprebest,fbest,fnext,deta,temp,resob
    real,allocatable:: trace(:)
    real,allocatable:: prex(:)   !初始点
    real,allocatable:: prebestx(:)
    real,allocatable:: bestx(:)
    real,allocatable:: nextx(:)
    real,allocatable:: x0(:)    !prob 初始值
```

```
 real,allocatable:: xs(:)     !prob 上限
 real,allocatable:: xx(:)     !prob 下限


call ReadRefiPara()
call ReadAlgosaPara()

    ndim=0
    do i=1,nprob
        ndim=ndim+i
    end do
    allocate(trace(nmaxaccept))
    allocate(prex(ndim))
    allocate(prebestx(ndim))
    allocate(bestx(ndim))
    allocate(nextx(ndim))
    allocate(x0(ndim))    !initial prob
    allocate(xs(ndim))    !up limit
    allocate(xx(ndim))    !low limit

    k=0
    do i=1,nprob
        do j=i,nprob
            k=k+1
            x0(k)=probval(1,i,j)
            xs(k)=probval(3,i,j)
            xx(k)=probval(2,i,j)
        end do
    end do
    m=1
!!!!!!!!!!!!!!!随机选点  初值设定!!!!!!!!!!!!!!!
     call random_seed()
    do i=1,ndim
        call random_number(tf)
```

```
            prex(i)=tf*(xs(i)-xx(i))+xx(i)
        end do
        prebestx=prex
        call CalSimExpDif(prebestx,fprebest)
        do i=1,ndim
            call random_number(tf)
                prex(i)=tf*(xs(i)-xx(i))+xx(i)
        end do
        bestx=prex
        call CalSimExpDif(bestx,fbest)
        fpre=fbest
!!!!!!!!!!!!!!!降温迭代!!!!!!!!!!!!!!!
        deta=abs(fprebest-fbest)
    do while ((deta > tol) .and. (T>mintemp))
        temp=tdecayfact*temp
        !!!!!!!!!!!!!!!在当前温度 T 下迭代次数!!!!!!!!!!!!!!!
        do n=1,mklength
            !!!!!!!!!!!!!!!在此点附近随机选下一点!!!!!!!!!!!!!!!
            do i=1,ndim
                call random_number(tf)
                nextx(i)=prex(i)+stepfact*(tf*(xs(i)-xx(i))+xx(i))
                !!!!!!!!!!!!!!!边界条件处理!!!!!!!!!!!!!!!
                do while ((nextx(i)>xs(i)) .or. (nextx(i)<xx(i)))
                    call random_number(tf)
                    nextx(i)=prex(i)+stepfact*(tf*(xs(i)-xx(i))+xx(i))
                end do
            end do
            !!!!!!!!!!!!!!!是否全局最优解!!!!!!!!!!!!!!!
            call CalSimExpDif(nextx,fnext)
            if(fbest>fnext) then
                !!!!!!!!!!!!!!!保留上一个最优解!!!!!!!!!!!!!!!
                prebestx=bestx
                !!!!!!!!!!!!!!!此为新的最优解!!!!!!!!!!!!!!!
                bestx=nextx
```

```
                fprebest=fbest
                fbest=fnext
            end if
            !!!!!!!!!!!!!!!Metropolis 过程!!!!!!!!!!!!!!!
            if(fnext<fpre) then
                prex=nextx
                m=m+1
                fpre=fnext
            else
                tf=-1*(fnext-fpre)/temp
                tf1=exp(tf)
                call random_number(tf)
                if(tf1>tf) then
                    prex=nextx
                    m=m+1
                    fpre=fnext
                end if
            end if
        trace(m)=fbest
        end do
        deta=abs(fbest-fprebest)
    end do

        resob=fbest
        do i=1,nprob
            do j=i,nprob
                k=k+1
                resprob(i,j)=bestx(k)   !最优变量
            end do
        end do

end subroutine SimuAnne
```

5.8 禁忌搜索算法

禁忌搜索（tabu search）算法是一种基于局部搜索的启发式优化方法，旨在解决组合优化问题。它通过引入禁忌机制来避免局部最优，探索更广泛的解空间。该算法的思想最早由美国工程院院士 Glover 教授于 1986 年提出[9]。禁忌搜索算法在许多实际问题中表现出色，包括路径规划、调度问题和资源分配等。禁忌搜索算法的核心思想是通过局部搜索找到问题的解，并利用记忆机制来避免在搜索过程中重复访问已经探索过的解。与传统的局部搜索算法相比，禁忌搜索引入了禁忌列表这一概念，该列表用于记录最近访问的解或操作，从而在搜索过程中避免回退到这些解或操作。

5.8.1 基本概念

禁忌搜索算法作为一种有效的全局优化方法，其成功依赖于多个关键要素的合理设计与应用。禁忌列表、邻域结构、评价函数、启发式策略、记忆机制和终止条件等要素在算法中各具重要性，相互配合，形成一个完整的搜索体系。通过灵活调整这些要素，禁忌搜索算法能够高效地解决复杂的组合优化问题。以下将详细阐述这些关键要素及其在算法中的作用。

1. 禁忌列表

禁忌列表是禁忌搜索算法的核心部分，它的主要功能是防止算法在搜索过程中回退到之前已访问的解。具体来说，禁忌列表记录了最近访问的解或生成的新解中所使用的操作。通过避免重复这些解，禁忌搜索能够有效地扩大搜索空间，提高全局搜索能力。

禁忌列表的长度是一个重要参数，影响算法的探索和利用平衡。较长的禁忌列表能够有效防止回退，但可能导致算法在解空间中无法探索到有用的信息。相反，较短的禁忌列表可能会增加搜索效率，但也有可能导致局部最优。根据问题的特性，禁忌列表的长度需要进行合理设置。

禁忌列表不仅可以记录解，还可以记录解的变化（即进行的操作）。例如，在解决旅行商问题时，如果某对城市的交换操作已被执行，则该操作可以被记录在禁忌列表中。在下一轮搜索中，算法将避免再次执行这个操作，鼓励探索其他可能的解。

2. 邻域结构

邻域结构定义了如何从当前解生成新的候选解。禁忌搜索算法的性能在很大程度上取决于邻域结构的选择。一个合适的邻域结构可以有效地引导搜索过程，发现更优解。邻域解的生成通常通过对当前解进行小的扰动来实现。常见的邻域生成方式包括：

- 交换操作：如在旅行商问题中，交换两个城市的位置。
- 插入操作：将某个元素插入到另一个位置。
- 反转操作：反转解中某个子序列的顺序。

选择合适的邻域结构有助于有效地探索解空间，并提升找到全局最优解的概率。

3. 评价函数

评价函数是禁忌搜索中用于衡量解质量的关键要素，通常与优化目标直接相关。算法通过评价函数来选择最优解并更新当前解。评价函数的设计应该与具体问题的优化目标相匹配。例如，在最小化问题中，评价函数可以是解的总成本；在最大化问题中，则可以是利润或效益。良好的评价标准能够帮助算法快速识别高质量解。在某些情况下，问题可能涉及多个目标。此时，可以通过加权求和法、Pareto 优化等方法设计评价函数，使算法在多个目标间进行权衡。

4. 启发式策略

禁忌搜索算法常常结合其他启发式策略来增强搜索能力。启发式策略可以在选择邻域解时引导搜索方向，帮助算法更快地找到高质量解。启发式规则可以是基于问题特征的简单经验法则。例如，可以优先选择评价函数值较低的邻域解。此外，算法还可以引入局部搜索策略，如精细化搜索来进一步改进当前解。一些禁忌搜索实现会根据搜索过程中的反馈自适应调整启发式策略。根据算法的表现，动态调整邻域结构或评价函数，可以增强算法的灵活性和效果。

5. 记忆机制

记忆机制是禁忌搜索算法的另一个关键要素，它记录了搜索过程中产生的信息，以支持未来的决策。包括短期记忆与长期记忆：

- 短期记忆：通过禁忌列表实现，用于防止回退到最近访问的解或操作。
- 长期记忆：可以记录全局搜索过程中产生的信息，如最优解、特定解的特性等。这些信息可以帮助算法在未来的搜索中避免无效的解和操作。

5.8.2　算法流程

禁忌搜索算法的流程如图 5-7 所示。

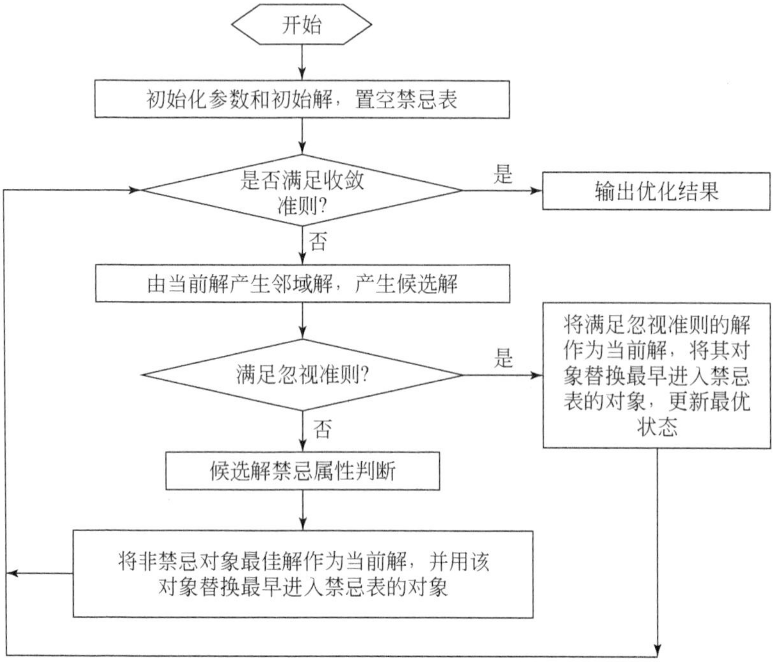

图 5-7　禁忌搜索算法的流程

5.8.3　代码实现

```
subroutine TabuSearch(resprob,resob)
    implicit none

   real:: resprob(50,50)      !probval(1,:,:) (2,:,:) (3,:,:)for ini,mini,max respectively

   integer:: i,j,k,m,n,ntabu,gen,ndim,ti(1)
   integer:: tablength=100
   real:: tf,bestob,nowob,candob,delta1,delta2,weight,resob
   real,allocatable:: trace(:)    !ngen
   real,allocatable:: tabu(:,:)    !禁忌表 ndim,tblength
   real,allocatable:: bestkey(:) !ndim
   real,allocatable:: nowkey(:) !当前解,ndim
   real,allocatable:: candkey(:) !候选解,ndim
   real,allocatable:: nearkey(:,:) !ndim,nneigh
```

```
 real,allocatable:: nearob(:) !nneigh
 real,allocatable:: x0(:)     !prob 初始值
 real,allocatable:: xs(:)     !prob 上限
 real,allocatable:: xx(:)     !prob 下限

call ReadRefiPara()
call ReadAlgotsPara()

   ndim=0
   do i=1,nprob
      ndim=ndim+i
   end do

   allocate(trace(ngen))
   allocate(tabu(ndim,tblength))
   allocate(bestkey(ndim))
   allocate(nowkey(ndim))
   allocate(candkey(ndim))
   allocate(nearkey(ndim,nneigh))
   allocate(nearob(nneigh))
   allocate(x0(ndim))   !initial prob
   allocate(xs(ndim))   !up limit
   allocate(xx(ndim))   !low limit

   k=0
   do i=1,nprob
      do j=i,nprob
         k=k+1
         x0(k)=probval(1,i,j)
         xs(k)=probval(3,i,j)
         xx(k)=probval(2,i,j)
      end do
   end do
```

```
        call random_seed()
        do i=1,ndim
            call random_number(tf)
            bestkey(i)=tf*(xs(i)-xx(i))+xx(i)
        end do
        nowkey=bestkey
        call CalSimExpDif(bestkey,bestob)
        nowob=bestob
!!!!!!!!!!!!!!!进入迭代!!!!!!!!!!!!!!!
        gen=1
        ntabu=0
      do while (gen<ngen)
        weight=weight*weightfact
        do i=1,nneigh
        !!!!!!!!!!!!!!!产生邻域解,并边界吸收!!!!!!!!!!!!!!!
          do j=1,ndim
            call random_number(tf)
            nearkey(j,i)=(2*tf-1)*weight*(xs(j)-xx(j))+xx(j)
            if (nearkey(j,i)<xx(j)) nearkey(j,i)=xx(j)
            if (nearkey(j,i)>xs(j)) nearkey(j,i)=xx(j)
          end do
          call CalSimExpDif(nearkey(:,i),nearob(i))
        end do
        !!!!!!!!!!!!!!!最优邻域解为候选解!!!!!!!!!!!!!!!
        candob=minval(nearob)
        ti=minloc(nearob)
          candkey(:)=nearkey(:,ti(1))
        !!!!!!!!!!!!!!!候选解和当前解、最优解的评价函数差!!!!!!!!!!!!!!!
        delta1=candob-nowob
        delta2=candob-bestob
        !!!!!!!!!!!!!!!候选解并没有改进解，把候选解赋给下一次迭代的当前解!!!!!!!!!!!!!!!
        if(delta1>=0) then
          nowkey=candkey
          nowob=candob
```

```
    !!!!!!!!!!!!!!!更新禁忌表!!!!!!!!!!!!!!!
    ntabu=ntabu+1
    if(ntabu>tblength) then
        do i=2,tblength
            tabu(:,i-1)=tabu(:,i)
        end do
        tabu(:,tablength)=nowkey
        ntabu=tablength
    else
        tabu(:,ntabu)=nowkey
    end if
    gen=gen+1
!!!!!!!!!!!!!!!如果相对于当前解有改进，则应与目前最优解比较!!!!!!!!!!!!!!!
else
    if (delta2<0) then
        !!!!!!!!!!!!!!!把改进解赋给下一次迭代的当前解!!!!!!!!!!!!!!!
        nowkey=candkey
        nowob=candob
        !!!!!!!!!!!!!!!更新禁忌表!!!!!!!!!!!!!!!
        ntabu=ntabu+1
        if(ntabu>tblength) then
            do i=2,tblength
                tabu(:,i-1)=tabu(:,i)
            end do
            tabu(:,tablength)=nowkey
            ntabu=tablength
        else
            tabu(:,ntabu)=nowkey
        end if
        gen=gen+1
        !!!!!!!!!!!!!!!把改进解赋给最优解!!!!!!!!!!!!!!!
        !!!!!!!!!!!!!!!包含藐视准则!!!!!!!!!!!!!!!
        bestkey=candkey
        bestob=candob
```

```
        gen=gen+1
    else
        !!!!!!!!!!!!!!!判断改进解是否在禁忌表里!!!!!!!!!!!!!!!
        m=0
        n=0
        do i=1,ntabu
            n=0
            do j=1,ndim
                if(abs(tabu(j,i)-candkey(j))>vs) then
                    n=n+1
                    exit
                end if
            end do
            if(n==0) then
                m=1
                exit
            end if
        end do
        if(m==0) then
            !!!!!!!!!!!!!!!改进解不在禁忌表里，把改进解赋给下一次迭代的当前解
            nowkey=candkey
            nowob=candob
            !!!!!!!!!!!!!!!更新禁忌表!!!!!!!!!!!!!!!
            ntabu=ntabu+1
            if(ntabu>tblength) then
                do i=2,tblength
                    tabu(:,i-1)=tabu(:,i)
                end do
                tabu(:,tablength)=nowkey
                ntabu=tablength
            else
                tabu(:,ntabu)=nowkey
            end if
            gen=gen+1
```

```
                ! else
                    !!!!!!!!!!!!!!!如果改进解在禁忌表里，用当前解重新产生邻域解
                end if
            end if
        end if
        trace(gen)=bestob
    end do

        resob=bestob

        do i=1,nprob
            do j=i,nprob
                k=k+1
                resprob(i,j)=nowkey(k)    !最优变量
            end do
        end do

end subroutine TabuSearch
```

5.9　神经网络算法

神经网络算法是一种模仿人脑神经元工作方式的计算模型，广泛应用于机器学习和人工智能领域。它们通过建立复杂的非线性模型，处理和分析大量数据。神经网络的结构通常由输入层、隐藏层和输出层组成，能够自适应地从数据中学习特征。

5.9.1　基本概念

神经网络算法通过模仿生物神经元的工作原理，实现对复杂数据的建模和学习。其基本概念涵盖了神经元、激活函数、网络结构、学习算法、损失函数、优化算法和正则化等多个方面。以下将详细阐述这些基本概念。

1. 神经元

神经元是神经网络的基本构建单元，模拟生物神经元的功能。每个神经元接收输入信号，经过加权处理后输出信号。神经元的主要组成部分包括：

- 输入：每个神经元接收来自其他神经元的输入信号，通常用向量表示。

• 权重：每个输入信号都有一个权重，表示该输入的重要性。权重是神经网络训练过程中需要学习的参数。

• 偏置：为了提高模型的灵活性，通常为每个神经元增加一个偏置项，帮助调整输出。

• 激活函数：输入经过加权和和偏置后，输入到激活函数，决定神经元的输出。

2. 激活函数

激活函数用于引入非线性，使得神经网络能够拟合复杂的函数。常用的激活函数包括：

• Sigmoid 函数：

$$f(x)=\frac{1}{1+\mathrm{e}^{-x}} \tag{5.11}$$

输出范围在 0 到 1 之间，适用于二分类问题，但在反向传播中容易导致梯度消失。

• Tanh 函数：

$$f(x)=\tanh(x)=\frac{\mathrm{e}^{x}-\mathrm{e}^{-x}}{\mathrm{e}^{x}+\mathrm{e}^{-x}} \tag{5.12}$$

输出范围在−1 到 1 之间，相比 Sigmoid 函数更适合处理负值输入。

• ReLU（rectified linear unit）函数：

$$f(x)=\max(0,x) \tag{5.13}$$

目前最常用的激活函数，具有计算效率高和稀疏性的优点。

• Leaky ReLU 函数：

$$f(x)=\begin{cases}x, & \text{如果 } x>0 \\ 0.01x, & \text{如果 } x\leqslant 0\end{cases} \tag{5.14}$$

解决了 ReLU 函数在负区间输出为 0 的问题，通过引入一个小的斜率，防止神经元的死亡。

3. 网络结构

神经网络的结构通常包括输入层、隐藏层和输出层。

• 输入层：接收输入特征，每个神经元对应一个特征。输入层本身不进行计算，主要用于将数据传递给下一层。

• 隐藏层：位于输入层和输出层之间，负责提取特征。可以有一个或多个隐藏层，层数和神经元数量会影响模型的表现。隐藏层通过加权和、激活函数处理输入信息，学习数据的深层特征。

• 输出层：生成最终预测结果，其神经元数量取决于任务类型。在分类问题中，输出层的神经元通常与类别数相同；在回归问题中，通常只有一个输出神经元。

4. 学习算法

神经网络的学习过程主要通过前向传播和反向传播来实现。

- 前向传播：输入数据经过各层神经元计算，生成预测结果。在每一层，神经元将接收到的输入信号与权重相乘，并经过激活函数得到输出。
- 反向传播：通过损失函数计算预测结果与实际结果之间的误差，并将误差反向传播至各层，以更新权重。反向传播的过程通常涉及梯度下降算法，计算损失函数相对于各个参数的梯度，并根据学习率调整权重。

5. 损失函数

损失函数用于衡量模型的预测值与真实值之间的差距。根据任务类型的不同，常用的损失函数包括：

- 均方误差（MSE）：适用于回归问题，计算预测值与真实值之间差值的平方和的平均值。

$$\mathrm{MSE}=\frac{1}{n}\sum_{i=1}^{n}(y_i-\hat{y}_i)^2 \tag{5.15}$$

- 交叉熵损失（CE）：适用于分类问题，衡量预测概率分布与真实标签分布之间的差异。

$$\mathrm{CE}=-\sum_{i=1}^{C}y_i\log(\hat{y}_i) \tag{5.16}$$

其中，C 是类别数，y_i 是真实标签，$\hat{y}_i$ 是预测概率。

6. 优化算法

在训练神经网络的过程中，优化算法用于更新权重，以最小化损失函数。常用的优化算法包括：

- 梯度下降（GD）：通过计算损失函数的梯度来更新权重。基本形式是

$$w=w-\eta\nabla L(w) \tag{5.17}$$

其中，w 是权重，η 是学习率，$\nabla L(w)$ 是损失函数的梯度。

- 随机梯度下降（SGD）：在每次更新中仅使用一个样本计算梯度，速度快且能够避免陷入局部最优。
- Adam 优化器：结合了动量和自适应学习率的方法，广泛用于训练深度学习模型。

7. 正则化

为了防止过拟合，神经网络常用的正则化方法包括：

- L1 正则化：通过增加权重绝对值的和作为损失函数的附加项，促使权重稀疏。
- L2 正则化：通过增加权重平方和作为损失函数的附加项，抑制权重过大。

- Dropout：在训练过程中随机忽略一定比例的神经元，减少过拟合。

5.9.2　应用前景

从第四章对缺陷结构的介绍可得知，对于一维和简单化合物的缺陷结构，模型相对简单，变量也比较少，采用传统的智能优化算法进行缺陷结构的解析与精修问题不大；但实际材料中的缺陷种类繁多，特别是高维和复杂化合物的缺陷结构，模型也随之变得复杂，变量数也较多；另外随着测试技术的发展，实验数据量会大幅增加，数据维度从低维到高维，导致结构分析的计算量大幅增加，传统的智能优化算法在缺陷结构分析时面临极大挑战。神经网络算法以其强大的表达能力和自适应学习特性在机器学习领域中占据了重要位置，该算法能够通过多层非线性变换，建模复杂的函数关系；这种强大的表达能力使其在处理高维数据和复杂模式识别时表现尤为突出；另外，神经网络结构适合大规模并行计算，能在较短时间内处理海量数据，加速计算过程。这些优势使得神经网络算法在缺陷结构分析中有很大潜力。

参 考 文 献

[1] 包子阳, 余继周. 智能优化算法及其 MATLAB 实例. 北京: 电子工业出版社, 2016.

[2] Lim B, Bellec E, Dupraz M, et al. A convolutional neural network for defect classification in Bragg coherent X-ray diffraction. npj Comput. Mater., 2021, 7: 115.

[3] Alarfaj A A, Mahmoud H A H. Feature fusion deep learning model for defects prediction in crystal structures. Crystals, 2022, 12: 1324.

[4] Judge W, Chan H, Sankaranarayanan S, et al. Defect identification in simulated Bragg coherent diffraction imaging by automated AI. MRS Bulletin, 2023, 48: 124-133.

[5] Storn R, Price K. Minimizing the real functions of the ICEC'96 contest by differential evolution. Proceedings of the IEEE Conference on Evolutionary Computation,1996: 842-844.

[6] Dorigo M, Maniezzo V, Cdon A. Ant system: optmizaton by a colony of cooperating agents. IEEE Transaction on systems, Man and cybernetics-Part B, 1996, 26: 29-41.

[7] Kennedy J, Eberhart R C. Swarm Intellgence. New York: USA Academic Press, 2001.

[8] Kirkpatrick S, Gelattjr. C D, Vecchi M. P. Optimization by simulated annealing. Science, 1983, 220: 671-680.

[9] Glover F. Future Paths for Integer Programming and Links to Artificial Inteligence. Comput. Oper. Res., 1986,13: 533-549.

索　引

E

F

G

M

N

P

Q

R

S

T

W

X

Y

Z

其　他

彩　　图

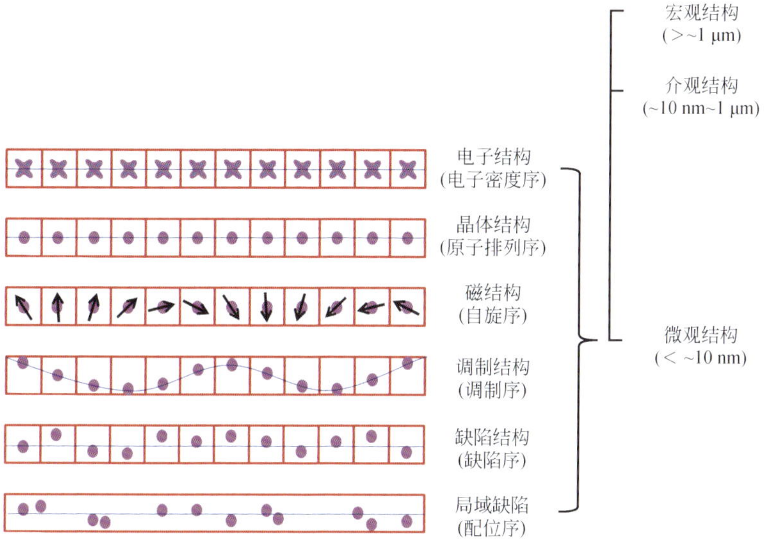

图 1-1　材料微观结构类型及主要特征示意图。图中方格代表单胞，圆圈代表原子，箭头代表自旋，蝶形代表电子云

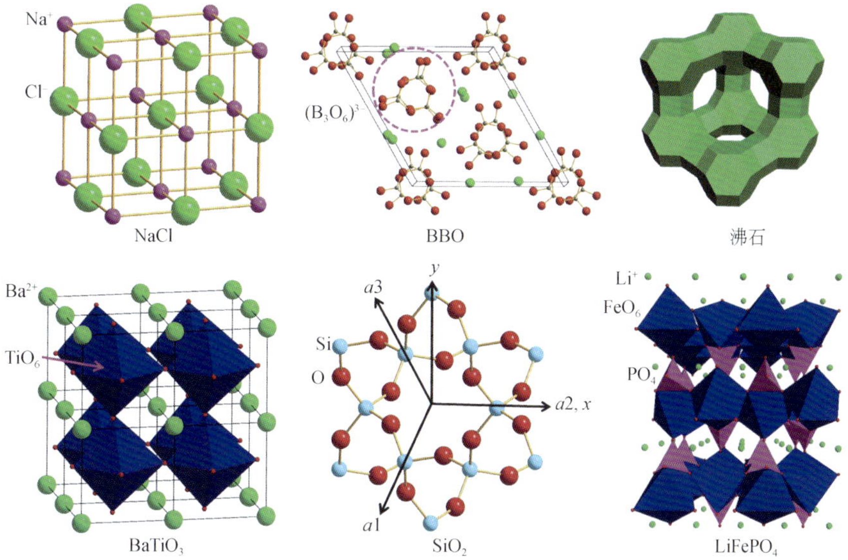

图 1-2　一些典型材料的晶体结构图：NaCl、β-BaB_2O_4（BBO）、沸石、$BaTiO_3$、石英和 $LiFePO_4$

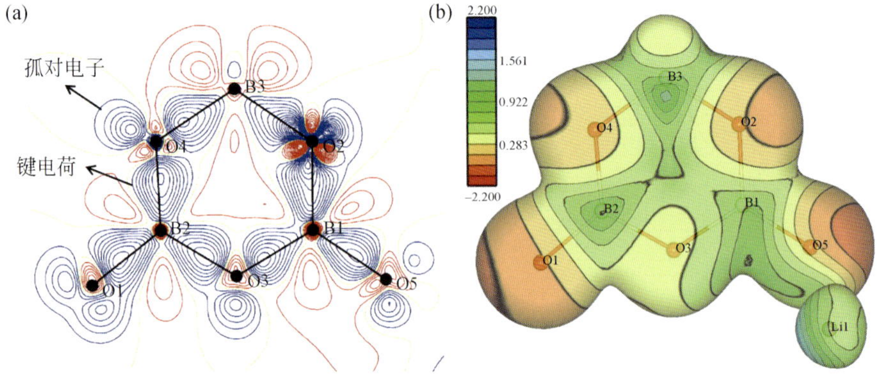

图 1-3　LiB_3O_5的实空间的实验电子结构：差分电子密度（a）与静电势（b）

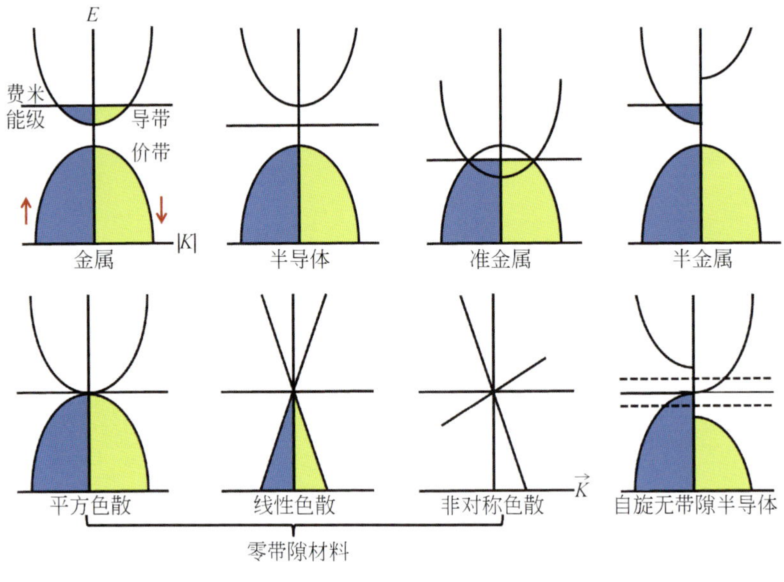

图 1-4　一些典型材料的能带结构示意图：金属、半导体、准金属、半金属、零带隙材料和自旋无带隙半导体

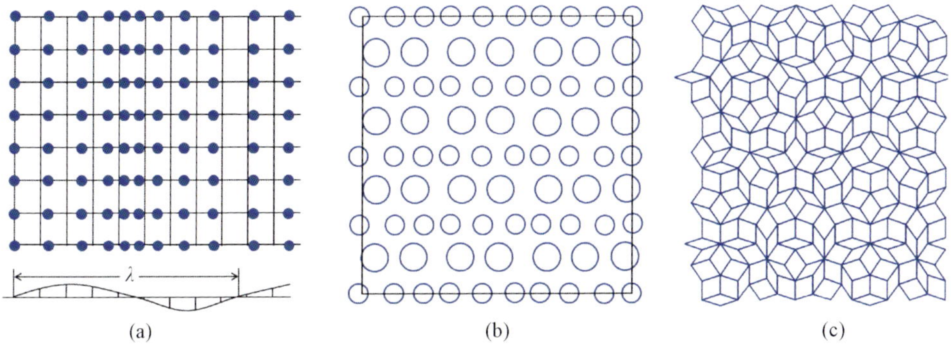

图 1-6　调制结构示意图：非公度位移性调制（a）、非公度复合结构（b）和二维 Penrose 拼图准晶（c）

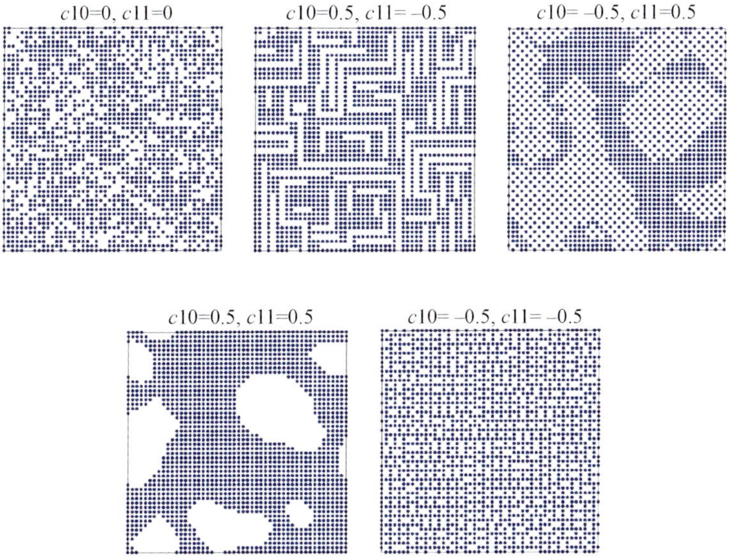

图 1-7　50×50 个单胞的二维空位缺陷模型（一个单胞中含一个原子位置）

*c*10 为沿单胞轴（1，0），（0，1），（–1，0）和（0，–1）方向相邻原子间的关联系数，*c*11 为沿单胞轴（1，1），（–1，1），（1，–1）和（–1，–1）方向相邻原子间的关联系数，*c*10 和 *c*11 值为 0、正和负值分别表示随机、正相关和负相关

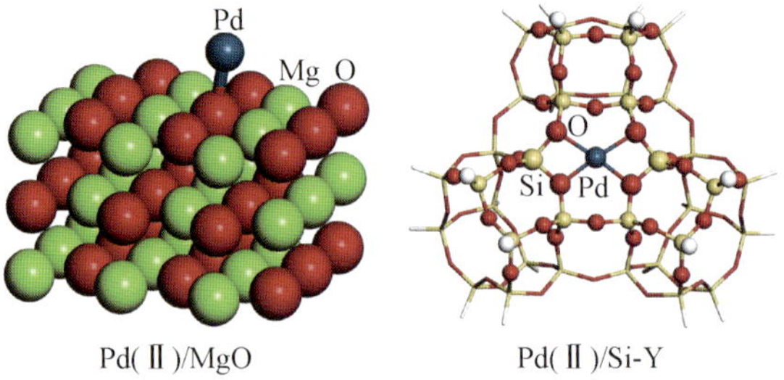

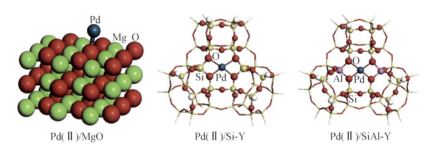

图 1-8 生产碳酸二甲酯的催化反应中，二价钯分别与 MgO，Y 型 Si 和 SiAl 沸石形成的催化活性中心的局域结构

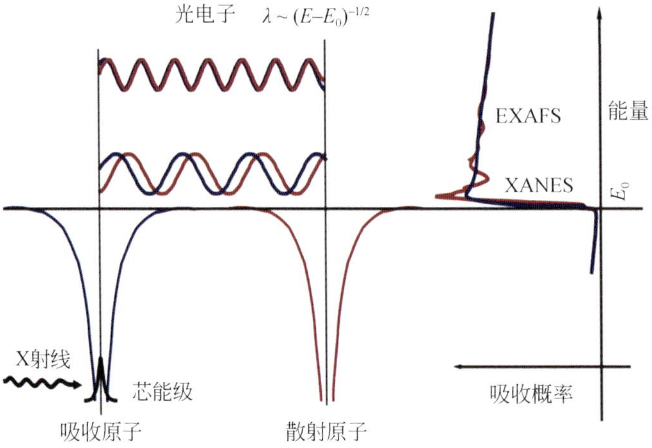

图 1-11 XAS 的原理示意图